猪病防治用药手册

李书光　韩开顺　主编

中国科学技术出版社
·北　京·

图书在版编目（CIP）数据

猪病防治用药手册 / 李书光，韩开顺主编 . —北京：
中国科学技术出版社，2021.9
　ISBN 978-7-5046-8595-7

　I.①猪…　Ⅱ.①李…　②韩…　Ⅲ.①猪病－防治－手册
②猪病－用药法－手册　Ⅳ.① S858·28-62

中国版本图书馆 CIP 数据核字（2020）第 069725 号

策划编辑	王绍昱
责任编辑	王绍昱
装帧设计	中文天地
责任校对	吕传新
责任印制	徐　飞

出　　版	中国科学技术出版社
发　　行	中国科学技术出版社有限公司发行部
地　　址	北京市海淀区中关村南大街 16 号
邮　　编	100081
发行电话	010-62173865
传　　真	010-62173081
网　　址	http：//www.cspbooks.com.cn

开　　本	889mm×1194mm　1/32
字　　数	280 千字
印　　张	11.375
版　　次	2021 年 9 月第 1 版
印　　次	2021 年 9 月第 1 次印刷
印　　刷	北京长宁印刷有限公司
书　　号	ISBN 978-7-5046-8595-7 / S·769
定　　价	30.00 元

本书作者名单

主　　编　　李书光　韩开顺

副 主 编　　唐　娜　魏　凤　谢金文
　　　　　　王　琰　马　超

编写人员　　徐倩倩　张文通　张　倩
　　　　　　张　娜　杨保山　孙汉昌
　　　　　　宋传周　李　涛　张媛媛
　　　　　　宋文双　王维浩　石英英
　　　　　　郑如涛　刘晓云

前　　言

畜牧产业在国民生产总值中占的比重越来越大，而生猪养殖更是畜牧产业的重要板块之一。伴随着产业升级和人们对肉制品更高的品质需求，生猪健康养殖中有很多环节需要提高，其中包括兽药、疫苗和检测试剂的合理应用。不合理的用药，造成疾病不能有效控制、出现食品安全问题、生产成本增加等负面影响；合理应用兽药可以防病治病、提高动物生产性能、改善畜禽产品质量，达到提质增量的双重目的。

编写本书的初衷，主要是为了满足兽医临床和生猪养殖的需求，提高药物应用效果，减少药物滥用现象，发展绿色养殖。希望对广大读者在生猪养殖和猪病治疗过程中的合理用药方面发挥一定的指导作用。

本书对猪的生理特点、药物应用原则做了一定的阐述，详细介绍了猪场常用的消毒药物、抗微生物药物、抗寄生虫药物，针对各系统的药物，营养性药物，中兽药及常用方剂，常用生物制品，同时对生猪禁用药物和药物敏感性试验等进行了专项描述。本书适合生产一线的兽医工作者查阅。

本书介绍了药物的性状、作用与用途、用法与用量、使用注意事项等。为了方便不同地区、不同文化水平的读者查阅，本书附有拼音、笔画药名检索表。书中所介绍的药物剂量，如无特殊说明，均指生猪的用药剂量。需要声明的是，由于笔者掌握的资料有限以及知识更新迅速，本书列出的药物用法与剂量仅为推荐，具体应用请参照药物说明书或遵医嘱。对于因用法与剂量不一而发生的生产事故，本书不负相关责任。

本书在编写过程中，参考、引用了一些国内同行的研究成果，同时山东省滨州畜牧兽医研究院和平原县畜牧业发展中心的领导和同事给予了积极的支持和协助，使本书能够顺利编写完成，并最终出版，在此一并表示感谢。

由于笔者水平有限，书中难免存在不足之处，恳请广大读者和业界同行批评指正。

李书光

目　　录

第一章　合理用药及猪病分类 ……………………… 1

第一节　猪病基础知识 ………………………………… 1

一、猪的生理特性 ……………………………………… 1

二、猪病的发病特点 …………………………………… 2

第二节　药物应用 ……………………………………… 5

一、药物应用原则 ……………………………………… 5

（一）药物选择 ………………………………………… 5

（二）抗菌药物用药原则 ……………………………… 5

（三）特殊功能药物用药原则 ………………………… 6

二、用药思路 …………………………………………… 7

（一）药物作用及用药目的 …………………………… 7

（二）药物选择 ………………………………………… 8

（三）给药途径 ………………………………………… 8

（四）药物吸收 ………………………………………… 9

（五）给药剂量 ………………………………………… 10

（六）用药间隔 ………………………………………… 10

（七）用药疗程 ………………………………………… 11

三、药物之间作用 ……………………………………… 11

（一）协同与拮抗 ……………………………………… 11

（二）联合用药条件 …………………………………… 12

（三）抗菌药物相互作用 ……………………………… 12

（四）用药回避 ………………………………………… 14

第二章　消毒剂 ……………………………………… 16

第一节　消毒剂基础知识 ……………………………… 16

一、消毒概念 ……………………………………… 16

二、消毒剂作用机理 ……………………………… 16

第二节 消毒剂分类及种类 ……………………… 18

一、消毒剂分类方法 ……………………………… 18

二、常用消毒剂种类 ……………………………… 18

第三节 正确使用消毒剂 ………………………… 21

一、影响消毒效果的因素 ………………………… 21

二、消毒剂选择原则 ……………………………… 24

三、消毒剂耐受与残留 …………………………… 25

第四节 猪场常用消毒剂 ………………………… 26

一、氧化剂类消毒剂 ……………………………… 26

　　过氧乙酸 26　过氧化氢（双氧水）27　臭氧 27

二、卤素类消毒剂 ………………………………… 28

　　聚维酮碘 28　复合亚氯酸钠粉 29　二氯异腈尿酸钠 29

　　溴氯海因粉 30　复合碘溶液 30　枸橼酸碘溶液 31

　　次氯酸钠溶液 32

三、酚类消毒剂 …………………………………… 32

　　苯酚（石炭酸）32　甲酚皂溶液（煤酚皂溶液，来苏儿）33

　　对氯间二甲苯酚 34

四、醛类消毒剂 …………………………………… 34

　　甲醛溶液（福尔马林）34　戊二醛溶液 35

　　戊二醛癸甲溴铵溶液 35　戊二醛苯扎溴铵溶液 36

五、酸类消毒剂 …………………………………… 36

　　盐酸（氢氯酸）36　过硫酸氢钾复合盐泡腾片 37

六、碱类消毒剂 …………………………………… 38

　　氢氧化钠 38　熟石灰（氢氧化钙，石灰乳，消石灰）38

七、表面活性剂类消毒剂 ………………………… 39

　　苯扎溴铵（新洁尔灭）39　癸甲溴铵 40

月苄三甲氯胺溶液 40　醋酸氯己定 41

八、重金属消毒剂 ···42

高锰酸钾 42

九、其他 ···43

重组溶葡萄球菌酶阴道泡腾片 43

第三章　抗微生物药物 ···44

第一节　概述 ···44

第二节　抗生素 ···45

一、青霉素类抗生素 ···47

青霉素 G（青霉素 G 钠，青霉素 G 钾）47

普鲁卡因青霉素 48　苄星青霉素（长效西林，比西林）50

甲氧西林（甲氧苯青霉素钠，新青霉素Ⅰ）50

苯唑西林钠（苯唑青霉素钠，新青霉素Ⅱ）51

氯唑西林钠（邻氯青霉素钠，邻氯苯甲异噁唑青霉素钠）52

双氯西林钠（双氯青霉素钠）53

氨苄西林钠（氨苄青霉素，氨苄西林）53

阿莫西林（羟氨苄青霉素）54

二、头孢菌素类抗生素 ···55

头孢噻吩钠（噻孢霉素钠，头孢菌素Ⅰ，先锋霉素Ⅰ）55

头孢噻啶（头孢菌素Ⅱ，先锋霉素Ⅱ）56

头孢氨苄（苯甘孢霉素，头孢菌素Ⅳ，先锋霉素Ⅳ）57

头孢噻呋 58　头孢喹肟 59

三、β-内酰胺酶抑制剂 ···60

舒巴坦钠（青霉烷砜钠）60　克拉维酸钾 61

四、氨基糖苷类 ···62

链霉素 62　双氢链霉素 63　卡那霉素 64

庆大霉素（正泰霉素）64　新霉素 65　大观霉素 66

庆大 - 小诺霉素 66　安普霉素（阿布拉霉素）67

五、四环素类 ………………………………………………… 68

土霉素（地霉素，氧四环素）68　四环素 69

金霉素 70　多西环素（脱氧土霉素，强力霉素）71

六、酰胺醇类（氯霉素类）………………………………… 72

甲砜霉素（甲砜氯霉素）72　氟苯尼考（氟甲砜霉素）73

七、大环内酯类 …………………………………………… 74

红霉素 74　吉他霉素（柱晶白霉素，北里霉素）75

泰乐菌素（泰乐霉素，泰洛星）76　酒石酸泰乐菌素 77

磷酸泰乐菌素 77　酒石酸泰万菌素 78　替米考星 78

泰拉霉素（土拉霉素，托拉霉素）79

八、多肽类 ………………………………………………… 80

杆菌肽 80　杆菌肽锌 81　多黏菌素 E（黏杆菌素，黏菌素）81

多黏菌素 B 82

维吉霉素（威里霉素，维吉尼霉素，弗吉尼亚霉素）83

恩拉霉素 83

九、林可胺类 ……………………………………………… 84

林可霉素（洁霉素）84　克林霉素（氯林可霉素，氯洁霉素）85

十、其他抗生素 …………………………………………… 85

泰妙菌素 85　沃尼妙林 86　黄霉素（班贝霉素）87

阿维拉霉素 87　那西肽（诺西肽，诺肽霉素）88

第三节　磺胺类药物及抗菌增效剂 ……………………… 88

一、全身应用类磺胺药 …………………………………… 90

磺胺嘧啶 90　磺胺二甲嘧啶 91　磺胺噻唑钠 92

磺胺甲噁唑（磺胺甲基异噁唑，新诺明）93

磺胺对甲氧嘧啶钠 94　磺胺间甲氧嘧啶 95　磺胺氯达嗪钠 95

二、肠道应用类磺胺药 …………………………………… 96

磺胺脒 96　琥磺噻唑（丁二酰磺胺噻唑，琥珀酰磺胺噻唑）96

三、局部应用类磺胺药 ………………………… 97

磺胺醋酰钠 97　磺胺嘧啶银 97　甲磺灭脓 97

四、抗菌增效类 ………………………………… 98

甲氧苄啶 98　二甲氧苄啶（敌菌净）98

第四节　喹诺酮类药物 …………………………… 99

萘啶酸 100　吡哌酸 100　氟甲喹 100　恩诺沙星 101

环丙沙星 102　沙拉沙星 103　二氟沙星 103

达氟沙星 103　马波沙星 104

第五节　其他抗菌药 …………………………… 105

卡巴氧（痢立清，卡巴多司）105　乙酰甲喹（痢菌净）105

喹烯酮 105　小檗碱（黄连素）106　牛至油 106

博落回注射液 107　乌洛托品 107

第六节　抗真菌药 ……………………………… 108

制霉菌素 108　灰黄霉素 108　克霉素 109　水杨酸 109

第四章　抗寄生虫药物 …………………………… 110

第一节　抗原虫药 ……………………………… 110

磺胺间甲氧嘧啶 111　磺胺二甲嘧啶钠 111　磺胺嘧啶 112

三氮脒 112　双脒苯脲 112　喹嘧胺（安锥赛）113

地美硝唑 113

第二节　抗蠕虫药 ……………………………… 113

硝氯酚 114　硝碘酚腈 114　硫双二氯酚（硫氯酚）115

吡喹酮 115　硝硫氰醚 115　鹤草芽 116

左旋咪唑（保松噻，左旋咪唑碱）116

噻苯达唑（噻苯咪唑，噻苯唑）117

甲苯达唑（甲苯咪唑）117　苯亚砜本咪唑 118

芬苯达唑（硫苯咪唑，苯硫咪唑）118　磺苯咪唑 119

阿苯达唑 119

奥苯达唑（丙氧苯咪唑，丙氧苯咪胺酯，丙氧咪唑）120

噻咪唑（四咪唑，驱虫净）120

丙噻咪唑（康苯咪唑，坎苯达唑）120　　帕苯达唑（丁苯咪唑）121

氟苯达唑 121　　非班太尔（苯硫胍）121　　酒石酸噻嘧啶 122

甲噻嘧啶（莫仑太尔）122　　酚嘧啶（间酚嘧啶，奥克太尔）123

哌嗪（哌哔嗪，胡椒嗪，驱蛔灵）123

吩噻嗪（硫化二苯胺）123　　哈罗松（哈洛克酮）124

敌百虫 124　　敌敌畏缓释液 124　　阿维菌素 125

伊维菌素 125　　多拉菌素 126　　越霉素 A 126　　潮霉素 B 126

二硫化碳哌嗪 127　　氰乙酰肼 127　　乙胺嗪 127

第三节　杀虫药 ……………………………………………… 128

一、有机磷杀虫药 …………………………………………… 128

敌百虫 128　　辛硫磷 128　　二嗪农（地亚农，敌匹硫磷）129

二、拟除虫菊酯类杀虫药 …………………………………… 130

氰戊菊酯（速灭杀丁）130

三、脒类化合物 ……………………………………………… 131

双甲脒 131

四、大环内酯类杀虫剂 ……………………………………… 131

阿维菌素 131　　伊维菌素 131　　多拉菌素 132

五、天然杀虫剂 ……………………………………………… 132

除虫菊 132

第五章　应用于各系统的药物 …………………………… 133

第一节　消化系统用药 ……………………………………… 133

一、健胃药 …………………………………………………… 133

陈皮 133　　桂皮 134　　人工盐 134　　碳酸氢钠（小苏打）134

二、助消化药 ………………………………………………… 135

乳酶生 135　　干酵母（食母生）135　　胃蛋白酶 135

三、止泻药 ……………………………………………… 136

　　药用活性炭 136　高岭土 136

四、泻药 …………………………………………………… 137

　　硫酸钠（芒硝）137　大黄 137　液状石蜡 138

第二节　呼吸系统药物 ………………………………… 138

一、祛痰药 ………………………………………………… 138

　　碘化钾 138　桔梗酊 139

二、镇咳药 ………………………………………………… 139

　　甘草 139

三、平喘药 ………………………………………………… 139

　　氨茶碱 139　麻黄素（麻黄碱）140

第三节　生殖系统药物 ………………………………… 140

一、子宫兴奋药 …………………………………………… 140

　　催产素（缩宫素）140　马来酸麦角新碱 141

二、性激素 ………………………………………………… 141

　　甲基睾丸酮 142　丙酸睾丸素 142　己烯雌酚 142

　　雌二醇 143　黄体酮（孕酮）143

三、促性腺激素 …………………………………………… 143

　　绒毛膜促性腺激素 143　垂体促黄体素 144

四、前列腺素 ……………………………………………… 144

　　前列腺素 $F_{2\alpha}$ 145　15-甲基前列腺素 145

第四节　血液循环系统药物 …………………………… 145

一、止血药 ………………………………………………… 145

　　维生素 K 145　酚磺乙胺（止血敏）146　氨甲环酸（凝血敏）146

　　卡巴克洛（安络血）147

二、补血药 ………………………………………………… 147

　　葡萄糖铁钴注射液 147　硫酸亚铁 148　维生素 B_{12} 148

第五节　神经系统药物 ································· 149

一、作用于中枢神经药物 ······················· 149

安钠咖（苯甲酸钠咖啡因）149　尼可刹米 150

二、作用于外周神经药物 ······················· 150

毛果芸香碱 150　新斯的明 151　阿托品 151　肾上腺素 152

去甲肾上腺素 152　异丙肾上腺素 153

第六节　泌尿系统药物 ······························· 153

一、利尿药 ······································· 153

呋塞米 153

二、脱水药 ······································· 154

甘露醇 154

第七节　肾上腺皮质激素类药物 ················· 154

氢化可的松 154　地塞米松 155

第八节　麻醉药及其辅助药物 ····················· 155

一、全身麻醉药 ································· 155

氯氨酮（开他敏）155

二、局部麻醉药 ································· 156

盐酸普鲁卡因 156

第九节　水盐代谢调节药物 ······················· 156

氯化钠 157　氯化钾 158　碳酸氢钠（小苏打，酸性碳酸钠）159

第六章　营养性药物 ································· 160

第一节　维生素与矿物质 ··························· 160

一、维生素 ······································· 160

维生素 A 160　维生素 D 161　维生素 E（生育酚）162

维生素 K 162　维生素 B_1（盐酸硫胺）162

丙硫硫胺（新维生素 B_1，优硫胺）163　呋喃硫胺 163

维生素 B$_2$（核黄素）164　泛酸（维生素 B$_5$）164

维生素 B$_6$（吡哆醇，吡哆辛）165　维生素 B$_{12}$（氰钴胺）165

叶酸（维生素 Bc，维生素 M）166　复合维生素 B 注射液 166

维生素 C（抗坏血酸）166　维生素 H（生物素）167

烟酰胺与烟酸（维生素 PP）167

二、矿物质 ……………………………………………… 168

（一）钙、磷制剂 ……………………………………… 168

氯化钙 168　葡萄糖酸钙 169　碳酸钙 169　乳酸钙 170

磷酸氢钙 170　复方布他磷注射液 170

（二）微量元素 ………………………………………… 170

亚硒酸钠 171　硫酸铜 172　硫酸锌 172　硫酸锰 173

碘化钾 173

第二节　促生长剂与其他营养剂 ……………………… 173

一、促生长酶制剂 ……………………………………… 173

胰酶 173　胃蛋白酶 174　纤维素酶 174　福美多 -500 175

二、化学促生长剂 ……………………………………… 175

氯化胆碱 175　二氢吡啶 175　盐酸甜菜碱 176

复方布他磷注射液 176

三、其他营养剂 ………………………………………… 176

葡萄糖醛酸内酯（肝泰乐）176

维丙胺（抗坏血酸二异丙胺）177

蛋氨酸（甲硫氨酸）177

第三节　微生态制剂 …………………………………… 177

蜡样芽孢杆菌活菌制剂（DM423 株）178

嗜酸乳杆菌、粪链球菌、枯草杆菌复合活菌制剂 178

蜡样芽孢杆菌、粪链球菌复合活菌制剂 179

脆弱拟杆菌、粪链球菌、蜡样芽孢杆菌复合活菌制剂 179

双歧杆菌、乳酸杆菌、粪链球菌、酵母菌复合活菌制剂 179

第七章　生物制剂 …………………………………… 181

第一节　猪用疫苗 …………………………………… 181

猪支原体肺炎活疫苗（RM48 株）181

猪瘟耐热保护剂活疫苗（兔源）182

猪瘟活疫苗（传代细胞源）183　伪狂犬病活疫苗 184

仔猪大肠杆菌病 K88、LTB 双价基因工程活疫苗 184

仔猪副伤寒活疫苗 185　猪多杀性巴氏杆菌病活疫苗（CA 株）186

猪繁殖与呼吸综合征活疫苗（CH-1R 株）186

猪繁殖与呼吸综合征活疫苗 187

猪繁殖与呼吸综合征灭活疫苗（CH-1a 株）187

猪繁殖与呼吸综合征灭活疫苗（NVDC-JXA1 株）188

猪瘟、猪丹毒、猪多杀性巴氏杆菌病三联活疫苗 189

猪乙型脑炎活疫苗（SA14-14-2 株）189

猪乙型脑炎活疫苗 190　猪支原体肺炎活疫苗（168 株）191

猪伪狂犬病活疫苗（Bartha K61 株）191

猪传染性胃肠炎、猪流行性腹泻二联活疫苗 192

副猪嗜血杆菌病灭活疫苗 193

仔猪产气荚膜梭菌病 A、C 型二价灭活疫苗 194

仔猪大肠埃希氏菌病三价灭活疫苗 194

仔猪红痢灭活疫苗 195　猪巴氏杆菌病灭活疫苗 195

猪传染性萎缩性鼻炎灭活疫苗 196

猪丹毒、多杀性巴氏杆菌病二联灭活疫苗 196

猪丹毒灭活疫苗 197　猪口蹄疫（O 型）灭活疫苗 197

猪口蹄疫（O 型）灭活疫苗（OZK/93 株 +OR/80 株或 OS/99 株）199

猪链球菌病灭活疫苗（马链球菌兽疫亚种 + 猪链球菌 2 型）200

猪囊尾蚴细胞灭活疫苗（CC-97 细胞系）200

猪伪狂犬病灭活疫苗 201

猪萎缩性鼻炎灭活疫苗（支气管败血波氏杆菌 833CER 株 +D 型

多杀性巴氏杆菌毒素）202　猪细小病毒病灭活疫苗（L株）202

猪细小病毒病灭活疫苗（WH-1株）203

猪胸膜肺炎放线杆菌三价灭活疫苗 204

猪鹦鹉热衣原体流产灭活疫苗 204

猪圆环病毒2型杆状病毒载体灭活疫苗 205

猪圆环病毒2型灭活疫苗（LG株）205

猪圆环病毒2型灭活疫苗（SH株）206

猪支原体肺炎复合佐剂灭活疫苗（P株）206

猪支原体肺炎灭活疫苗（J株）207

第二节　猪用检测试剂盒 ················· 208

伪狂犬病胶乳凝集试验试剂盒 208

猪繁殖与呼吸综合征病毒ELISA抗体检测试剂盒 209

猪口蹄疫病毒VP1结构蛋白抗体ELISA诊断试剂盒 211

猪伪狂犬病病毒ELISA抗体检测试剂盒 213

猪伪狂犬病病毒gE蛋白ELISA抗体检测试剂盒 214

猪乙型脑炎胶乳凝集试验抗体检测试剂盒 215

猪圆环病毒2-dCap-ELISA抗体检测试剂盒 216

猪繁殖与呼吸综合征病毒RT-PCR检测试剂盒 218

猪圆环病毒聚合酶链反应检测试剂盒 222

弓形虫核酸扩增（PCR）荧光检测试剂盒 225

猪细小病毒实时荧光PCR检测试剂盒 226

第八章　中兽药 ··························· 229

第一节　中兽药基础知识 ················· 229

一、中兽药作用 ························· 229

（一）抗菌、抑菌及抗毒素作用 ········· 230

（二）调节动物机体免疫功能 ··········· 230

（三）抗病毒作用 ····················· 230

（四）抗肿瘤作用 ……………………………………… 230

（五）多靶点作用 ……………………………………… 231

二、方剂 ……………………………………………………… 231

（一）方剂组成 ………………………………………… 231

（二）方剂变化 ………………………………………… 231

（三）常见剂型 ………………………………………… 233

第二节　常用方剂 …………………………………………… 234

一、解表方 ………………………………………………… 234

银翘散 235　柴胡注射液 235　柴葛解肌散 236　辛夷散 236

荆防败毒散 236　茵陈木通散 236　藿香正气散 237

二、清热方 ………………………………………………… 237

香薷散 237　黄连解毒散 238　消黄散 238　消疮散 238

板蓝根片 239　加减消黄散 239　鱼腥草注射液 239

洗心散 239　白龙散 240　白头翁散 240　金根注射液 240

止痢散 240　穿心莲注射液 241　郁金散 241　苍术香连散 241

杨树花口服液 241　三子散 242　三白散 242　小柴胡散 242

公英散 242　龙胆泻肝散 243　荆防解毒散 243　清暑散 243

清瘟败毒散 244　普济消毒散 244

三、泻下方 ………………………………………………… 244

清热散 245　大承气散 245　通肠散 246

四、消导方 ………………………………………………… 246

消食平胃散 247　消积散 247　大黄末 247

大黄碳酸氢钠片 248　山大黄末 248　无失散 248

木香槟榔散 249　木槟硝黄散 249　曲麦散 249

大黄流浸膏 249　龙胆酊 250　龙胆碳酸氢钠片 250

健猪散 250　肥猪菜 250　肥猪散 251

马钱子酊（番木鳖酊）251

五、化痰止咳平喘药 ……………………………………… 251

二母冬花散 252　　定喘散 253　　二陈散 253　　白硇砂 253

止咳散 254　　甘草颗粒 254　　白矾散 254　　百合固金散 254

远志酊 255　　金花平喘散 255　　桑菊散 255　　理肺止咳散 256

麻杏石甘散 256　　清肺止咳散 256　　清肺散 256

甘草流浸膏 257　　远志流浸膏 257

六、温里药及方剂 …………………………………………… 257

四逆汤 258　　健脾散 259　　肉桂酊 259　　参苓白术散 259

阳和散 260　　厚朴散 260　　理中散 260　　复方豆蔻酊 260

猪健散 261　　姜流浸膏 261　　平胃散 261

复方龙胆酊（苦味酊）262

七、祛湿药 ………………………………………………… 262

巴戟散 264　　独活寄生散 264　　茵陈蒿散 264　　茴香散 265

秦艽散 265　　滑石散 265　　防己散 265　　五皮散 266

五苓散 266

八、理气方 ………………………………………………… 266

胃肠活 267　　复方大黄酊 267　　补中益气散 268

泰山盘石散 268　　桂心散 268　　三香散 268　　多味健胃散 269

陈皮酊 269　　姜酊 269　　健胃散 269　　清胃散 270

强壮散 270

九、理血方 ………………………………………………… 270

益母生化散 272　　通乳散 272　　生乳散 272　　十黑散 272

槐花散 273

十、收涩药方剂 …………………………………………… 273

金锁固精散 273　　六味地黄散 274　　壮阳散 274　　杨树花 274

乌梅散 274　　八正散 275　　催情散 275

十一、补益药 ……………………………………………… 275

四君子散 277　　催奶灵散 277　　保胎无忧散 277

白术散 277　　七补散 278

十二、常用平肝方剂 ……………………………………… 278

颠茄酊 278　五虎追风散 279　千金散 279　破伤风散 279

十三、安神开窍药及方剂 ………………………………… 279

朱砂散 280　通关散 280　保健锭 280

十四、祛虫药及方剂 ……………………………………… 281

驱虫散 281　钩吻末 281

十五、外用药及方剂 ……………………………………… 282

生肌散 282　白及膏 282　防腐生肌散 283　如意金黄散 283

拔云散 283　桃花散 284　雄黄散 284　紫草膏 284

擦疥散 284

第三节　常见病中医处方 …………………………………… 285

猪瘟 285　猪繁殖与呼吸系统综合征 286　猪流行性乙型脑炎 287

猪流行性感冒 288　猪传染性胃肠炎 289　猪肺疫 290

猪丹毒 291　仔猪副伤寒 291　仔猪大肠杆菌病 292

猪痢疾 295　猪接触性传染性胸膜肺炎 295　猪气喘病 296

猪链球菌病 297　猪传染性萎缩性鼻炎 298　猪坏死杆菌病 298

蛔虫病 299　姜片吸虫病 300　球虫病 301　弓形体病 301

疥癣 302　泄泻 303　便秘 304　感冒 305　风湿症 306

脱肛 307

附录一　食品动物禁用的兽药及其他化合物 ……………… 308

附录二　药物敏感性试验 …………………………………… 310

参考文献 ……………………………………………………… 317

拼音索引 ……………………………………………………… 320

笔画索引 ……………………………………………………… 332

第一章　合理用药及猪病分类

第一节　猪病基础知识

一、猪的生理特性

猪，属哺乳纲、偶蹄目、猪科，杂食类动物，分为家猪和野猪，一般多指家猪。在世界上，中国是养猪数量最多的国家，也是消费猪肉量最大的国家。

1. 繁殖率高，世代间隔短

猪为胎生动物，多胎高产，性成熟早，一般 4 ~ 5 月龄达到性成熟，地方品种猪 6 ~ 8 月龄、引进品种猪 8 ~ 10 月龄就可以初次配种。猪是常年发情多胎高产动物，妊娠期短（108 ~ 120d，平均 114d）。

2. 对温度敏感，不耐热，对光化性照射的防护力较差

猪的感温特性表现为怕热不耐冷。猪的汗腺退化，皮下脂肪厚，可阻止大量热量从皮肤散失，主要靠呼吸散热，所以猪怕热。在高温高湿情况下，猪热应激更为明显。同时猪的皮肤表层薄，被毛稀少，耐寒能力差，在 0℃以下，饲料消耗增加，增重减慢。大猪一般的适宜温度为 18 ~ 23℃，种猪为 15 ~ 22℃，超过 30℃时，随温度上升，采食量下降，生长受阻，甚至导致患病；小猪皮下脂肪少，皮薄毛稀，体表面积相对较大，怕冷和潮湿，抗寒力差，低温可使其体温下降，甚至冻僵、冻死。一般的适宜环境温度为 22 ~ 35℃（1 ~ 3 日龄 34 ~ 35℃，4 ~ 7 日龄 28 ~ 32℃，以后每周下降 2 ~ 3℃）。1 月龄内的仔猪适宜温度为 30℃左右。

3. 仔猪缺乏先天免疫力，容易患病

仔猪出生时没有先天免疫力，是因为免疫抗体是一种大分子球蛋白，胚胎期由于母体血管与胎儿脐带血管之间被 6～7 层组织隔开，限制了母源抗体通过血液向胎儿转移，而自身又不能产生抗体。猪初乳中含有大量的 IgG、IgA、IgM，常乳中仅含有多量的 IgA。仔猪只有吃到初乳以后，得到母体的抗体产生免疫力，之后过渡到自体产生抗体而获得免疫力。因此，初乳非常重要。

二、猪病的发病特点

猪在不同的饲养阶段有不同发病特点，其中有些是原发性疾病，也有继发感染的疾病，还有应激下发生的异常疾病。有些疾病贯穿于养猪生产的各个阶段，如猪瘟、口蹄疫、繁殖与呼吸综合征、伪狂犬病、支原体肺炎等。而某些疾病在不同的阶段有不同的特征，或重要性不同，如大肠杆菌可以引起哺乳仔猪的黄痢、白痢，也可引起断奶仔猪的腹泻，对母猪可引起乳房炎、子宫炎和泌乳障碍综合征；伪狂犬病毒可引起母猪的流产，也可引起仔猪的腹泻、呼吸道疾病和神经症状。

1. 哺乳阶段

哺乳仔猪阶段主要的疾病是腹泻，包括由大肠杆菌引起的仔猪黄痢、白痢，魏氏梭菌引起的仔猪红痢，轮状病毒引起的病毒性腹泻等。此阶段还有由球虫引起的仔猪球虫病等。仔猪黄痢和仔猪白痢发生于产后的 3～7d，直接原因是大肠杆菌感染，间接原因是环境温度低，母猪发生乳房炎、子宫炎和泌乳障碍综合征或采食量低导致的泌乳量减少。红痢主要发生于产后 3d 内，以急性出血性下痢为特征，死亡率相当高，直接原因是魏氏梭菌感染，间接原因是仔猪的生存环境不适宜，包括环境卫生差、消毒不彻底、环境温度低等因素。由于哺乳仔猪的消化系统和免疫系统功能发育均不健全，主要的免疫力来源于母猪，如果母猪不健康，如母猪发生乳房炎、子宫内膜炎和泌乳障碍综合征或采食量低导致的泌乳量减少等，更易引起仔猪腹泻。仔猪的腹泻与其初生重量也有直接的关系。有时新的铸铁地板带有很多毛刺，可损伤关节皮肤，使关节炎的发病率提高。

2. 保育阶段

保育阶段是仔猪抵抗力最低的阶段，因为哺乳仔猪断奶进入保育阶段，经过断奶、转群、换料以及高密度饲养，从生理和心理上都会产生巨大的应激反应，抵抗力明显降低。而且，仔猪断奶前后的母源抗体水平已经降低到最低，接种疫苗的主动免疫应答尚未完全产生。为了保温，猪舍的门窗关闭，限制了空气的流通，使空气中氨气和其他有害气体的浓度大大提高，致使仔猪呼吸道的抵抗力降低。因此保育仔猪阶段是最容易感染疾病的阶段，虽然有些疾病不在保育阶段发生，或发生很少，但大部分是在此阶段感染的。

保育阶段容易感染各种病原微生物而引发的疾病很多，如断奶后腹泻、繁殖与呼吸综合征、伪狂犬病、Ⅱ型链球菌性脑膜脑炎、断奶后多系统衰弱综合征、副猪嗜血杆菌病、结肠螺旋体感染、回肠炎、猪痢疾、关节炎等，有时还会发生典型或非典型猪瘟。如果饲料中的霉菌毒素含量超标，易引发仔猪免疫抑制，可能使得这一阶段疾病更加复杂。

一旦出现上述问题，仔猪很容易发生生长停滞，一般影响生长达3～7d，严重的可能变成僵猪，死亡率和淘汰率提高。而保育阶段频繁接种疫苗，也可影响仔猪的生长。

3. 生长育肥阶段

生猪生长发育各阶段中，育肥猪长势最快，是各种病害高发的关键期。但是，生长育肥猪的抵抗力相对保育猪强，正常情况下，发病率、死亡率均很低，因为生长育肥猪的各个器官、系统的功能都逐渐完善，对各种饲料的消化吸收都有很大的改进；神经系统和机体对外界的抵抗力也逐渐提高，能够较快地适应周围环境因素的变化。此时，生猪抗病体质增强，但有些疾病仍会发生，如呼吸道疾病综合征、放线杆菌胸膜肺炎、猪痢疾、结肠炎、回肠炎等。这些疾病造成的急性损失不大，但是一旦发生这些疾病，可使猪只生长缓慢，饲料转化率降低，最终大幅度增加生产成本。这些疾病大部分是在保育阶段感染的，因此如果能在保育阶段通过改善饲养管理和药物预防，生长育肥阶段的发病率将会大幅度下降。猪群的密度一定要合理，实践证明，密度越高，猪群发生呼吸道疾病的可能性越大。育肥猪防病应做好代谢病、传染病、寄生虫病、中毒病等的防控。

4. 种猪

后备母猪是一个种猪场的未来和希望，因而应当特别注意后备母猪的管理。如果后备母猪对很多疾病的免疫力不足，就不能通过初乳保护仔猪，甚至有可能将疾病传播给后代。如后备母猪的支原体阳性率达70%，2～4胎的母猪支原体阳性率只有40%，初产母猪增生性肠病（回肠炎）的发病率也明显高于经产母猪。母猪的主要问题是繁殖障碍，可由环境因素、营养不均衡、饲养管理不当引起，当然主要原因还是一些传染病，如繁殖与呼吸综合征、伪狂犬病、钩端螺旋体病、非典型猪瘟、弓形虫病、附红细胞体病等。

总之，猪在不同饲养阶段，发病情况也有所不同。所以，任何饲养阶段都应重视疾病的控制，需要养殖户根据不同阶段猪病特点，制定科学的防治措施。要坚持养重于防、防重于治的原则，不能只依靠疫苗以及药物，还应该为猪提供一个良好、舒适的生长环境，然后再搭配营养均衡的饲料，加强生物安全管理等综合措施。只有这样，猪的出栏率才会提升，生产成本才会降低，获得的经济效益才会最佳。

第二节　药物应用

一、药物应用原则

猪病防治工作做得好坏，是养猪生产成败的关键。药物是猪病治疗的一种十分重要的物质基础，是人类送给猪同疾病做斗争的武器。药物可以用于预防、诊断和治疗疾病。同时，还有许多药物对猪有调节代谢、促进生长、改善消化吸收和提高饲料转化率的作用。所以正确的选择、使用药物对猪群的健康生长有着非常重要的作用。

（一）药物选择

应当选择疗效高、毒性低、副作用小的药物。必要时可以配合给药。在应用药物时，应考虑猪群的情况，如日龄、体重、品种、机体的抗体水平、哺乳、妊娠等，对妊娠母猪及哺乳期母猪应避免使用对其不利的药物。选择剂量和疗程要适当，剂量过小达不到治疗效果，又易引起细菌耐药性产生；剂量过大，造成浪费，而且可能还会出现严重的不良反应。选择合适的给药途径，既要达到用药效果，又要考虑用药方便。

（二）抗菌药物用药原则

使用治疗性抗菌药物，必须要有一定的用药指征。比如，诊断为细菌性感染的猪群，才能够应用抗菌药物治疗。选用抗菌药物，首先应确定引起感染的病原体，有条件的最好能进行细菌学诊断和体外药敏试验，选择疗效高、毒性低的抗菌药物治疗。如果尚未确定，或时间紧急，可以采用联合用药或使用广谱抗菌药物。另外还应考虑抗菌药物的抗菌活性、药动学特点、药物吸收率、不良反应及药物成本等问题。

使用预防性抗菌药物也应严格掌握适应证，防止药物滥用。

预防性应用抗菌药投药时间不宜过长，防止耐药性的产生，防止猪体内环境的菌群失调。投药途径应选择方便快捷的给药方式。预防性用药主要用于流行性疾病流行期，预防疾病传入。

抗菌药物主要用于细菌感染引起的疾病，而对各种病毒性感染预防治疗效果不佳，如流感没必要使用常规抗菌药物预防，但是在治疗某种病毒性疾病时，应该考虑到某些常在菌继发感染的可能。例如：治疗病毒性腹泻时，就应当同时应用抗大肠杆菌的药物。因为大肠杆菌为机体常在菌，当机体感染某种病毒病时，致病性大肠杆菌很容易乘虚而入，继发细菌病，侵害猪体的健康，成为病毒病的有力帮凶，如果不及时处理，细菌的危害可能超过病毒。这时选择的抗菌药物应以抑菌药为主，如大环内酯类、四环素类、氯霉素类等。

预防性应用抗菌药还可以用于猪场某个时间段常发病的预防，比如有的猪场在猪 45 日龄左右经常出现关节炎型链球菌的感染，这种情况下应当在不影响猪群防疫的前提下，在预计发病时间以前，有针对性地投入对链球菌敏感的药物。

预防应用抗菌药也可以用在猪群某个特定时期，如母猪在产后可以应用广谱抗菌药防治产道感染，有助于产道的恢复。还比如在猪去势时应用一些广谱抗菌药，防治伤口感染，有利于伤口的愈合。

（三）特殊功能药物用药原则

特殊药物一般不用作预防用药，只在出现明显的用药指征时用药。这类药物比较复杂，比如呼吸系统的平喘止咳的药物、消化系统的缓泻药物、退烧药物以及激素类药物等。这类药物在应用时，首先，要注意合法合规性，有很多功能性药物在应用上有严格的要求。其次，这类药物大多为解表药物，多数用药后可以缓解症状，但是解决不了病源问题，还要与抗菌或抗病毒药物联合应用。最后，这类药物不宜长期应用，大多是在机体正常运转功能受阻或过激情况下应用，主要作用就是纠正机体的运转不利，使之运转到正确的轨道上并且顺畅运行。如退烧类药物，是机体在受到某种因素的作用下机体的自卫反应过激，导致体温上升已经达到了对自身有害的温度，这时就要利用药物强制性地使体温下降到机体能够承受的体温，使体温调节中枢运转正常，但是如长期使用，会造成机体的运转混乱。

二、用药思路

（一）药物作用及用药目的

药物作用是指药物与机体组织间的原发（初始）作用，药物效应是指药物原发作用所引起机体器官原有功能的改变，二者相互通用。

药物对机体的作用只能是引起机体器官原有功能的改变，而不可能产生新的功能。凡能使机体生理、生化功能加强的药物作用称为兴奋，引起兴奋的药物称兴奋药；引起功能活动减弱的药物作用称为抑制，引起抑制的药物称抑制药。

药物在机体内通过各种形式同病原微生物接触，达到阻止、干扰、弱化病原微生物正常生长的目的，从而解除或减少对猪只机体的危害。这种作用是多样化的，比如青霉素类药物，直接杀死细菌；微生态制剂是通过有益菌的增长来抑制有害菌的生长；酸化剂等则是通过微小的改变机体的内环境来控制有害菌的生长。

用药的目的，就是希望在药物的作用下，改变机体现有的状态（一般为病态），使之恢复到人们想要的状态（一般指健康状态）。但是药物总归为外来因素，不但有人们想要的因素，称之为药物的有利因素，也就是治疗作用；还有人们不想要的因素，称之为药物的有害因素，也就是药物的副作用。有时候药物的治疗作用和副作用也是可以转化的，比如利用兴奋类药物治疗猪因胃动力不足造成的消化系统疾病时就是治疗作用，但是同时药物对其他器官造成的兴奋就是副作用。再如有些抗菌药在对病原体起作用的同时，对猪本身也起到了一定的阻碍正常生理功能的作用。

（二）药物选择

药物的选择，就是要在知道用药目的的前提下，选择对症的药物，还要确保没有副作用或副作用较小，减少因用药对猪造成的影响。

药物的选择是治疗的一个重要环节，是前期诊断的结晶，是后期治疗的基础。前期诊断得再透彻，没有选择好药物也不可能有好的治疗效果。

要做好这一点，首先须对猪群有所了解，特别是对猪病了解。应本着"轻者治其因，重者治其表"的原则，如在猪极度脱水情况下，应当首先选用补液药品；在猪呼吸极度困难的情况下，应首先选用扩气管、开放气道的药品；在猪极度心衰的情况下，应首先选用强心药物。首先保住生命，再寻找致病原因，对因用药。如病程长而且表现比较轻微，就应首先找对病因，对因用药。比如支原体引起的轻微呼吸道症状、链球菌引起的瘸腿症状等比较轻微的疾病，就要选用敏感的抗生素类药物。当然在疾病由急性期转为慢性期时选择的药物也要有所不同，也要由解表药物转换到治疗病因的药物如抗生素等。

（三）给药途径

症状比较轻的感染猪群可以口服给药。应选用口服吸收比较好的抗菌药物拌料或饮水。饮水给药一定要选择水溶性好且异味小的药品。尽量不用静脉或肌内注射给药。重症感染、全身性感染的猪初始治疗可以给予肌内注射给药，条件允许的情况下也可以静脉给药，以确保药效；病情好转应及早转为口服给药。饮水或拌料加药虽然无法确保每头猪都能得到精准剂量，但应尽最大可能性让群体中绝大多数的猪都得到足够剂量。这样才能保证药物预防或治疗的经济性与有效性。在口服给药时尽量不要全天给药，可以计算出全天用量，根据不同的药物选择每天 1 次给药或几次给药。还有比较特殊的给药途径可以在特殊时期应用，如治疗仔猪的腹泻造成的脱水可以利用直肠或腹腔注射给药的方法，以收到更好的效果。

（四）药物吸收

药物进入机体后，一方面作用于机体，引起某些组织器官功能的改变，另一方面药物在机体的影响下发生一系列的转运和转化。药物自给药部位吸收（静脉注射除外）进入血液，然后随血液循环向全身分布，在肝脏等组织发生化学变化（生物转化），最后通过肾脏等多种途径排出体外（排泄）。药物在体内的过程就是药物吸收、分布、代谢和排泄的过程，是一个动态的变化过程，即药物在体内的量或浓度随着时间的变化而变化。

影响药物体内吸收的因素主要有以下三个方面。

（1）药物本身理化性质。药物的分子大小及脂溶性、溶解度和解离度等的高低均可影响吸收。一般认为，药物脂溶性越高，越易被吸收；小分子水溶性药物易吸收；水和脂肪均不溶的药物，则难吸收；解离度高的药物口服很难吸收。

（2）药物剂型。口服给药时，溶液剂较片剂或胶囊剂等固体制剂吸收快，因为后者需有崩解和溶解的过程。皮下或肌内注射时，水溶液吸收迅速。混悬济或油脂剂由于在注射部位的滞留而吸收较慢，故显效慢，作用时间久。

（3）吸收环境。包括给药途径、药物在猪体内的吸收部位、猪体的功能状态、日常饮食状况等。口服给药时，胃的排空功能、肠蠕动的快慢、pH 值的高低、肠内容物的多少和性质均可影响药物的吸收，如胃排空迟缓、肠蠕动过快或肠内容物多等均不利于药物的吸收。皮下或肌内注射，药液沿结缔组织或肌纤维扩散，穿过毛细血管壁进入血液循环，其吸收速度与局部血液流量和药物制剂有关。由于肌肉组织血管丰富、血液供应充足，故肌内注射较皮下注射吸收快。休克时外周循环衰竭，皮下或肌内注射吸收速度减慢，需静脉给药方能即刻显效。静脉注射时无吸收过程。

总之，药物在体内的吸收取决于药物本身的理化性质、药物在猪体内的吸收部位、猪体的功能状态、日常饮食状况等。猪场技术人员在进行猪群预防保健或疾病治疗选用药物时，必须对影响药物吸收的生理和病理因素有全面的理解，这样才能保证药物的疗效，并能避免潜在的药物之间、药物与营养物之间的相互作用。

（五）给药剂量

最精确的给药方式是，给病猪称重，按照每千克体重给药量进行静脉注射、肌内注射或口服给药。此法虽然精准，但在实践中很难对群体动物实施，所以在生产中一般根据猪的个体估算出群体重量，再按照群体的重量或采食量给药。在测算用量时，一般采取小猪按体重比例大一点、大猪小一点的测算方法，比如氟苯尼考注射液，猪的用量一般为每千克体重 15 ~ 20mg（以氟苯尼考计），小猪一般每千克体重 20mg，而大猪一般每千克体重 15mg。很多养殖户以为症状比较严重时要用量大些，其实是没有必要的，只要达到一定的血药浓度就可以，用量过大不仅造成浪费，还可能增加副作用。有部分药物是需要首次加倍使用的，比如磺胺类药物，第二次用就不用加量了，因为这类药物需要首次达到血药峰值，之后就很容易维持，所以用正常量就可以了。这里应当注意的是，在选择口服给药时，有条件的猪场可以选择专用的投药设备。如果没有专用设备，要根据日常管理情况，看看饮水或投料过程中有无浪费情况，大体了解浪费水料的比例，再投药时适当加量。特别是饮水给药时，很多猪场存在漏水现象，如果不可避免，最好在计算药物用量时把浪费的部分计算进去，以免造成给药量不足。

（六）用药间隔

所有药物都有自己的半衰期，所以药物的用药间隔也是不同的，比如青霉素钠注射液需要每天用2~3次，而氟苯尼考注射液可以2天用1次。所以用药间隔一定要按照要求给药。如果用药间隔时间过长，就很容易造成猪体血药浓度间隔性的过低，给细菌留有反扑机会，造成用药效果不佳。

（七）用药疗程

在用药疗程的选择时应按照不同产品的要求，不得随意减少或增加天数，减少会造成用药疗程不够，治疗效果欠缺，增加则会造成成本增加，副作用加大，甚至产生耐药性。这里应注意的是，有很多时候当到达要求的疗程后，治疗症状还没有完全消失，很多养殖场选择扩大疗程的做法，其实这一点是不可取的，因为很多药物，特别是抗生素类药物其仅仅是消除或减少体内有害微生物，对已经造成的猪机体实质性危害并没有作用，对于实质器官危害的恢复主要是需要猪体自身的修复作用，这是一个相对比较长的过程，一般不会在用药完成后马上恢复。比如，用泰乐菌素治疗猪的支原体感染造成的小叶性肺炎时，当按剂量按疗程用完一个疗程后，发现猪群整体好转，猪群中个别猪还有干咳症状，这时就可以不再用泰乐菌素了，根据猪群情况可以选择其他药物，或是不用药就可以，主要靠猪的自身修复作用修复肺部的组织。

三、药物之间作用

（一）协同与拮抗

药物之间作用，一种为协同，一种为拮抗。

两种以上的药物合用时，倘若它们的作用方向是一致的，达到彼此增强的效果，称为协同作用。按照协同作用所呈现的强度不同，可分为相加作用和增强作用。相加作用是药物合用时，其总的效应等于各药单用时效应的总和，也就是一加一等于二的道理。增强作用是药物合用时，其总的效应超过各药单用时效应的总和，也就是所谓的一加一大于二。

两种以上的药物合用时，倘若它们的作用相反，达到彼此减弱或消失的效果称为拮抗作用，也就是一加一小于二的结果。

（二）联合用药条件

单一药物能够有效治疗的病原体感染，不需要联合用药，但是在下列情况可以联合用药，如病原菌尚未查明的严重感染、单一抗菌药物不能控制的需氧菌及厌氧菌混合感染、两种或两种以上病原菌感染、单一抗菌药物不能有效控制的感染性败血症等重症感染、需长程治疗但病原菌易对某些抗菌药物产生耐药性的感染。由于药物协同抗菌作用，联合用药时应将毒性大的抗菌药物剂量按一定的比例减少。联合用药时宜选用具有协同或相加的抗菌作用的药物联合，如青霉素类、头孢菌素类等其他 β-内酰胺类与氨基糖苷类联合。

养殖场的联合用药不仅是药物上的联合，还表现在给药途径上，如在治疗某些细菌性疾病使用抗生素时，可以首次注射给药，之后利用口服给药，这样既能使血药浓度迅速达到峰值，又解决了大群注射应激大、不方便的问题。这种联合用药要注意的是，注射和口服药物应当是同一种药物的不同剂型，如首次注射氟苯尼考注射液，之后口服氟苯尼考预混剂，而不是其他药物，只有这样才能使猪体的血药浓度持续保持在有效值以上。

在临床治疗过程中，联合给药还表现在中西联合用药方面，如猪群出现病毒性热性疾病并激发感染细菌病时，一般用中药抗病毒类药物，如荆防败毒散、扶正败毒散联合西药抗菌药物。

（三）抗菌药物相互作用

为了更好地掌握抗菌药物的联合应用，可以把抗菌药分成四类。

第一类，繁殖期杀菌剂或速效杀菌剂主要有青霉素类（如青霉素 G、阿莫西林等）、头孢菌素类等，均能阻碍细菌细胞壁黏肽的合成，造成细胞壁缺损，失去稳定菌体内透压的屏障作用，使水分不断渗入菌体内，导致菌体膨胀、解体而死。这些杀菌剂对细胞壁生物合成旺盛时期的敏感菌特别有效，对已形成细胞的细菌无抗菌作用，故称为繁殖期杀菌剂或速效杀菌剂。

第二类，静止期或慢效杀菌剂，主要有氨基糖苷类（如链霉素、庆大霉素、卡那霉素、丁胺卡那霉素、新霉素、壮观霉素、安普霉素等），多肽类（如多黏菌素等）。主要作用于细菌蛋白质合成过程，导致合成异常的蛋白，阻碍已合成的蛋白质的释放，使细胞膜通透性增加，导致一些重要生物物质外漏，引起细胞死亡。本类药物对静止期细菌的杀灭作用较强，故称为静止期杀菌剂。

第三类，速效抑菌剂，仅作用于分裂活跃的细菌，属生长期抑菌剂，如四环素类（四环素、土霉素、多西环素）、大环内类（泰乐菌素、替米考星等），林可素类。它们的作用机理相同，均是抑制细菌的蛋白质合成，从而产生快速抑菌作用，而不是杀菌作用。

第四类，慢效抑菌剂，其通过干扰敏感菌的叶酸代谢而抑制其生长繁殖，如磺胺类以及抗菌增效剂。

一般来说，第一类繁殖期杀菌剂和第二类静止期杀菌剂，都是杀菌剂，合用可以获得增强和协同作用：如青霉素和链霉素的联合应用就是非常经典的组方，这是因为第一类药物使细菌细胞壁的完整性被破坏后，第二类药物更易于进入细胞。但是第一类速效杀菌剂不能和第三类速效抑菌剂联合，否则容易出现拮抗作用。如青霉素不能和氟苯尼考、四环素类、大环内酯类联用，因为这类药物能够迅速抑制细菌蛋白质合成，使细菌处于停止生长繁殖的静止状态，致使繁殖期杀菌剂的干扰细胞壁合成的功能不能获得充分发挥，降低第一类药物的药效。第一类繁殖期杀菌剂与第四类慢效抑菌剂合用，虽然一般无增强或减弱的影响，不会有重大影响或发生拮抗作用，但由于第一类速效杀菌剂对代谢受到抑制的细菌的杀灭作用较差，故一般不宜联合应用。所以在注射青霉素时，就不必再同时注射磺胺类药，但治疗脑炎是个例外，在有明显指征时，磺胺嘧啶钠与青霉素分别肌内注射（不能混合），在治疗脑部细菌感染时，能使药效很快突破血脑屏障，提高药效。第二类静止期杀菌剂和第三类快效抑菌剂、第四类慢效抑菌剂联用，常常可以获得协同和相加作用。第三类与第四类合用，由于都是抑菌药，一般可获得协同作用。

注意，同一类抗菌药物，如果作用机理不同，一般表现协同作用；同一类抑菌药物，如氟苯尼考、大环内酯类、林可素类、泰乐菌素作用机理相同，都是作用于细菌核糖体的 50S 亚基，抑制肽链的延长，阻碍细菌蛋白质合成而产生快速抑菌作用，它们之间不能联用，否则可能出现拮抗。如氟苯尼考不能与后三者联用，由于竞争作用部位，后者可替代或阻止氟苯尼考与 50S 亚基结合而产生拮抗作用，导致减效。同一类药物之间不宜联用，如氨基糖苷类之间的链霉素、庆大霉素、卡那霉素等不能联用，否则将增强耳毒性、肾毒性。

（四）用药回避

养殖场用药应当是越少越好。在猪场发现猪健康问题时，很多人首先考虑的是疾病问题。其实，应当首先考虑营养和管理的问题，能用其他方法解决的就不要用药物。比如当猪场出现呼吸道问题时，很多人首先考虑的是感染了哪种疾病，用哪种药物治疗，其实有时候也许是管理的问题，比如猪舍有贼风、过于干燥，或是饲喂的猪饲料过细，导致猪采食时有部分微粉进入呼吸道等，很多原因都能引起呼吸道症状。像这样的情况完全可以不用药物解决，就是用药物，治疗效果也不会很好。只要从管理上解决问题就可以了。

在不得不用药的情况下，也应当首先选择生物制剂，如疫苗、益生菌等，其次选择中药，最后才选择西药。因西药相对来讲副作用都大一点，并且大多数都存在药物残留问题。

　　特别注意的是猪场在用药过程中，一定要注重休药期的问题，有很多药物的休药期是很长的，如磺胺类药物大多休药期都为28d左右，也就是说用药后28d内不可出售生猪。这一点就要求猪场一定要有详尽的用药记录和用药计划，在1个月左右要出售的育肥猪不得使用这类药物。

　　另外，近几年国家比较提倡"无抗养殖""减抗养殖"，养猪的用药政策也在随时的变化，今天允许在猪场应用的药物，过段时间可能就不可以应用，所以在猪场用药之前充分了解当时的用药法律法规是非常有必要的。

第二章　消毒剂

第一节　消毒剂基础知识

一、消毒概念

消毒是指根据不同的生产环节、对象，用适宜的方法（包括物理的、化学的或生物学的方法）清除或杀灭畜禽体表及其生存环境中的病原微生物及其他有害微生物，切断传染途径，预防和控制传染病流行，达到提高畜禽健康水平、避免损失的目的。

消毒是控制传染病的主要措施。传染病的传播必须具备传染源、传播途径和易感动物这三个基本环节，缺少任何一个环节，传播就会终止。消毒是消灭传染源、切断传播途径的重要措施，通过消毒，可以最大限度地杀死细菌、病毒等大多数病原微生物。此外，消毒还可以净化环境，改善畜禽的生存条件，大大降低发病率与死亡率。可以说，没有消毒药物，就不可能有集约化、规模化的畜牧业。合理使用消毒剂是集约化、规模化养殖企业赖以生存和发展的关键技术。

消毒与灭菌区别：消毒主要针对病原微生物，而不是所有的微生物。消毒只能最大限度地降低病原微生物的数量，把微生物造成的危害降到最低，即"无害化处理"。而灭菌是理想化的消毒，此时病原微生物的数量接近于零，所有的微生物均被杀灭。

二、消毒剂作用机理

消毒所用的药品称为消毒剂。消毒剂能够杀灭病原微生物，主要用于各种畜禽设施、用具和器械、内外环境、动物排泄物，以及动物体表的杀菌与灭菌。理想的消毒剂应该具有广谱的抗微生物范围，良好的抗菌活性，对各种感染性病原有效；质优价廉，成本较低；易溶于水，无刺激性和着色性，性质稳定，作用时间长；具有较高的脂溶性，分布均匀；能与去污剂联合使用，对金属、塑料、橡胶、衣物等无腐蚀性，无药物残留毒性，不易燃易爆，等。

消毒剂种类较多，对病原微生物的杀灭作用机理不一。通常来说，消毒剂对病原菌微生物的杀灭或抑制生长作用具有全方位、多靶点、多途径、多模式等特点。

1. 作用于微生物细胞壁

微生物的细胞壁具有保护微生物、降低敏感性的屏障作用。细菌细胞壁中含有肽聚糖，真菌细胞壁中含有葡聚糖、甘露聚糖，芽孢的外壁中含有吡啶二羧酸，分枝杆菌细胞壁中含有分枝酸，这些化合物均对微生物的完整性有保护作用，影响消毒剂的吸收和透过。消毒剂可以通过破坏微生物外膜而提高自身的被动吸收量，影响细胞内外物质交换，如季铵盐类阳离子消毒剂可破坏微生物外膜，并对细胞壁有解聚作用，戊二醛可以阻止细胞质膜中某些酶的选择性释放，影响革兰氏阳性菌的增殖。低浓度的甲醛溶液可以溶解微生物细胞壁，使菌体死亡。消毒剂也可以或者通过加固微生物外膜而阻止微生物（如芽孢）发芽。

2. 作用于微生物细胞膜

细胞膜既是细胞内物质与外界的隔离墙，又是细胞与宿主进行物质代谢和能量交换的重要场所。一些消毒剂如酚类、氯、过氧化物和表面活性剂等会导致细菌细胞膜的通透性增加，胞内物质泄漏，呼吸链破坏，糖酵解终止而最终死亡。

3. 影响微生物代谢

微生物的重要代谢活动包括糖酵解、三羧酸循环、呼吸链、氧化磷酸化、核酸与蛋白质合成等，这些重要代谢的任何一个关节被终止，都会导致微生物死亡。卤素类、醛类、酚类、醇类、酸类、碱类、过氧化物类等大多数消毒剂可以与蛋白质发生作用，破坏其结构与功能，抑制其合成速度，降低其生物活性，进而抑制微生物生长。

4.影响微生物的遗传物质

核酸是微生物的遗传物质，位于细胞内部。卤素类、醛类、酸类、碱类、过氧化物类、酚类和金属类消毒剂等可作用于核酸，改变、破坏核酸结构，抑制核酸合成，导致微生物的死亡或繁殖障碍。

第二节　消毒剂分类及种类

一、消毒剂分类方法

按照化学性质，分为氧化剂类消毒剂、卤素类消毒剂、醛类消毒剂、酚类消毒剂、杂环类消毒剂、季铵盐类消毒剂和复合型消毒剂。

按照物理性状，分为固体消毒剂（分散片剂、泡腾片剂、散剂）、液体消毒剂和气体消毒剂。

按照杀菌能力，分为高效消毒剂（可杀灭微生物芽孢）、中效消毒剂（可杀灭除芽孢外的微生物）和低效消毒剂（只能杀灭抵抗力较弱的微生物）。

二、常用消毒剂种类

1.氧化剂类消毒剂

主要包括过氧化氢（双氧水）、过氧乙酸、过氧戊二酸、高锰酸钾、臭氧、过硫酸复合盐等。这是一类含不稳定的结合态氧的化合物，遇到有机物或酶即可放出初生态氧，而后破坏菌体的活性基因，发挥消毒作用。属于高效消毒剂。

特点：①杀菌力强，使用方便；②易分解，性质不稳定。易受有机物干扰；③有强烈刺激性，易造成皮肤烧伤，腐蚀性也很强，刺激性酸味能引起猪打喷嚏，常用于浸泡、喷洒、涂抹消毒。

2. 卤素类消毒剂

卤素（包括氯、碘等）对细菌原生质及其他结构成分有高度的亲和力，易渗入细胞，之后和菌体原浆蛋白的氨基或其他基团相结合，使菌体有机物分解或丧失功能呈现杀菌作用。在卤素中氟、氯的杀菌力最强，依次为溴、碘，但氟和溴一般消毒时不用。常用的该类消毒剂包括，①含氯消毒剂，如二氯异腈脲酸钠（优氯净）、氯胺 –T（高效、广谱）、二氯二甲基海因、漂白粉、高效次氯酸钙、次氯酸钠溶液、二氧化氯、氯气等。②含溴消毒剂，如二溴海因、溴氯海因等；含碘消毒剂，如聚维酮碘、碘酊等。

特点：①广谱杀菌，其中氯的杀菌力最强，碘较弱；②杀菌作用产生得快，氯又能迅速散失，而不留臭味；③氯可与氨和硫化氢发生反应，故有除舍内臭味作用。

3. 酚类消毒剂

这类消毒剂能使病原微生物的蛋白变性、沉淀而起杀菌作用，能杀死一般细菌。复合酚能杀灭芽孢、病毒和真菌。主要有苯酚、甲酚、对氯间二甲苯酚、三氯羟基二苯醚、氯苯酚、溴苯酚、二氯二甲基苯酚、六氯酚等。

特点：①这是一种表面活性物质，只有接触到有害微生物，才能将其抑制或杀灭，所以，一定要喷洒到有害微生物才起作用；②在适当浓度下，对大多数不产生芽孢的繁殖型细菌和真菌均有杀灭作用，但对芽孢和病毒作用不强；③抗菌活性不易受环境中有机物和细菌数量的影响，故可用于排泄物等消毒；④化学性质稳定，因而贮存或遇热等不会改变药效，有效浓度维持时间长；⑤实际应用中多为2种或2种以上有协同作用的化合物，以扩大其抗菌作用范围；⑥污染环境，应尽量选用低毒、高效的种类。

4. 醛类消毒剂

醛类的杀菌作用也是较强的，属于高效消毒剂。其中以甲醛的效果较好，也最常用。随着生产技术的进步和养殖业的需求，戊二醛、邻苯二甲醛等高效消毒剂也被广泛应用。

特点：①化学活性很强，常温、常压下易挥发；②通过烷基化反应，使菌体蛋白变性，酶和核酸等功能发生改变，从而呈现强大的杀菌作用；③温度20℃以上，空气相对湿度75%以上，作用时间不小于10h；④穿透力差，不易透入物品深部发挥作用；⑤具滞留性，易在物体表面形成一层具有腐蚀作用薄膜，刺激性气味不易散失；⑥气体有强致癌作用，尤其是肺癌。

5. 酸类消毒剂

酸类消毒剂的杀菌原理是高浓度的氢离子能使菌体蛋白变性和水解，而低浓度的氢离子可以改变细菌体表蛋白两性物质的离解度，抑制细胞膜的通透性，影响细菌的吸收、排泄、代谢和生长。氢离子还可与其他阳离子在菌体表面竞争性吸附，妨碍细菌的正常活动。

分无机酸和有机酸两大类。无机酸有硫酸、盐酸等，具有强烈的刺激和腐蚀作用，应用受限制。有机酸类，如甲酸、乙（醋）酸、柠檬酸、草酸等，主要用于皮肤黏膜防腐。

6. 碱类消毒剂

用于畜禽消毒的碱类消毒药主要有苛性钠、苛性钾、石灰、草木灰、苏打等。碱类消毒作用的机理是阴性氢氧根离子能水解蛋白质和核酸，使细菌酶系统和细胞结构受损害，同时还能抑制细菌的正常代谢功能，分解菌体中的糖类，使菌体复活。它对病毒有强大的杀灭作用，可用于许多病毒性传染病的消毒，高浓度碱液亦可杀灭芽孢。碱类消毒剂最常用于畜禽饲养过程中场区及圈舍地面，污染设备（防腐）及各种物品，含有病原体的排泄物、废弃物的消毒。

特点：①对病毒和细菌杀灭作用较强，高浓度溶液可杀灭芽孢；②遇到有机物杀菌力稍有降低；③对组织有腐蚀性，能损坏织物及铝制品，只能用于空舍时地面消毒，作用6～12h后用水冲洗干净，使用时注意人员防护。

7.表面活性剂类

这类消毒药又称除污剂或清洁剂，可降低菌体的表面张力，有利于油的乳化而除去油污，产生一定的清洁作用。另外，表面活性剂还能吸附于细菌表面，改变菌体细胞膜的通透性，使菌体内的酶、辅酶和中间代谢产物选出，阻碍细菌的呼吸和糖酵解的过程，使菌体蛋白变性而呈现杀菌作用。常用的有新洁尔灭、洗必泰、杜米芬等。

表面活性剂主要通过改变界面的能量分布，改变细胞膜通透性，影响细菌新陈代谢，还可使蛋白质变性，灭活菌体内多种酶系统，从而具有抗菌活性，故可用作消毒剂。

第三节　正确使用消毒剂

一、影响消毒效果的因素

实施有效的消毒，是降低成本、高产稳产的重要保证。但是，经过消毒并不一定就能达到彻底的消毒效果，这与选用的消毒剂和消毒质量有关。影响消毒效果的因素主要包括以下几方面。

1.温度

多数消毒剂的最佳消毒效果都与温度有一定的关系。一般，消毒剂在低温下消毒效果较差，当气温低于16℃时，消毒剂对大部分病原体失去作用。消毒剂对微生物的杀伤力随温度的升高而增强，提高温度可使常温下某些杀毒效果不大的消毒剂杀毒效力增强。温度的变化对消毒剂的影响不同，一般情况下，温度提高 10℃，杀菌力可提高 1 倍以上。同时应该注意，温度可改变消毒剂本身的溶解度，对消毒剂的稳定性和作用时间有一定的影响。升温不可超过消毒剂本身能承受的极限，以免造成消毒剂有效成分的蒸发或分解，影响消毒效果，例如，碘制剂和氯制剂，由于本身具有较强挥发性，提高温度会加速挥发，反而导致杀菌力下降。

2. 湿度

湿度对消毒剂有着显著影响，不同消毒剂有其适应的湿度范围。因为，只有液体才能进入微生物体内，起到应有的消毒效果，固体和气体均不能进入。所以，一般固体消毒剂必须溶于水，气体消毒剂必须溶于细菌周围的液层中，才有杀菌作用。甲醛熏蒸消毒时，提高室内的空气相对湿度至 70% 以上，可以明显增强其杀菌效果。注意湿度过大反而会影响消毒剂与微生物的接触面积，从而影响消毒效果。例如，用过氧乙酸及甲醛熏蒸消毒时，空气相对湿度以 60% ~ 80% 为最好。对于纳米级干燥消毒剂，其作用机理是通过吸附环境中的细菌、病毒、寄生虫卵、氨气、水分等达到减少病原体和改善养殖环境的目的，受湿度影响也较明显。此外，使用紫外线消毒时，湿度越高，紫外线的穿透力越弱，消毒效果越差。

3. 环境酸碱度

环境的酸碱度能够影响微生物的生长和繁殖，并影响一些消毒剂的杀灭作用。一方面，酸碱度的变化可能影响某些消毒剂的溶解度、离解程度和分子结构，例如季铵盐类消毒剂的杀菌作用随着 pH 值升高而明显加强，苯甲酸则在碱性环境中作用减弱，戊二醛在酸性环境中稳定而在碱性环境中杀菌作用加强。新型的消毒剂常含有缓冲剂等成分，可以减少酸碱度对消毒效果的影响。另一方面，微生物自身的增殖需要较为稳定的酸碱度范围，超出其适宜范围，微生物增殖受阻或停止。

4. 环境中的有机物

环境中的有机物可干扰消毒剂杀灭微生物的作用。在养殖过程中，当环境中存在畜禽的粪、尿、血、炎性渗出物、体表脱落物，以及饲料残渣、鼠粪、污水或其他污物时，会消耗或中和消毒剂的有效成分，严重降低消毒剂对病原微生物的作用浓度，使消毒作用减弱。同时，受微生物严重污染的物品和场地能阻碍消毒剂直接与病原微生物接触，而影响消毒剂效力的发挥。各种消毒剂受有机物影响程度也有所不同，氯制剂消毒效果降低幅度大，季铵盐类、过氧化物类等消毒作用降低明显，戊二醛类及碘伏类消毒剂受有机物影响较小。因此，在使用消毒剂之前，应先对需要消毒的环境或物品进行整理、清扫和清洁，清除物品表面的灰尘和覆盖物等有机物，尽量减少影响消毒效果的因素，利于消毒剂充分发挥作用。对痰液、粪便、畜禽圈舍的消毒应选用受有机物影响较小的消毒剂。同时，应适当提高消毒剂的浓度，延长消毒时间，方可达到良好的消毒效果。

5. 拮抗物质因素

病原微生物常存在于不同的环境中，这些物质中的一些拮抗物质往往妨碍消毒剂效果。肥皂、阴离子型去污剂、卵磷脂等物质能中和季铵盐类消毒剂的作用，硫代硫酸钠可中和过氧乙酸及含氯消毒剂，甘氨酸可以中和戊二醛的作用。因此，在养殖场消毒中，应先清洗物品，再进行消毒，提高消毒效果。

6. 消毒剂因素

（1）适用范围　不同的病原微生物对消毒剂的敏感度可能不同。一般来说，革兰氏阳性菌比革兰氏阴性菌对消毒剂更敏感，主要是由于菌体胞膜的结构不同。革兰氏阴性菌细胞外层含有丰富的脂类，可阻止药物进入细胞。还有耐药质粒 R 因子可介导产生耐药性（如大肠杆菌、沙门氏菌等），也可对消毒剂产生抗药性。对于芽孢，大多数消毒剂是无效的，如酚类、醇类、某些汞类、胍类等。一般认为，戊二醛、甲醛、过氧乙酸、二氧化氯等制剂可以杀灭芽孢。对于螺旋体、立克次氏体、支原体、衣原体、真菌等，一般消毒剂都很敏感；对于病毒，适当浓度的氯类、醛类、碘类、氧化剂类、酚类均可杀灭。

（2）使用剂量　是杀灭微生物的基本条件，包括消毒强度和时间。消毒强度，在热力消毒时是指温度高低，在化学消毒时是指浓度，在紫外线消毒时是指紫外线照射强度。消毒过程中增加消毒强度能提高消毒速度，而减少消毒时间也会降低消毒效果。使用消毒剂时要按其说明进行，做到稀释正确、浓度适宜、消毒充分。

二、消毒剂选择原则

在实际应用中，完全具备理想条件的消毒剂是很难寻找到的，应该根据不同的实际应用需要，在选择上加以侧重。只有正确使用，才能取得应有的效果。选择消毒剂应遵循以下原则。

（1）在使用条件下高效、低毒、无腐蚀性，无特殊的嗅味和颜色，不对设备、物料、产品产生污染。

（2）在有效抗菌浓度时，易溶或混溶于水，与其他消毒剂无配伍禁忌。

（3）在大幅度温度变化下显示长效稳定性，贮存过程中稳定。价格便宜。

（4）消毒前应将需要消毒的环境或物品清理干净，去掉灰尘和覆盖物，有利于消毒剂发挥作用。

（5）养殖场应多备几种消毒剂，定期交替使用，以免病原体产生耐药性。

三、消毒剂耐受与残留

1. 消毒剂耐受

长期使用消毒剂可能造成环境中的细菌产生抵抗力，能够耐受一定浓度的消毒药物。此外，近期的一些研究发现，消毒剂不仅能够使细菌产生针对该消毒剂自身的抵抗力，还能够"训练"细菌，使其对其他抗生素类药物也产生耐药性，从而形成"超级细菌"，给疫病防治带来更大的困难。

细菌对消毒剂产生耐受的主要原因包括多个方面：消毒剂的使用剂量不足，或受有机物、酸碱环境以及自身不稳定性等因素的影响间接导致作用剂量不足，未能对细菌产生杀灭作用，而使细菌长期处于人为的低药物浓度中，在一段时间之后，细菌可能出现耐药性。另外，不了解消毒剂的适用范围、缺乏用药常识，对消毒剂的使用类型选择不当，或者使用剂量计算错误，人为造成消毒剂滥用，也成为细菌产生耐药性的直接原因。

因此，在使用消毒剂时，一定要根据消毒剂特性、环境的污染类型、所要预防疫病的种类，合理地选择适宜消毒剂，正确配置消毒剂，正确区分消毒剂的有效成分含量与原药浓度、使用浓度的差别，确保安全、有效地使用消毒剂。

2. 消毒剂的毒副作用与残留

目前广泛使用的消毒剂主要为化学消毒剂，其化学成分在直接或间接抑制、消灭病原微生物的同时，也会对环境与动物造成一定的危害。

强酸、强碱、醛类、酚类、重金属离子等消毒剂均对皮肤和黏膜有很大的刺激性。如高浓度的甲醛能够使接触的蛋白质沉淀，低浓度甲醛被动物吸收后，会对血管壁和中枢神经系统产生一定的损害，甲醛在体内被氧化成酸，可能引起酸中毒。含氯消毒剂遇水能产生次氯酸，对动物的呼吸道和黏膜有刺激作用，可使血红蛋白氧化为高铁血红蛋白，影响运氧功能，溶解血红细胞。

消毒剂的大量使用可导致肉、蛋、奶产品中药物残留。如邻二氯苯合剂容易渗透到蛋和肉中，发出异臭味，苯酚易穿透皮肤积存于肉中。

随着动物养殖量的加大，消毒剂使用更加频繁，消毒剂对环境的污染问题已经提到重要的议事日程。2015 年修订的《中华人民共和国环境保护法》已经颁布实施，对畜禽养殖场、养殖小区、饲料厂、定点屠宰场的选址、建设和管理提出了明确要求，对畜禽粪便、动物尸体、污水、废气等排放也提出了严格的限制。

第四节　猪场常用消毒剂

一、氧化剂类消毒剂

过氧乙酸

【性　状】　无色至淡黄色液体，有强烈刺激性臭气，具挥发性，遇热易分解，有腐蚀性，遇有机物或金属即迅速分解。高浓度的过氧乙酸溶液（45% 以上）经剧烈碰撞或加热可发生爆炸。

【作　用】　消毒药。为强氧化剂，遇有机物放出初生态氧产生氧化作用而杀灭病原微生物。对细菌繁殖体、芽孢、真菌、病毒等都有高效杀灭作用。用于杀灭厩舍、用具等的细菌、芽孢、真菌和病毒。

【用法与用量】　以含量为 16.0% ~ 23.0% 的过氧乙酸计。喷雾消毒，畜禽厩舍 1∶200 ~ 400 稀释。浸泡消毒，器具、工作人员衣物、手臂等 1∶500 稀释。熏蒸消毒，畜禽厩舍每立方米使用 5 ~ 15mL。饮水消毒，每 10L 水加本品 1mL。

【不良反应】　对黏膜有刺激性。

【注意事项】

（1）腐蚀性强，操作时戴上防护手套，避免药液灼伤皮肤，稀释时避免使用金属器具。

（2）配好的溶液应置玻璃瓶内或硬质塑料瓶内，低温、避光、密闭短期保存。常温下不超过2d，4℃下不超过10d。

（3）不能与还原剂混合，防止爆炸。

过氧化氢（双氧水）

【性　状】　无色澄清液体，无臭或有类似臭氧的臭气，遇氧化物或还原物即迅速分解并发生泡沫，遇光易变质。

【作　用】　消毒防腐药。有较强的氧化作用，在与组织或血液中的过氧化氢酶接触时，迅速分解，释出新生态氧，对病原微生物产生氧化作用，干扰其酶系统的功能而发挥抗病原微生物作用。由于作用时间短，且有机物能大大减弱其作用，因此杀病原微生物能力很弱。

【用法与用量】　用于清洗化脓性创口时，常用1%～3%溶液。空气喷雾消毒时，使用0.5%溶液。用具和墙壁消毒时，使用2.5%溶液。

【注意事项】

（1）对金属有腐蚀作用。

（2）使用中需避免与碱性及还原性物质混合。

（3）避光、避热，常温下保存。

臭　氧

【性　状】　臭氧溶液不稳定，常温下可自行分解为氧，应现配现用。可通过臭氧发生器直接产生气态臭氧或臭氧水。

【作　用】　高效、广谱气体消毒剂，可迅速杀灭细菌繁殖体、芽孢、真菌、病毒、原虫包囊，并可破坏肉毒梭菌毒素。通过强氧化作用，使微生物细胞中的多种成分产生反应，从而产生不可逆转的变化而死亡。较高湿度可以提高杀灭率。去除空气异味的效果很好。

【用法与用量】 养殖场废水消毒时，每升废水加入 50mg，消毒 10min。

【注意事项】

（1）臭氧水溶液的稳定性受水中杂质影响较大，金属离子可迅速分解臭氧。

（2）臭氧为有害气体，具有刺激性，浓度较大时对人体有危害。

二、卤素类消毒剂

聚维酮碘

【性　状】 黄棕色至红棕色无定形粉末，或红棕色液体。按有效碘计算，应为标示量的 8.5% ~ 12.0%。

【作　用】 养殖场强效消毒杀菌剂，严格消毒可以降低病原微生物的感染与传播，是强效、速效、长效的消毒杀菌剂，对多种细菌、芽孢、病毒、真菌等有消毒作用，有效防控支原体、大肠杆菌、沙门氏菌、流感、蓝耳病病毒等病原的传播，还能杀灭畜禽寄生虫虫卵，并能抑制蚊蝇等昆虫的滋生。其作用机理是药品接触创面或患处后，能解聚释放出所含碘发挥杀菌作用，特点是对组织刺激性小。

【用法与用量】 带畜禽消毒，1% 聚维酮碘兑水 300L，喷雾消毒。厩舍及养殖器具消毒，兑水 100L，喷洒浸泡，保持 5min 或放置至干。建议每周 3 ~ 4 次，疫情期间加强饲养管理与环境消毒频率。手术部位、皮肤炎症和黏膜创面、口蹄溃烂面消毒，5%溶液直接均匀涂抹患处，每天 2 ~ 5 次，连用 3d。黏膜及创面冲洗，0.1% 溶液（以聚维酮碘计）。

复合亚氯酸钠粉

【性　状】　白色粉末或颗粒；有弱漂白粉气味。含二氧化氯（ClO_2）应为 22.5% ~ 27.5%（g/g）；含活化剂，以盐酸（HCl）计不得少于 17.0%（g/mL）。

【作　用】　消毒防腐药，遇盐酸可生成二氧化氯而发挥杀菌作用。对细菌繁殖体及芽孢、病毒、真菌都有杀灭作用，并可破坏肉毒梭菌毒素。二氧化氯形成的多少与溶液的 pH 值有关，pH 值越低，二氧化氯形成越多，杀菌作用越强。用于厩舍、饲喂器具及饮水等消毒，并有除臭作用。

【用法与用量】　取本品 1g，加水 10mL 溶解，加活化剂 1.5mL 活化后，加水至 150mL，备用。厩舍、饲喂器具消毒，15 ~ 20 倍稀释。饮水消毒，200 ~ 1700 倍稀释。

【注意事项】

（1）避免与强还原剂及酸性物质接触。

（2）现配现用。

（3）浓度为 0.01% 时，对铜、铝制品有轻度腐蚀，对碳钢有中度腐蚀。

二氯异腈尿酸钠

【性　状】　白色晶粉，有浓氯臭。性稳定，在高热、潮湿地区贮存时，有效氯含量下降 1% 左右。易溶于水，溶液呈弱酸性。水溶液稳定性较差，在 20℃ 左右下，1 周内有效氯约丧失 20%；在紫外线作用下更加速其有效氯的丧失。

【作　用】　杀菌谱广，对繁殖型细菌和芽孢、病毒、真菌孢子均有较强的杀灭作用。水解常数较高，其杀菌力较大多数氯胺类消毒药为强。氯胺类化合物在水溶液中仅有一部分水解为次氯酸而起杀菌作用。溶液的 pH 值愈低，杀菌作用愈强。加热可加强杀菌效力。有机物对其杀菌作用影响较小。主要用于厩舍、排泄物和水等的消毒。有腐蚀和漂白作用。毒性与一般含氯消毒药相同。

【用法与用量】 0.5% ~ 1% 水溶液用于杀灭细菌和病毒；5% ~ 10% 水溶液用于杀灭芽孢，临用前现配。可采用喷洒、浸泡和擦拭方法消毒，也可用其干粉直接处理排泄物或其他污染物品。厩舍消毒，每平方米常温 10 ~ 20mg，气温低于 0℃时 50mg。饮水消毒，4mg/L，作用 30min。

【注意事项】

（1）对皮肤和黏膜有刺激作用。

（2）对金属有腐蚀作用，可使有色棉织物褪色。

溴氯海因粉

【性　状】 类白色或淡黄色结晶性粉末，有次氯酸的刺激性气味。为 1- 溴 -3- 氯 -5，5- 二甲基乙内酰脲（别名溴氯海因）和硫酸钠等配制而成。含 $C_5H_6N_2BrClO_2$ 应为标示量的 90.0% ~ 110.0%。

【作　用】 消毒防腐药。用于各种传染性病毒性疾病和细菌性疾病病原微生物等污染的动物栏舍、运载工具等消毒。

【用法与用量】 环境或器具消毒，口蹄疫按 1∶400 稀释，猪水疱病按 1∶200 稀释，猪瘟按 1∶600 稀释，猪细小病毒病按 1∶60 稀释，细菌繁殖体按 1∶4 000 稀释。喷洒、擦洗或浸泡。

【注意事项】 对类炭疽芽孢无效；禁用金属容器盛放。

复合碘溶液

【性　状】 红棕色黏稠液体。为碘与磷酸等配制而成的水溶液。含活性碘 1.8% ~ 2.0%（W/W），磷酸 16.0% ~ 18.0%（W/W）。

【作　用】 消毒防腐药。对病毒、细菌、支原体、真菌及孢子都具有抑杀作用。性能稳定，无腐蚀性。用于畜禽舍消毒，器械消毒和处理污物等。具有强大的杀菌作用，也可杀灭细菌芽孢、真菌、病毒、原虫。碘主要以分子（I_2）形式发挥杀菌作用，其原理可能是碘化和氧化菌体蛋白的活性基因，并与蛋白的氨基结合而导致蛋白变性和抑制菌体的代谢酶系统。由于碘难溶于水，在水中不易水解形成次碘酸。在碘水溶液中具有杀菌作用的成分为元素碘（I_2）、三碘化物的离子（I^{3-}）和次碘酸（HIO），其中 HIO 的量较少，但杀菌作用最强；I_2 次之；解离的 I^{3-} 的杀菌作用极微弱。在酸性条件下，游离碘增多，杀菌作用较强。

【用法与用量】 消毒畜禽、屠宰房，1%～3% 溶液消毒器械，0.5%～1% 溶液。畜禽平时预防，1∶2 000～3 000 稀释，定期或长期饮水。邻近畜禽舍发生疫病时，1∶1 000～1 500 稀释，带畜消毒，喷雾或饮水 7d。场内发生疫病时，1∶300～500 稀释；带动物消毒，喷雾或饮水 7d。环境、种猪、分娩舍消毒，1∶1 000～1 500 稀释，喷、冲、洗、浸。牛、羊、猪的口蹄溃烂等皮肤病，1∶200～300 稀释，洗擦患处。

【注意事项】

（1）对碘过敏动物禁用。用碘涂搽皮肤消毒后，宜用 70% 酒精脱碘，避免引起发泡或发炎。

（2）不应与含汞药物配伍。

（3）配制的碘液应存放在密闭容器内。若存放时间过久，颜色变淡，应测定碘含量，并将碘浓度补足后再使用。

枸橼酸碘溶液

【性　状】 红棕色液体，主要成分为枸橼酸、碘。

【作　用】 碘具有强大的杀菌作用，可杀灭细菌芽孢、真菌、病毒及部分原虫。碘主要以分子（I_2）形式发挥杀菌作用，其原理同复合碘溶液。

【用法与用量】 喷雾消毒，厩舍地面、墙面、圈槽、空气的消毒，1∶300 稀释，消毒时间为 10min。口蹄疫病毒，1∶400 稀释。稀释时倒入水（水温不宜高于 43℃）中混合均匀，并在 1h 内用完。

【注意事项】 操作人员应戴上口罩和手套。避免直接接触眼睛和皮肤，如果溅入眼内，立即用水冲洗；避免吸入和食入。

次氯酸钠溶液

【性　状】 淡黄色液体，主要成分为次氯酸钠。

【作　用】 含氯消毒剂。次氯酸钠在水中可以释放出次氯酸和初生态氧，次氯酸分子在水中很快扩散到带负电荷的细菌表面，穿透细胞膜，破坏某些酶的活力，从而达到杀灭细菌的效果；初生态氧有很强的氧化作用，可以使构成细菌的多种蛋白质变性，并抑制细菌的某些含巯基酶，使细菌的生长繁殖发生障碍。用于养殖水体的消毒。

【用法与用量】 用水稀释 300 ～ 500 倍后，喷洒圈舍和环境。

【注意事项】

（1）受环境因素影响较大，使用时应注意环境条件。在水温偏高、pH 值较低使用效果较好。

（2）勿用金属器具盛装。

（3）有腐蚀性，会伤害皮肤。废弃包装应集中销毁。

三、酚类消毒剂

苯　酚
（石炭酸）

【性　状】 带有特殊气味的无色或白色针状、块状或三菱形结晶。可微溶于水，温度高于 65℃时，能与水以任意比例互溶。易溶于酒精等有机溶液。10% 水溶液呈粉红色，为弱酸性。

【作　用】 中效消毒剂。能杀灭细菌繁殖体、真菌、结核杆菌，常温下对细菌芽孢和病毒无杀灭作用。

【用法与用量】　一般使用 25g/L 水溶液，可用于消毒外科器械（浸泡）、厩舍、用具及其他物品（喷雾、湿抹），作用时间 30 ~ 60min。与乙醇混合使用，可明显提高杀菌效果。

【注意事项】

（1）毒性较强，不用于创伤、皮肤消毒。

（2）有特殊气味，勿用于食物或食具的消毒。

（3）遇食盐、酸、乙醇可增强杀菌作用。

（4）忌与碘、高锰酸钾、过氧化氢等配伍应用。

甲酚皂溶液
（煤酚皂溶液，来苏儿）

【性　状】　由甲酚的 3 种同分异构体邻甲酚、间甲酚、对甲酚及肥皂组成。本品为黄棕色至红棕色的黏稠液体，带甲酚的臭气，含甲酚 48% ~ 52%。可溶于水或乙醇，呈碱性反应，性能稳定。

【作　用】　甲酚为原浆毒消毒药，可使菌体蛋白凝固变性而呈现杀菌作用。抗菌作用比苯酚强 3 ~ 10 倍，毒性大致相等，但消毒用量比苯酚低，故较苯酚安全。可杀灭一般繁殖型病原菌，对芽孢无效，对病毒作用较弱，是酚类中最常用的消毒药。用于器械、厩舍、场地、排泄物消毒。

甲酚的水溶性较低，通常都用肥皂乳化配成 50% 甲酚皂溶液。甲酚皂溶液的杀菌性能与苯酚相似，其苯酚系数随成分与菌种不同而介于 1.6 ~ 5.0。常用浓度可破坏肉毒梭菌毒素，能杀灭包括铜绿假单胞菌在内的细菌繁殖体，对结核杆菌和真菌有一定杀灭能力，能杀死亲脂性病毒，但对亲水性病毒无效。

【用法与用量】　用于器械、厩舍、场地、排泄物消毒。喷洒或浸泡，配成 1% ~ 5% 水溶液。

【注意事项】

（1）有特臭，不宜在肉联厂、食品加工厂等应用，以免影响食品质量，污染水源。

（2）对皮肤有刺激性，注意保护使用者的皮肤。

对氯间二甲苯酚

【性　状】　白色或无色晶体，有微弱的酚气味。水中溶解度较低，易溶于醇、醚、聚二醇等有机溶剂和强碱水溶液，稳定性好，常规储存不会失活。

【作　用】　防霉抗菌剂。可杀灭金黄色葡萄球菌和大肠杆菌，不同浓度溶液对绿脓杆菌、白色念珠菌、铜绿假单胞菌等革兰氏阳性菌、阴性菌、真菌都有效。刺激性小，是低毒性抗菌剂。

【用法与用量】　一般以消毒洗涤产品为主，主要用于物体表面和地面擦拭消毒。

【注意事项】　不易分解，容易造成药物残留。

四、醛类消毒剂

甲醛溶液
（福尔马林）

【性　状】　无色或几乎无色的澄明液体，有刺激性特臭，能刺激鼻喉黏膜，在冷处久置易发生浑浊，能与水或乙醇任意混合。

【作　用】　甲醛能杀死细菌繁殖体、芽孢（如炭疽芽孢）、结核杆菌、病毒及真菌等。对皮肤和黏膜的刺激性很强，但不会损坏金属、皮毛、纺织物和橡胶等。穿透力差，不易透入物品深部发挥作用。具滞留性，消毒结束后即应通风或用水冲洗，刺激性气味不易散失，故消毒时空间仅需相对密闭。

【用法与用量】　主要用于厩舍熏蒸消毒。熏蒸消毒，每立方米 15mL，加水 20mL，熏蒸 4 ~ 10h。

【注意事项】

（1）消毒后可在物体表面形成一层具腐蚀作用的薄膜。

（2）动物误服甲醛溶液，应迅速灌服稀氨水解毒。

（3）药液污染皮肤，应立即用肥皂和水清洗。

戊二醛溶液

【性　状】　无色或淡黄色的澄清液体，有刺激性特臭。分为稀戊二醛和浓戊二醛溶液2种。浓戊二醛含戊二醛（$C_5H_8O_2$）应为标示量的95.0%～105.0%。稀戊二醛由浓戊二醛溶液加适量强化剂稀释制成的溶液，含戊二醛应为1.80%～2.20%（g/mL）。

【作　用】　具有广谱、高效和速效的消毒作用，对细菌繁殖体、芽孢、病毒、结核杆菌和真菌等均有很好的杀灭作用。

【用法与用量】　适应于橡胶、塑料制品，生物制品器具及手术、医疗器械的消毒。喷洒、浸透，配成0.78%溶液，保持5min或放置至干。

【注意事项】　避免与皮肤、黏膜接触。

戊二醛癸甲溴铵溶液

【性　状】　无色至淡黄色的澄清液体。主要成分为戊二醛和癸甲溴铵。

【作　用】　戊二醛为醛类消毒药，可杀灭细菌的繁殖体和芽孢、真菌、病毒。癸甲溴铵为双长链阳离子表面活性剂，其季铵阳离子能主动吸引带负电荷的细菌和病毒并覆盖其表面，阻碍细菌代谢，导致膜的通透性改变，协同戊二醛更易进入细菌、病毒内部，破坏蛋白质和酶活性，达到快速高效的消毒作用。

【用法与用量】　用于养殖场、公共场所、设备、器械及种蛋等的消毒。临用前用水按一定比例稀释。喷洒，常规环境消毒，1：2 000～4 000稀释；疫病发生时环境消毒，1：500～1 000稀释。

浸泡，器械、设备等消毒，1∶1 500～3 000。

【注意事项】　禁与阴离子表面活性剂混合使用。

戊二醛苯扎溴铵溶液

【性　状】　无色至淡黄色的澄清液体，有特臭。主要成分为戊二醛和苯扎溴铵。

【作　用】　戊二醛的自由醛基与蛋白质结合而使其变性，从而杀死细菌繁殖体，甚至杀死真菌、病毒及芽孢等。苯扎溴铵为阳离子表面活性剂，对细菌有较好的杀灭作用，对细菌芽孢仅有抑制作用，对亲脂性病毒有一定的杀灭作用。二者联合后作用更强。

【用法与用量】　主要用于动物厩舍及器具消毒，喷洒，每平方米 9mL。用于动物厩舍、器具的消毒，100 倍稀释。

【注意事项】

（1）易燃。使用时须谨慎，以免被灼烧。避免接触皮肤和黏膜，避免吸入其挥发气体，在通风良好的场所稀释。使用时要配备防护设备如防护衣、手套、护面和护眼用具等。

（2）禁与阴离子类活性剂及盐类消毒药合用。

（3）勿与食物或饲料混合。一旦误服立即饮用大量清水或牛奶（至少两大杯），并尽快就医。若不慎触及眼睛，可用大量清水冲洗并迅速就医。

五、酸类消毒剂

盐　酸
（氢氯酸）

【性　状】　无色透明强酸，有刺激性气味和强腐蚀性，易溶于水、乙醇、乙醚和油等。浓盐酸为含 38% 氯化氢的水溶液，具有极强的挥发性，打开容器时能看见瓶口出现白雾。

【作　用】　酸溶液通过解离后产生的氢离子使细菌菌体蛋白变性、凝固而呈现杀菌作用，杀菌力随温度升高而增强。

【用法与用量】　主要用于水的消毒。在自来水中加入稀盐酸，使 pH 值达到 2.5 ~ 2.8，过夜处理后可杀死水中细菌。

【注意事项】

（1）可与金属发生化学反应，一般不用于设备消毒。

（2）使用时注意做好安全防护。

（3）储存于阴凉、通风的库房，保持容器密封，温度不超过 30℃，空气相对湿度不超过 85%。

过硫酸氢钾复合盐泡腾片

【性　状】　浅红色片，有柠檬气味。以单过硫酸氢钾复盐、柠檬酸、氯化钠为主要原料，单过硫酸氢钾含量为 18% ~ 25%，氯化钠含量为 5% ~ 6%，活性氧含量 13% ± 1.3%。

【作　用】　过硫酸氢钾复合盐在水中经过链式反应连续产生次氯酸、新生态氧，氧化和氯化病原体，干扰病原体的 DNA 和 RNA 合成，使病原体的蛋白质凝固变性，进而干扰病原体酶系统的活性，影响其代谢，增加细胞膜的通透性，造成酶和营养物质流失，病原体溶解破裂，进而杀灭病原体。可杀灭金黄色葡萄球菌、大肠杆菌、致病性酵母菌等常见细菌和细菌芽孢。

【用法与用量】　主要用于畜禽舍、空气等的消毒。喷雾、喷洒或浸泡，畜禽环境、饮水设备、空气消毒、终末消毒、设备消毒、孵化场消毒时，按 1∶400（即每 10 片兑水 4kg）稀释。

【注意事项】

（1）现用现配。

（2）不与碱类物质混存或合并使用。

（3）对金属有腐蚀性，对织物有漂白作用，慎用。

（4）使用达到规定时间后应及时清洗干净。

六、碱类消毒剂

氢氧化钠

【性　状】　为熔制的白色干燥颗粒、块、棒或薄片，质坚脆，折断面显结晶性，吸湿性强，在空气中易吸收二氧化碳。

【作　用】　消毒药和腐蚀药。氢氧化钠属细胞原浆毒，对病毒和细菌的杀灭作用均较强，高浓度溶液可杀灭芽孢，氢氧根离子能水解菌体蛋白和核酸，使酶系和细胞结构受损，并能抑制代谢功能，分解菌体中的糖类，使细菌死亡。遇有机物可使其杀菌力降低。主要用于污染病毒场所、器械等消毒。

【用法与用量】　用于厩舍、车辆等的消毒，1% ~ 2% 热溶液。

【注意事项】　对组织有强腐蚀性，能损坏织物和铝制品。消毒人员应注意防护。

熟石灰
（氢氧化钙，石灰乳，消石灰）

【性　状】　白色固体，微溶于水。水溶液称为石灰水。生石灰与水 1 : 1 混合制成熟石灰，再配成 10% ~ 20% 水溶液即为石灰乳。

【作　用】　同氢氧化钠。

【用法与用量】　常用 10% ~ 20% 石灰乳粉刷畜禽舍墙壁、地面。

【注意事项】

（1）储存在室外，会吸收空气中的水分和二氧化碳而变成碳酸钙，失去消毒作用，应以生石灰现配现用。

（2）生石灰不具有消毒作用，反而有刺激性，可腐蚀组织。

七、表面活性剂类消毒剂

苯扎溴铵

（新洁尔灭）

【性　状】　为苯扎溴铵的水溶液，含烃铵盐以 $C_{22}H_{40}BrN$ 计算，应为 4.75%～5.25%。无色或淡黄色澄明液体，芳香。味极苦。强力振摇则发生多量泡沫。遇低温可能发生浑浊或沉淀。

【作　用】　苯扎溴铵为阳离子表面活性剂，对细菌如化脓杆菌、肠道菌等有较好的杀灭作用，对革兰氏阳性菌的杀灭能力比革兰氏阴性菌为强；对病毒的作用较弱，对亲脂性病毒如流感病毒、疱疹病毒等有一定杀灭作用；对亲水性病毒无效；对结核杆菌与真菌的杀灭效果甚微；对细菌芽孢只能起到抑制作用。

对阴离子表面活性剂，如肥皂、卵磷脂、洗衣粉、吐温 –80 等有拮抗作用；碘、碘化钾、蛋白银、硝酸银、水杨酸、硫酸锌、硼酸（5% 以上）、过氧化物、升汞、磺胺类药物以及钙、镁、铁、铝等金属离子，都对其有拮抗作用。

【用法与用量】　以苯扎溴铵计，用于器械、皮肤消毒，配成 0.1% 溶液。创面消毒，配成 0.01% 溶液。大规模饲养的猪舍、诊所内外环境、场地、道路消毒，配成 0.01% 溶液。畜禽饮水灭菌消毒，配成 0.002% 溶液。

【注意事项】

（1）禁与肥皂及其他阴离子活性剂、盐类消毒剂、碘化物和过氧化物等合用。术者用肥皂洗手后，务必用水冲净后再用本品。

（2）不宜用于眼科器械和合成橡胶制品的消毒。

（3）配制器械消毒液时，需加 0.5% 亚硝酸钠，其水溶液不得贮存于聚乙烯制作的容器内，以避免与增塑剂起反应而使药液失效。

癸甲溴铵

【性　状】　无色黏稠液体，癸甲溴铵含量为70%。

【作　用】　双链季铵盐类消毒药，对多数细菌、真菌和藻类有杀灭作用，对亲脂性病毒也有一定作用。其在溶液状态时，可解离出季铵盐阳离子，与细菌胞浆膜磷脂中带负电荷的磷酸基结合，低浓度呈抑菌作用，高浓度起杀菌作用。溴离子使分子的亲水性和亲脂性增强，能迅速渗透到胞浆膜脂质层及蛋白质层，改变膜的通透性，达到杀菌作用。癸甲溴铵残留药效强，对光和热稳定，其表面活性功能使药物可以渗透到缝隙和裂纹中，对金属、塑料、橡胶和其他物质均无腐蚀性。主要用于畜禽环境、医用器械、畜体消毒。对金黄色葡萄球菌等革兰氏阳性菌、大肠杆菌、沙门氏菌、巴氏杆菌等革兰氏阴性菌、支原体、真菌、原虫均有杀灭作用。

【用法与用量】　用于动物厩舍、饲喂器具、饮水等消毒。以癸甲溴铵计，畜禽厩舍、器具消毒，0.015% ~ 0.05%溶液；饮水消毒，0.0025% ~ 0.005%。

【注意事项】　使用时小心操作，避免与眼睛、皮肤和衣服直接接触，如溅及眼睛和皮肤，立即以大量清水冲洗至少15min；内服有毒性，一旦误服立即饮用大量清水或牛奶（至少两大杯），并尽快就医。

月苄三甲氯胺溶液

【性　状】　无色或淡黄色的澄明液体。强力振摇则发生多量泡沫，易溶于水。主要成分为月苄三甲氯胺，含烃胺盐以$C_{22}H_{40}ClN$计，为9.30% ~ 10.70%。

【作　用】　属阳离子型活性剂。其亲水性、亲油性以及分子内空间因素能达到较好的结合，表现出超强的杀伤力和穿透力，能低浓度瞬间杀灭各种细菌、病毒、支原体、衣原体、立克次氏体、螺旋体、真菌、藻类等病原微生物，作用不受有机物、软硬水、酸碱度、光照、热辐射影响。腐蚀性和皮肤刺激性小，可直接喷洒于畜禽体表，消毒效果良好。金黄色葡萄球菌、猪丹毒杆菌、卡他球菌、化脓性链球菌、口蹄疫病毒以及细小病毒等对其较敏感。广泛用于畜禽环境、栏舍、养殖用器具、医用器械、手术、皮肤、黏膜、创面及畜禽饮水消毒，并具除臭功能。

【用法与用量】　消毒防腐药。用于畜禽体表、圈舍、环境、养殖器具、运输工具、畜禽饮水消毒。平常消毒，1∶600 ~ 1 200稀释，喷洒环境、圈舍、器具及畜禽体表；疫病流行时，1∶300 ~ 600 倍稀释，喷洒环境、圈舍、器具及畜禽体表；浸泡洗涤养殖器具、衣物、手术器械等，1∶200 ~ 400 稀释；患部消毒，1∶20 ~ 30稀释，清洗、涂搽溃烂部皮肤和患部溃疡；饮水消毒，1∶12 000定期或长期投放于饮水中。

【注意事项】　禁与肥皂、酚类、原酸盐类、酸类、碘化物等混用。

醋酸氯己定

【性　状】　白色或几乎白色的结晶性粉末，无臭，味苦。主要成分为 1，6- 双（N1- 对氯苯基 -N5- 双胍基）己烷二醋酸盐（醋酸氯己定）。

【作　用】　为阳离子表面活性剂，对革兰氏阳性菌及阴性菌、真菌均有杀灭作用，但对结核杆菌、细菌芽孢及某些真菌仅有抑制作用。抗菌作用强于苯扎溴铵，其作用迅速且持久，毒性低，无局部刺激作用。与苯扎溴铵联用对大肠杆菌有协同杀菌作用。不易被有机物灭活，但易被硬水中的阴离子沉淀而失去活性。

【用法与用量】　用于皮肤、黏膜、手术创面、手部及器械消毒。皮肤消毒，配成 0.5% 醇（70% 乙醇）溶液；黏膜及创面消毒，

0.05% 溶液；手部消毒，0.02% 溶液；器械消毒，0.1% 溶液。

【注意事项】

（1）不能与肥皂、碱性物质和其他阳离子表面活性剂混合使用，用于金属器械消毒时加 0.5% 亚硝酸钠防锈。

（2）禁与汞、甲醛、碘酊、高锰酸钾等消毒剂配伍应用。遇硬水可形成不溶性盐，遇软木（塞）可失去药物活性。

八、重金属消毒剂

高锰酸钾

【性　状】　黑紫色、细长的棱形结晶或颗粒，带蓝色的金属光泽，无臭，与某些有机物或易氧化物接触，易发生爆炸。在沸水中易溶，在水中溶解。含高锰酸钾不得少于 99.3%。

【作　用】　为强氧化剂，遇有机物、酸或碱、加热等均可释出新生态氧而呈现杀菌、除臭、氧化等作用。抗菌作用较过氧化氢强。在发生氧化反应时，其本身还原为棕色的二氧化锰，后者可与蛋白结合成蛋白盐类复合物，在低浓度时对组织有收敛作用，可使吗啡、士的宁等生物碱，苯酚、水合氯醛、氯丙嗪等化学药物，磷和氰化物等氧化而失去毒性。常用于皮肤创伤及腔道炎症的创面消毒、止血和收敛，也用于有机物中毒。在酸性环境中杀菌作用增强，2% ~ 5% 溶液能在 24h 内杀死芽孢，在 1% 溶液中加 1.1% 盐酸，则能在 30 秒内杀死炭疽芽孢。有机物极易使高锰酸钾分解而使作用减弱。

【用法与用量】　消毒防腐药。用于皮肤创伤及腔道炎症，也用于有机毒物中毒。腔道冲洗及洗胃，0.05% ~ 0.1% 溶液；创伤冲洗，0.1% ~ 0.2% 溶液。

【注意事项】

（1）严格掌握不同用途使用不同浓度的溶液。

（2）水溶液易失效，药液需新鲜配制，避光保存，久置变棕色而失效。

（3）对胃肠道有刺激作用，在误服有机物中毒时，不应反复用其溶液洗胃。

（4）动物内服中毒时，应用温水或3%过氧化氢溶液洗胃，并内服牛奶、豆浆或氢氧化铝凝胶，以延缓吸收。

九、其　他

重组溶葡萄球菌酶阴道泡腾片

【性　状】　为白色至微黄色冻干块状物或粉末。

【作　用】　蛋白类抗菌药。对葡萄球菌等革兰氏阳性菌具有杀菌作用，其作用机理是裂解细菌细胞壁肽聚糖中的五甘氨酸肽键桥，使细菌裂解死亡。在2min内细菌杀灭率达99.9%，特别是对抗生素耐药的耐甲氧西林葡萄球菌MRSA也有同样好的抑杀菌效果，而且溶葡萄球菌酶不会在动物体内残留，牛奶中存在的酶可以直接用巴氏消毒的方法灭活，安全性高。主要用于治疗革兰氏阳性菌，如葡萄球菌、链球菌、化脓棒状杆菌或化脓隐秘杆菌等引起的阴道炎。

【用法与用量】　母猪阴道内给药：400U，每天1次，连用2次。

【注意事项】　用灭菌注射用水溶解，稀释后的药液一次用完。

第三章　抗微生物药物

第一节　概　述

抗微生物药物，即抗感染药物，是杀灭或者抑制微生物生长或繁殖的药物，包括抗细菌、真菌、病毒、滴虫原虫、支原体、衣原体、立克次体等药物，但不包括抗寄生虫药物。

根据抗微生物药的作用对象，抗微生物药物可分为：

（1）抗细菌药（简称抗菌药）。包括能抑制或杀灭细菌、支原体、衣原体、立克次体、螺旋体等病原菌的药物。根据药物来源不同，抗菌药又可分为抗生素类和人工合成抗菌药。抗生素是抗微生物药物里最主要的一大类药物，包括青霉素类、头孢菌素类、氨基糖苷类、大环内酯类、四环素类、氯霉素类、多肽类、林可霉素类等。合成抗菌药物包括氟喹酮类、磷霉素类、磺胺类等。

（2）抗真菌药。主要用于治疗畜禽浅表或深部真菌感染，主要药物如克霉唑、制霉菌素、酮康唑等。

（3）抗病毒药。病毒感染的发病率与传播速度均非常高，故病毒病主要靠疫苗预防，同时目前尚未有对病毒作用可靠、疗效确实的药物，所以在兽医临床，尤其对食品动物不主张使用抗病毒药，主要问题是食品动物若大量使用抗病毒药就可能导致病毒产生耐药性，使人类病毒感染治疗失去药物资源。

抗微生物药物应与消毒防腐药物相区别。抗微生物药物通常指对机体（宿主）没有或只有轻度毒性作用，主要用于全身感染的抗生素及化学合成抗菌药。对于那些没有明显抗菌谱、毒性强、仅用于体表或者外周环境的抗微生物药物，一般称为消毒防腐药。其中消毒药主要用于杀灭环境、厩舍、动物排泄物、用具和器械等非生物表面的微生物，而防腐药多用于抑制生物体表包括局部皮肤、黏膜和创伤等部位的微生物感染，也用于食品和生物制品的防腐。

理想的应用于临床的抗菌药物，应该是对病原微生物具有较高的选择性作用，但对动物体无毒或仅有较低的毒副反应。这种对病原微生物的选择性作用，对于临床安全用药十分重要。近年来，通过对各类抗菌药物的药效学、药动学和临床药理的研究，人们已掌握了许多新的、有效的抗菌药物及其合理应用的规律。

第二节　抗生素

抗生素主要是指由微生物（包括细菌、真菌、放线菌属）或高等动植物在生活过程中所产生的、能以低微浓度选择性地杀灭其他微生物或抑制其功能与活性的一类次级代谢产物。临床常用的抗生素一般属于低分子化合物，可用采用微生物发酵法进行生产，一些抗生素可用化学合成法人工半合成或全合成。抗生素在低浓度时即可发挥作用，不但可以杀灭细菌、真菌、放线菌、螺旋体、立克次氏体及某些支原体、衣原体和原虫等微生物，有些抗生素具有抗病毒、抗肿瘤和抗寄生虫等作用。

抗生素等抗菌剂的抑菌或杀菌作用，主要是针对细菌有而宿主没有的机理进行杀伤，主要包含四种作用机理。

（1）抑制细胞壁的合成　细菌的细胞壁主要由多糖、蛋白质和类脂类构成，具有维持形态、抵抗渗透压变化、允许物质通过的重要功能。因此，抑制细胞壁的合成会导致细菌细胞破裂死亡；

而哺乳动物的细胞因为没有细胞壁，所以不受这些药物的影响。以这种方式作用的抗菌药物包括青霉素类和头孢菌素类，但是频繁使用会导致细菌的抗药性增强。

（2）增强细胞膜通透性　一些抗生素与细胞的细胞膜相互作用而影响膜的渗透性，使菌体内盐类离子、蛋白质、核酸和氨基酸等重要物质外漏，这对细胞具有致命的作用。但细菌细胞膜与人体细胞膜基本结构有若干相似之处，因此该类抗生素对人有一定的毒性。以这种方式作用的抗生素有多黏菌素和短杆菌素等。

（3）干扰蛋白质的合成　一些抗生素能够干扰细菌合成蛋白质，这意味着细菌不能生成存活所必需的酶，从而无法繁殖。以这种方式作用的抗生素包括放线菌素类、氨基糖苷类、四环素类和氯霉素类。

（4）抑制核酸复制和转录　一些抗生素通过抑制细菌核酸的转录和复制而抑制细菌核酸的功能，进而阻止细胞分裂和／或所需酶的合成。以这种方式作用的抗生素包括萘啶酸和二氯基吖啶、利福平等。

根据抗生素的作用和特点来分，可以将其分为以下几种。

抗革兰氏阳性菌抗生素，如青霉素类、红霉素、林可霉素等。

抗革兰氏阴性菌抗生素，如链霉素、卡那霉素、庆大霉素、新霉素、多黏菌素等。

广谱抗生素，如四环素类、氯霉素类等。

抗真菌类，如制霉菌素、灰黄霉素、两性霉素等。

抗寄生虫类，如伊维菌素、莫能菌素、盐霉素、马杜霉素、潮霉素 B 等。

抗肿瘤抗生素，如放线菌素 D、丝裂霉素、柔红霉素等。

饲用抗生素，如杆菌肽、维吉尼亚霉素、黄霉素、那西肽等。

抗生素的种类繁多，现根据其化学结构分述如下。

一、青霉素类抗生素

青霉素类抗生素属于 β-内酰胺类抗生素，基本化学结构是 6-氨基青霉烷酸母核，由发酵液提取或半合成法制得。青霉素类包括天然青霉素和半合成青霉素，后者具有耐酸、耐酶和广谱等特点。

青霉素 G
（青霉素 G 钠，青霉素 G 钾）

【**性 状**】 白色或微黄色的结晶性粉末。难溶于水，如与钠、钾结合形成盐后则易溶于水。其干燥盐类性质较稳定，室温中保持 3 年以上不失效，耐热性强，但其水溶液稳定性下降，遇酸、碱、氧化剂、重金属、乙醇、甘油等，其结构的 β-内酰胺环受破坏，抗菌活性迅速失效。

【**作用用途**】 为窄谱抗生素，抗菌作用很强，低浓度时起抑菌作用，高浓度时具有强大的杀菌作用。抗菌机理主要抑制细菌细胞壁的合成，从而破坏其对菌体的保护作用。对青霉素 G 敏感的革兰氏阳性菌，其细胞壁的主要成分：由黏肽组成，青霉素能制止黏肽的合成，故其抗革兰氏阳性菌的作用很强，而对已形成的细胞壁无破坏作用。因此其对生长旺盛（即细胞壁生物合成时期）的敏感菌特别有效，而对代谢受到抑制的静止期细菌则效果较差。主要对多种革兰氏阳性细菌（包括球菌和杆菌）、部分革兰氏阴性球菌、各种螺旋体和放线菌有强大的抗菌作用，如链球菌、葡萄球菌、丹毒杆菌、化脓棒状杆菌、破伤风梭菌、放线菌、李氏杆菌等；对革兰氏阴性杆菌如沙门氏菌、布鲁氏菌等作用很弱，对结核杆菌、立克次体、病毒等无效。细菌一般对青霉素 G 不易产生耐药性，但金黄色葡萄球菌可渐进地产生耐药菌株。青霉素 G 适用于上述敏感菌所致的各种疾病，如链球菌病、葡萄球菌病、螺旋体病、李氏杆菌病、猪丹毒、炭疽、气肿疽、放线菌病、淋巴结脓肿、乳腺炎、子宫炎、化脓性腹膜炎以及创伤感染等。

【用法与用量】 青霉素 G 钾或钠粉针，抗菌效能以单位（U）表示，1U 相当于 0.6μg 纯结晶青霉素 G 钠盐，或 0.625μg 钾盐。临用前，加灭菌注射用水适量使溶解。肌内注射，一次量，每千克体重 2 万～3 万 U，每天 2～3 次，连用 2～3d。

【注意事项】

（1）青霉素钾、青霉素钠易溶于水，水溶液不稳定，很易水解，水解率随温度升高而加速，因此注射液应在临用前配制。必须保存时，应置冰箱中（2～8℃），可保存 7d，室温只能保存 24h。

（2）药物相互作用及配伍：青霉素类与氨基糖苷类合用，可提高后者在菌体内的浓度，呈现协同作用。大环内酯类、四环素类和酰胺醇类等快效抑菌剂对青霉素类的杀菌活性有干扰作用，不宜合用。重金属离子（尤其是铜、锌、汞）、醇类、酸、碘、氧化剂、还原剂、羟基化合物，呈酸性的葡萄糖注射液或盐酸四环素注射液等可破坏青霉素类的活性，禁止配伍。胺类与青霉素 G 可形成不溶性盐，使后者吸收变慢。青霉素 G 水溶液与一些药物溶液（如盐酸氯丙嗪、林可霉素、酒石酸去甲肾上腺素、土霉素、四环素、B 族维生素及维生素 C）不宜混合，否则可产生浑浊、絮状物或沉淀。

（3）青霉素钾 100 万 U（0.625g）含钾离子 0.065g，大剂量注射可能出现高钾血症。对肾功能减退或心功能不全患畜会产生不良后果，钾离子对心脏的不良作用更严重。

普鲁卡因青霉素

【性　　状】 为青霉素的普鲁卡因盐，白色粉末。在甲醇中易溶，在乙醇或氯仿中略溶，在水中微溶。遇酸、碱或氧化剂等即迅速失效。

【作用与用途】 为速效杀菌剂，由具长效作用的普鲁卡因青霉素和迅速发挥治疗作用的青霉素组成。对繁殖期的细菌作用特别强。作用特点为青霉素能在短时间内对敏感菌发挥杀菌作用，控制病程，消除症状；普鲁卡因青霉素因吸收缓慢，作用持久，可在较长时间内继续发挥治疗作用，与各种成分合用可快速退热、消炎，从而达到速效和长效的作用。敏感菌为大肠杆菌、葡萄球菌、链球菌、肺炎球菌、嗜血杆菌、放线杆菌、螺旋体等。主要用于对青霉素敏感菌引起的全身性各种感染。例如，肺炎、丹毒、肺疫、乳房炎、乳腺炎、输卵管炎、子宫内膜炎、阴道炎、肾盂肾炎、膀胱炎、尿道炎等。可用于以下疾病。

（1）严重感染性疾病，如链球菌、猪丹毒、猪肺疫、细菌病毒混合感染引起的反复高热、低热不退、精神不振、食欲废绝、全身发红、卧地不起、嗜睡等症。

（2）高热性疾病，如肺炎、感冒、链球菌病、猪丹毒、气肿疽、坏死杆菌病、放线杆菌病、钩端螺旋体病、破伤风、败血症等病及其表现的体温40℃以上、皮肤出现疹块；红紫，关节肿胀、跛行；肌肉肿胀，皮肤发黑；皮肤坏死，发绀，肌肉强直如木马状，敏感；尿黄，尿血。

（3）泌尿生殖系统疾病，如产后感染、无乳综合征、乳房炎、子宫内膜炎、尿闭、尿路感染、膀胱炎等病及其表现的体温高、稽留不退、鼻干、眼红、乳房肿胀、乳汁稀含絮状物、乳汁少或无乳；产门流出绿白色的脓液；发情不正常，屡配不孕；尿频，尿急，无尿，拱背等。

（4）外伤及手术后的抗菌消炎及全身性皮肤软组织的感染，腹膜炎、败血症、关节炎以及外伤创面等所致的全身性高热、腹痛、肿胀、关节囊肿、创面久治不愈等。

【用法与用量】 临用前加灭菌注射用水适量制成混悬液。肌内注射，一次量，每千克体重2万~3万U。

【注意事项】

（1）药物相互作用及配伍参见青霉素G。

（2）休药期 7d。

苄星青霉素
（长效西林，比西林）

【性　状】　白色结晶性粉末。为青霉素的二苄基乙二胺盐与适量缓冲剂及混悬剂混合制成的无菌粉末。

【作用与用途】　为长效青霉素，吸收和排泄缓慢，血中浓度较低。用于革兰氏阳性细菌感染，适用于对青霉素高度敏感细菌所致的轻度或慢性感染，如葡萄球菌、链球菌和厌氧性梭菌等感染引起的肾盂肾炎、子宫蓄脓、乳腺炎和复杂骨折等。对急性重度感染不宜单独使用，须注射青霉素钠（钾）显效后，再用本品维持药效。

【用法与用量】　肌内注射，一次量，3 万 ~ 4 万 U，必要时 3 ~ 4d 重复 1 次。

【注意事项】
（1）药物相互作用及配伍参见青霉素 G。
（2）本品血药浓度较低，急性感染时应与青霉素 G 合用。
（3）注射液应在临用前配制。
（4）休药期 5d。

甲氧西林
（甲氧苯青霉素钠，新青霉素Ⅰ）

【性　状】　白色结晶性粉末，有吸湿性，易溶于水。干燥状态稳定，水溶液不稳定，对酸不稳定。

【作用与用途】　本品抗菌谱与苄星青霉素相似，而抗菌效力较弱。但是，此药对耐药性金黄色葡萄球菌产生的酶有较高的稳定性，几乎对所有的金黄色葡萄球菌均有杀菌作用。临床上主要用于耐药性金黄色葡萄球菌引起的感染。

【用法与用量】　粉针剂，肌内注射，每千克体重 4 ~ 5mg，每 6h 1 次。对猪的乳腺炎，特别是能产生 β-内酰胺酶的葡萄球菌引起的乳腺炎，有较好的疗效。吸收后分布到乳腺中较多，滞留时间长。

【注意事项】

（1）药物相互作用及配伍参见青霉素 G。

（2）休药期 5d。

苯唑西林钠
（苯唑青霉素钠，新青霉素Ⅱ）

【性　状】　白色粉末或结晶性粉末。为半合成的耐酸、耐酶青霉素，易溶于水，微溶于丙酮或丁醇。

【作用与用途】　属 β-内酰胺类抗菌药，其抗菌谱比青霉素 G 窄，但不易被青霉素酶水解，对耐青霉素的产酶金黄色葡萄球菌有效，对不产酶菌株和其他对青霉素敏感的革兰氏阳性菌的杀菌作用不如青霉素。用于耐青霉素葡萄球菌感染，如败血症、肺炎、乳腺炎、烧伤创面感染等。肠球菌对本品耐药。

【用法与用量】　肌内注射，一次量，每千克体重 10 ~ 15mg，每天 2 ~ 3 次，连用 2 ~ 3d。

【注意事项】

（1）药物相互作用及配伍：与氨苄西林或庆大霉素合用，可增强对细菌的抗菌活性。大环内酯类、四环素类和酰胺醇类等快效抑菌剂对青霉素类的杀菌活性有干扰作用，不宜合用。重金属离子（尤其是铜、锌、汞）、醇类、酸、碘、氧化剂、还原剂、羟基化合物，呈酸性的葡萄糖注射液或盐酸四环素注射液等可破坏青霉素类的活性，属配伍禁忌。

（2）易溶于水，水溶液不稳定，很易水解，水解率随温度升高而加速，因此注射液应在临用前配制，必须保存时，应置冰箱中（2 ～ 8℃），可保存 7d，室温只能保存 24h。

（3）苯唑西林钠 0.5 含钠离子 0.026g，大剂量注射可能出现高钠血症。对肾功能减退或心功能不全患畜会产生不良后果。

（4）休药期 5d。

氯唑西林钠
（邻氯青霉素钠，邻氯苯甲异噁唑青霉素钠）

【性　状】　白色粉末或结晶性粉末。有吸湿性，易溶于水，应密封在干燥处保存。

【作用与用途】　抗菌谱比青霉素窄，对金黄色葡萄球菌、链球菌、肺炎球菌等具有杀灭作用。本品类似苯唑西林，不易被青霉素酶水解，对大多数革兰氏阳性菌特别是耐青霉素金黄葡萄球菌有效，对不产酶菌株和其他对青霉素敏感的革兰氏阳性菌的杀菌作用不如青霉素。本品耐酸，内服吸收快但不完全，受胃内容物影响可降低其生物利用度，故宜空腹给药。吸收后全身分布广泛，部分可代谢为活性和无活性代谢物，与原形药一起迅速从肾经尿液排泄。

【用法与用量】　临用前加灭菌注射用水配制，现配现用。肌内或静脉注射，每千克体重 20mg，每天 2 ～ 3 次，连用 3d。

【注意事项】

（1）配伍禁忌：红霉素、土霉素、四环素、庆大霉素、多黏菌素 B、维生素 C 和氯丙嗪，与这些药物出现浑浊或沉淀；与黏菌素、卡那霉素混合即失效。大环内酯类、四环素类和酰胺醇类等快效抑菌剂对青霉素类的杀菌活性有干扰作用，不宜合用。重金属离子(尤其是铜、锌、汞)、醇类、酸、碘、氧化剂、还原剂、羟基化合物，呈酸性的葡萄糖注射液或盐酸四环素注射液等可破坏青霉素类的活性，属配伍禁忌。

（2）休药期 10d。

双氯西林钠
（双氯青霉素钠）

【性　状】 白色或近白色结晶性粉末，有吸湿性，其钠盐易溶于水。应密封保存在干燥处。

【作用与用途】 本品抗菌谱与氯唑西林相同，对耐药菌的作用比苄星青霉素强 100 倍，对能耐苯唑西林钠或氯唑西林钠的金黄色葡萄球菌也有效。内服后吸收好，血药浓度高，维持时间长。应用范围同氯唑西林钠。

【用法与用量】 同氯唑西林钠。

【注意事项】 同氯唑西林钠。

氨苄西林钠
（氨苄青霉素，氨苄西林）

【性　状】 半合成广谱抗生素，白色或类白色粉末或结晶性粉末。易溶于水，略溶于乙醇，不溶于乙醚。

【作用与用途】 属 β-内酰胺类抗菌药，具有广谱抗菌作用。对大多数革兰氏阳性菌的抗菌活性稍弱于青霉素，对青霉素酶敏感，故对耐青霉素的金黄色葡萄球菌无效。对革兰氏阴性菌如大肠杆菌、变形杆菌、沙门氏菌、嗜血杆菌、布鲁氏菌和巴氏杆菌等有较强的作用，但这些细菌易产生耐药性。对铜绿假单胞菌不敏感。主用于敏感菌引起的肺部、肠道、胆道、尿路等感染和败血症，如猪的肠炎、肺炎、猪丹毒、子宫炎和仔猪白痢等。

氨苄西林耐酸不耐酶，对胃酸相当稳定，内服吸收良好，肌内注射几乎完全吸收。注射后吸收迅速，血药浓度高，但下降亦快。丙磺舒可以延缓本品的排泄，使血药浓度提高，半衰期延长。

【用法与用量】肌内、静脉注射，一次量，每千克体重 10 ~ 20mg，每天 2 ~ 3 次，连用 2 ~ 3d。

【注意事项】

（1）药物相互作用及配伍：青霉素类与氨基糖苷类合用，可提高后者在菌体内的浓度，呈现协同作用。大环内酯类、四环素类和酰胺醇类等快效抑菌剂对青霉素类的杀菌作用有干扰，不宜合用。与下列药物有配伍禁忌：红霉素、土霉素、四环素、金霉素、卡那霉素、庆大霉素、链霉素、林可霉素、多黏菌素 B、氯化钙、葡萄糖酸钙、B 族维生素、维生素 C 等。

（2）溶解后应立即使用，宜以中性液体作溶剂。

（3）对青霉素酶敏感，不宜用于耐青霉素的金黄色葡萄球菌感染。

（4）休药期 15d。

阿莫西林
（羟氨苄青霉素）

【性　状】 白色或类白色粉末或结晶性粉末，味微苦。微溶于水，几乎不溶于乙醇。钠盐在水或乙醇中易溶，有引湿性。

【作用与用途】 本品抗菌谱与氨苄西林基本相似，细菌对二者有完全交叉耐药性。其抗菌机理是干扰敏感细菌细胞壁黏肽的合成，抑制细菌的代谢酶，触发细菌自身的溶酶活性，使细菌肿胀，变形破裂，溶解死亡。对革兰氏阴性球菌、革兰氏阳性杆菌有极强杀灭作用。其体内抗菌效果比氨苄西林钠强 2～3 倍，而且口服吸收好，生物利用度大于 90%。

主要用于链球菌、肺炎球菌、淋球菌、葡萄球菌、沙门氏菌、大肠杆菌、痢疾杆菌、变形杆菌等引起的畜禽呼吸道、泌尿道、生殖道、软组织及肝胆系统的感染。

【用法与用量】 内服，一次量，每千克体重 10～15mg，每天 2 次，连用 2～3d。肌内、皮下注射，一次量，每千克体重 15mg，可在 48h 后再注射 1 次。

【注意事项】

（1）药物相互作用及配伍：与氨基糖苷类合用，可提高后者在菌体内的浓度，呈现协同作用。大环内酯类、四环素类和酰胺醇类等快效抑菌剂对本品的杀菌作用有干扰作用，不宜合用。

（2）对青霉素耐药的革兰氏阳性菌感染不宜使用。

（3）在胃肠道的吸收不受食物影响，为避免动物发生呕吐、恶心等胃肠道症状，宜在饲后服用。

（4）现配现用。

（5）休药期14d。

二、头孢菌素类抗生素

头孢菌素类抗生素是以冠头孢菌为原料，经半合成改造其侧链而得到的一类β-内酰胺类抗生素，基本化学结构是7-氨基青霉烷酸母核，能耐酸、耐青霉素酶，为广谱强杀菌剂。抗菌机理与青霉素类相似，作用于细菌的细胞壁，抑制、破坏细菌细胞壁的合成，对正处于繁殖期的细菌作用最强，且对畜禽体细胞无伤害，安全性较高。常用的头孢菌素类抗生素有40多种，按照其制成年代的先后、抗菌谱、对β-内酰胺酶的稳定性以及对革兰氏阴性菌的抗菌活性不同，可分为Ⅰ、Ⅱ、Ⅲ、Ⅳ、Ⅴ共5代药物。

头孢噻吩钠
（噻孢霉素钠，头孢菌素Ⅰ，先锋霉素Ⅰ）

【性　状】 白色或类白色结晶性粉末，几乎无臭，易溶于水，微溶于乙醇，在氯仿或乙醚中不溶。10%水溶液pH值为4.5～7.0。

【作用与用途】 为广谱抗生素，但对革兰氏阳性菌活性较强，对革兰氏阴性菌相对较弱。对葡萄球菌产生的青霉素酶最为稳定，其对敏感革兰氏阳性菌的MIC多在0.06～1μg/mL。大肠杆菌、沙门氏菌属、志贺氏菌属、克雷伯氏菌属等革兰氏阴性菌呈中度敏感，而肠杆菌、绿脓杆菌等均高度耐药。主要用于耐青霉素酶金黄葡萄球菌及一些敏感革兰氏阴性菌所引起的呼吸道、泌尿道、软组织等感染及败血症等。为半合成的第一代头孢菌素，口服吸收很差，必须注射才能取得治疗作用。

【用法与用量】　肌内或静脉注射，每千克体重 10 ~ 20mg，每天 3 ~ 4 次。头孢噻吩钠 1.06g 相当于头孢噻吩 1g。稀释后的头孢噻吩钠注射液在室温中保存不能超过 6h，冷藏（2 ~ 10℃）可维持效价 48h。

【注意事项】

（1）对头孢菌素过敏动物禁用，对青霉素过敏动物慎用。局部注射可出现疼痛、硬块，应做深部肌内注射。

（2）肝、肾功能减退病畜慎用。

（3）与下列药物混合有配伍禁忌：硫酸阿米卡星、硫酸庆大霉素、硫酸卡那霉素、新霉素、盐酸土霉素、盐酸金霉素、盐酸四环素、硫酸黏菌素、乳糖酸红霉素、林可霉素、磺胺异噁唑、氯化钙等。偶尔亦可能与青霉素、B 族维生素和维生素 C 发生配伍禁忌。与氨基糖苷类抗生素或呋塞米、依他尼酸、布美他尼等强效利尿药合用可能增加肾毒性。

（4）丙磺舒可降低头孢噻吩的肾清除率，使血药浓度升高。

（5）克拉维酸（1 或 5μg/mL）在体外可使头孢噻吩对 55 株耐青霉素拟杆菌的 MIC 降低，还能使头孢噻吩对耐头孢噻吩肺炎杆菌的抗菌活性增强。

头孢噻啶

（头孢菌素Ⅱ，先锋霉素Ⅱ）

【性　状】　头孢噻吩的吡啶衍生物，白色或无色粉末，能溶于水，应遮光、密封放置于阴凉干燥处。

【作用与用途】　抗菌谱与头孢噻吩钠相同，对革兰氏阴性菌抗菌效力比较强，已用于变形杆菌、葡萄球菌、沙门氏菌等引起的动物呼吸道、泌尿系统感染。

【用法与用量】　粉针剂，加适量注射用水溶解，肌内注射，每千克体重 10～20mg，每天 3～4 次。

【注意事项】

（1）必须注射给药。

（2）对青霉素过敏及过敏体质者慎用。

（3）该品有明显的肾毒性，剂量不可过大，疗程不宜过长，不可与氨基糖苷类联合应用。

（4）其他参见头孢噻吩钠。

头孢氨苄
（苯甘孢霉素，头孢菌素Ⅳ，先锋霉素Ⅳ）

【性　状】　白色结晶固体，带有苦味道，微臭。在水中微溶，在乙醇、氯仿或乙醚中不溶。0.5% 水溶液的 pH 值应为 3.5～5.5。

【作用与用途】　为半合成的第一代内服头孢菌素。对大多数革兰氏阳性菌和阴性菌均有较强的抗菌作用，对引起呼吸系统感染的肺炎链球菌、A 型链球菌、棒状杆菌属很敏感，对引起消化系统、泌尿系统感染的金黄色葡萄球菌、大肠杆菌、肺炎杆菌、沙门氏菌属、巴氏杆菌属敏感，对表皮葡萄球菌、流感嗜血杆菌、奇异变形杆菌较为敏感。

经口服后吸收良好，生物利用度 90% 左右，达峰时间为 1～2h，在机体的分布范围相对较广，可以分布到胸膜腔、心包、滑膜液及多数组织空间中，也有一定量穿透到骨皮质及网状层，胆汁和尿液中活性药物的水平也很高，主要以活性形式经肾小球过滤和肾小管排泄（85%）。用于治疗敏感菌所致的呼吸道、泌尿道、皮肤和软组织感染，严重感染时不宜使用。

【用法与用量】　以头孢氨苄计。内服或肌内注射，一次量，每千克体重 10 ~ 20mg，每天 1 ~ 2 次。

【注意事项】

（1）口服本品犬有恶心、呕吐、食欲不振、腹泻、便秘、胀气等现象；少数病例发生过敏反应，如发生过敏反应可使用肾上腺素和 / 或类固醇治疗。

（2）肾功能受损的动物同时服用其他经肾排泄的药物会加重本品在体内的蓄积，因此在动物肾功能不全时可减少本品的用量。

（3）呋塞米等强利尿药，卡氮芥等抗肿瘤药及氨基糖苷类抗生素等肾毒性药物与本品合用有增加肾毒性的可能。

（4）克拉维酸可增强本品对某些因产生 β-内酰胺酶而耐药的革兰阴性杆菌的抗菌活性。

（5）丙磺舒可延迟本品经肾的排泄，但也有报告认为丙磺舒可增加本品在胆汁中的排泄。

（6）禁用于对青霉素类药物过敏的动物。对青霉素类药物过敏的人不要操作该产品，皮肤出现红疹时要尽快就医，若嘴唇、眼睑和脸部肿胀，呼吸困难要立即拨打急救电话。

头孢噻呋

【性　状】 类白色至淡黄色疏松块状物，在水中不溶，在丙酮中微溶，在乙醇中几乎不溶。其钠盐有引湿性，水中易溶。

【作用与用途】 为半合成的第三代动物专用头孢菌素，也可以制成钠盐和盐酸盐，供注射用。具有广谱杀菌作用，对革兰氏阳性菌、革兰氏阴性菌（包括产 β-内酰胺酶菌）均有效。敏感菌主要有多杀性巴氏杆菌、溶血性巴氏杆菌、胸膜肺炎放线杆菌、沙门氏菌、大肠杆菌、链球菌、葡萄球菌等，某些铜绿假单胞菌、肠球菌耐药。抗菌活性比氨苄西林强，对链球菌的活性比氟喹诺酮类强。肌内和皮下注射吸收迅速且分布广泛，但不能透过血脑屏障。血中和组织中药物浓度高，有效血药浓度维持时间较长。主要用于猪细菌性呼吸道感染。

【用法与用量】 以头孢噻呋计。肌内注射，一次量，每千克体重 3mg，每天 1 次，连用 3d。

【注意事项】

（1）与青霉素、氨基糖苷类药物合用有协同作用。

（2）可能引起胃肠道菌群紊乱或二重感染。

（3）有一定的肾毒性，对肾功能不全动物应调整剂量。

头孢喹肟

【性　状】 常用其硫酸盐。类白色至淡黄色结晶性粉末，不溶于水，略溶于乙醇，在氯仿中几乎不溶。

【作用与用途】 是动物专用第四代头孢菌素类抗生素。具有广谱抗菌活性，对 β-内酰胺酶稳定。体外抑菌试验表明头孢喹肟对常见的革兰氏阳性和革兰氏阴性菌敏感，包括大肠杆菌、枸橼酸杆菌、克雷伯氏菌、巴氏杆菌、变形杆菌、沙门氏菌、黏质沙雷菌、化脓放线菌、芽孢杆菌属细菌、棒状杆菌、金黄色葡萄球菌、链球菌、类杆菌、梭状芽孢杆菌、梭杆菌属细菌、普雷沃菌、放线杆菌和猪丹毒杆菌等。用于治疗由多杀性巴氏杆菌或胸膜肺炎放线杆菌引起的猪呼吸系统疾病。

【用法与用量】 肌内注射，一次量，每千克体重 2mg，每天 1 次，连用 3 ~ 5d。

【注意事项】

（1）对 β-内酰胺类抗生素过敏的动物禁用。

（2）对青霉素和头孢类抗生素过敏者勿接触本品。

（3）现用现配。

（4）在溶解时会产生气泡，操作时应加以注意。

（5）休药期 3d。

三、β-内酰胺酶抑制剂

　　β-内酰胺酶抑制剂是一类新的β-内酰胺类抗生素，是为了克服青霉素类与头孢菌素类药物的耐药性而开发出的一类β-内酰胺抑制剂，可以抑制细菌中β-内酰胺酶对青霉素类与头孢菌素类分子的破坏作用。按照其作用性质可以分为可逆性和不可逆性两类。其中，耐酶青霉素属于可逆性竞争型β-内酰胺酶抑制剂，而不可逆性竞争型β-内酰胺酶抑制剂可与酶发生牢固的结合而使酶失活，不仅对葡萄球菌的β-内酰胺酶有多用，而且对多种革兰氏阴性菌的β-内酰胺酶也有抑制作用。

舒巴坦钠
（青霉烷砜钠）

　　【性　状】　白色或微黄色的结晶性粉末。微有特臭，味微苦。易溶于水，微溶于甲醇，不溶于乙醇、丙酮等。水溶液比较稳定。

　　【作用与用途】　为人工合成的不可逆的竞争性β-内酰胺酶抑制剂，对革兰阳性及阴性菌（除绿脓杆菌外）所产生的β-内酰胺酶均有抑制作用。对革兰氏阳性菌和革兰氏阴性菌生产的绝大多数β-内酰胺酶有强大的抑制作用，但对金属β-内酰胺酶无效。抗菌活性弱，略强于克拉维酸，单用时仅对淋球菌和不动杆菌属有杀菌作用。肠球菌属和绿脓杆菌对本品耐药。舒巴坦与青霉素类或头孢菌素类药物联用，一般可以出现明显的协同作用，极大地提高了前两者的抗菌活性，也扩大了抗菌谱。内服吸收很少，注射后很快分布到各组织中，在血、肾、心、肺、肝中浓度均较高。与氨苄西林、头孢哌酮、哌拉西林、美洛西林等联合治疗敏感细菌所致的呼吸道、泌尿系统、皮肤软组织、骨和关节感染以及败血症等。

　　【用法与用量】　国内目前生产的舒巴坦产品主要为供静脉或

肌内注射用的氨苄西林 / 舒巴坦钠（2：1）联合制剂舒他西林。以氨苄西林计，内服，一次量，每千克体重 10 ~ 20mg，每天 2 次；肌内注射，每千克体重 5 ~ 10mg，每天 2 次。

【注意事项】

（1）对青霉素类抗生素过敏的动物禁用。

（2）水溶液不稳定，不能用于内服。

克拉维酸钾

【性　状】 白色或微黄色结晶性粉末，微臭，极易引湿，在水中极易溶解，在甲醇中易溶，在乙醇中微溶，在乙醚中不溶。

【作用与用途】 为 β-内酰胺酶抑制剂，能竞争性与 β-内酰胺酶不可逆结合，使酶失去水解 β-内酰胺类抗生素的活性。单独使用仅有微弱的抗菌活性，但可与多数的 β-内酰胺酶牢固结合，生成不可逆的结合物，具有强力而广谱的抑制 β-内酰胺酶的作用，不仅对葡萄球菌的酶有作用，而且对多种革兰阴性菌所产生的酶也有作用，为有效的 β-内酰胺酶抑制药。单独应用无效，常与青霉素类药物联合应用以克服微生物产 β-内酰胺酶而引起的耐药性，提高疗效。主要用于产酶和不产酶金黄色葡萄球菌、葡萄球菌、链球菌、大肠杆菌、巴斯德菌等引起的皮肤软组织感染，亦用于敏感菌所致的呼吸道和泌尿道感染。

【用法与用量】 常与阿莫西林联用，以阿莫西林 + 克拉维酸（重量比 2：1）计，肌内或皮下注射，每千克体重 10 ~ 15mg，每天 2 次，连用 3 ~ 5d。

【注意事项】 含有半合成青霉素（阿莫西林），有产生过敏反应的潜在可能。如发生过敏反应可使用肾上腺素和 / 或类固醇治疗。注意事项参见阿莫西林。休药期，阿莫西林克拉维酸钾注射液，14d。

四、氨基糖苷类

氨基糖苷类是由氨基环醇和氨基糖以苷键相连接而形成的碱性抗生素。这类抗生素包括链霉素、新霉素、卡那霉素等从链霉菌、小单胞菌属培养滤液中获得的产品以及半合成品阿米卡星等，其共同特点是水溶性好，性质稳定，抗菌谱较广，对葡萄球菌属、需氧革兰氏阴性杆菌及分支枝菌属（结核杆菌）均有抗菌活性，主要抑制细菌合成蛋白质。细菌对本类的不同品种可部分或完全交叉耐药。胃肠道吸收差，多通过肌内注射给药。具有不同程度的肾毒性和耳毒性，也有神经－肌肉接头的阻滞作用。

链霉素

【性　状】　常用其硫酸盐。白色或类白色粉末，味微苦，有吸湿性，在水中易溶，在乙醇或氯仿中不溶。干燥品很稳定，室温可保持抗菌活性1年以上，水溶液在pH值3.0～7.0时也很稳定，冷藏条件下可保存1年以上。

【作用与用途】　属于氨基糖苷类抗生素，其作用机理和抗菌谱与其他氨基糖苷类抗生素相似。通过干扰细菌蛋白质合成过程，致使合成异常的蛋白质、阻碍已合成的蛋白质释放。另外还可使细菌细胞膜通透性增加，导致一些重要生理物质的外漏，最终引起细菌死亡。对结核杆菌和多种革兰氏阴性杆菌，如大肠杆菌、沙门氏菌、布鲁氏菌、巴氏杆菌、志贺氏痢疾杆菌、鼻疽杆菌等有抗菌作用。对金黄色葡萄球菌等多数革兰氏阳性球菌的作用差。链球菌、铜绿假单胞菌和厌氧菌对本品固有耐药。主要用于治疗敏感的革兰氏阴性菌和结核杆菌感染。

【用法与用量】　以链霉素计。肌内注射，一次量，每千克体重10～15mg，每天2次，连用2～3d。

【注意事项】

（1）药物相互作用，与其他具有肾毒性、耳毒性和神经毒性的药物，如两性霉素、其他氨基糖苷类药物、多黏菌素 B 等联合应用时慎重。与作用于髓袢的利尿药（呋塞米）或渗透性利尿药（甘露醇）合用，可使本品耳毒性和肾毒性增强。与全身麻醉药或骨骼肌松弛药如氯化琥珀胆碱等神经肌肉阻断剂联合应用，可加强神经肌肉传导阻滞。与青霉素类或头孢菌素类合用，对铜绿假单胞菌和肠球菌有协同作用，对其他细菌可能有相加作用。

（2）不良反应，与其他氨基糖苷类有交叉过敏现象，对氨基糖苷类过敏的患畜禁用。最常引起前庭损害，这种损害可随连续给药的药物积累而加重，并呈剂量依赖性。长期应用可引起肾脏损害。

（3）患畜出现脱水（可致血药浓度增高）或肾功能损害时慎用。

（4）治疗泌尿道感染时，肉食动物和杂食动物可同时内服碳酸氢钠使尿液呈碱性，以增强药效。

（5）钙、镁、钠、钾、铵等阳离子可抑制本品抗菌活性。

（6）休药期 18d。

双氢链霉素

【性　状】　常用其硫酸盐。白色或类白色的粉末，味微苦，有吸湿性，在水中易溶，在乙醇溶解，在氯仿中不溶。

【作用与用途】　为链霉素的半合成衍生物，抗菌谱和抗菌活性与链霉素相似，用途同链霉素。

【用法与用量】　以硫酸双氢链霉素计。肌内注射，一次量，每千克体重 10mg，每天 2 次。

【注意事项】　耳毒性比链霉素强，其他参见链霉素。

卡那霉素

【性　状】　常用其硫酸盐，白色或类白色的粉末，有吸湿性，易溶于水，应遮光、密封保存于干燥处。

【作用与用途】　抗菌谱广，其作用机理同链霉素。对大多数革兰氏阴性杆菌如大肠杆菌、变形杆菌、沙门氏菌和多杀性巴氏杆菌等有强大抗菌作用，对金黄色葡萄球菌和结核杆菌也较敏感。与新霉素存在交叉耐药，与链霉素存在单向交叉耐药性。铜绿假单胞菌、革兰氏阳性菌（金黄色葡萄球菌除外）、立克次体、厌氧菌和真菌等对本品耐药，大肠杆菌及其他革兰氏阴性菌易产生获得性耐药。用于治疗败血症及泌尿道、呼吸道感染，亦用于治疗猪气喘病。

【用法与用量】　以卡那霉素计。肌内注射，一次量，每千克体重 10 ～ 15mg，每天 2 次，连用 2 ～ 3d。

【注意事项】　药物相互作用、不良反应等参见链霉素。休药期 28d。

庆大霉素
（正泰霉素）

【性　状】　常用其硫酸盐。无色至微黄色或微黄绿色的澄明液体，有引湿性，易溶于水，在乙醇、丙酮、氯仿中不溶，4% 水溶液 pH 值 4.0 ～ 6.0。

【作用与用途】　氨基糖苷类抗生素。用于革兰氏阴性和阳性细菌引起的败血症、泌尿生殖系统感染、呼吸道感染、腹膜炎、胆道感染、乳腺炎及皮肤、软组织感染。内服不吸收，用于肠道感染。对多种革兰氏阴性菌（如大肠杆菌、克雷伯氏菌、变形杆菌、铜绿假单胞菌、巴氏杆菌、沙门氏菌等）和金黄色葡萄球菌（包括产 β-内酰胺酶菌株）均有抗菌作用。多数球菌（化脓链球菌、肺炎球菌、粪链球菌等）、厌氧菌（类杆菌属或梭状芽孢杆菌属）、结核杆菌、立克次体和真菌对本品耐药。

【用法与用量】 以硫酸庆大霉素计。肌内注射，一次量，每千克体重 0.05 ~ 0.1mL（每毫升 40 万 U），每天 2 次，连用 2 ~ 3d。

【注意事项】

（1）本品有呼吸抑制作用，不可静脉推注。

（2）休药期 40d。

（3）药物相互作用与其他注意事项参见链霉素。

新霉素

【性　状】 常用其硫酸盐。类白色至淡黄色粉末，有引湿性，易溶于水，在乙醇、丙酮、氯仿中不溶，10% 水溶液 pH 值 5.0 ~ 7.0。

【作用与用途】 氨基糖苷类抗生素。主要用于内服治疗敏感菌所致的胃肠道感染，局部应用对葡萄球菌和革兰氏阴性菌引起的皮肤、眼耳感染及子宫内膜炎有良好疗效。新霉素抗菌谱与卡那霉素相似。对大多数革兰氏阴性杆菌如大肠杆菌、变形杆菌、沙门氏菌和多杀性巴氏杆菌等有强大抗菌作用，对金黄色葡萄球菌也较敏感。铜绿假单胞菌、革兰氏阳性菌（金黄色葡萄球菌除外）、立克次体、厌氧菌和真菌等对本品耐药。内服与局部应用很少被吸收，内服后只有总量的 3% 从尿液排出，大部分不经变化从粪便排出。肠黏膜发炎或有溃疡时可使吸收增加。注射给药很快吸收，但毒性大，已经禁用。

【用法与用量】 以硫酸新霉素片计，内服，仔猪 0.75 ~ 1 克，分 2 ~ 4 次内服；肌内注射，每千克体重 4 ~ 8mg，分 2 次注射。

【注意事项】

（1）在氨基糖苷类中毒性最大，注射后可引起明显的肾毒性和耳毒性。

（2）本品内服可影响维生素 A、维生素 B_{12} 的吸收。

（3）药物相互作用参见链霉素。

大观霉素

【性　状】　常用其盐酸盐。白色或类白色粉末。主要成分为盐酸大观霉素－盐酸林可霉素。

【作用与用途】　氨基糖苷类抗生素。用于革兰氏阴性细菌、革兰氏阳性细菌及支原体感染。对多种革兰氏阴性杆菌，如大肠杆菌、沙门氏菌、志贺氏菌、变形杆菌等有中度抑制作用。对链球菌、肺炎球菌、表皮葡萄球菌和某些支原体（如滑液支原体等）敏感。对草绿色链球菌和金黄色葡萄球菌多不敏感。铜绿假单胞菌和密螺旋体通常对其耐药。肠道菌对其耐药较广泛，但与链霉素不表现交叉耐药性。林可霉素对厌氧菌，如梭杆菌属、消化球菌、消化链球菌、破伤风梭菌、产气荚膜梭菌及大多数放线菌等有良好抗菌活性。二者合用，可显著增加对支原体的抗菌活性并扩大抗菌谱。

【用法与用量】　以盐酸大观霉素计。内服，每千克体重20mg，每天2次；肌内注射，每千克体重10mg，每天2次，连用3～5d。

【注意事项】　与抗胆碱酯酶药合用可降低后者疗效。与红霉素合用有拮抗作用。

庆大－小诺霉素

【性　状】　常用其硫酸盐。类白色或淡黄色的疏松结晶粉末，有引湿性，易溶于水，在乙醇、丙酮、氯仿中不溶。注射液为无色或微黄色的澄明液体。

【作用与用途】　氨基糖苷类抗生素，对多种革兰氏阴性菌（如大肠杆菌、克雷伯氏杆菌、变形杆菌、铜绿假单胞菌、巴氏杆菌、沙门氏菌等）和金黄色葡萄球菌（包括产β-内酰胺酶菌株）均有抗菌作用。多数链球菌（化脓链球菌、肺炎球菌、粪链球菌等）、厌氧菌（类杆菌属或梭状芽孢杆菌属）、结核杆菌、立克次体和真菌对本品耐药。主要用于某些革兰氏阴性和阳性细菌引起的感染如败血症、泌尿生殖系统感染、呼吸道感染等。小诺霉素抗菌谱、抗菌活性、药物动力学性质近似庆大霉素。对卡那霉素、阿米卡星、庆大霉素等耐药的病原菌对本品敏感。

【用法与用量】 以硫酸–庆大霉素计。肌内注射，一次量，每千克体重 1 ~ 2mg，每天 2 次。

【注意事项】

（1）长期或大量应用本品，可引起肾毒性。

（2）休药期 40d。硫酸庆大–小诺霉素注射液休药期 4d。

（3）药物相互作用与其他注意事项参见庆大霉素。

安普霉素
（阿布拉霉素）

【性　状】 常用其硫酸盐。微黄色至黄褐色粉末。

【作用与用途】 氨基糖苷类抗生素。主要用于治疗猪、鸡革兰氏阴性菌引起的肠道感染。对多种革兰氏阴性菌（如大肠杆菌、假单胞菌、沙门氏菌、克雷伯氏菌、变形杆菌、巴氏杆菌、猪痢疾密螺旋体、支气管炎败血博代氏杆菌）及葡萄球菌和支原体均具杀菌活性。

安普霉素独特的化学结构可抗由多种质粒编码钝化酶的灭活作用，因而革兰氏阴性菌对其较少耐药，许多分离自动物的病原性大肠杆菌及沙门氏菌对其敏感。与其他氨基糖苷类抗生素不存在染色体突变引起的交叉耐药性。

【用法与用量】 以硫酸安普霉素计。混饮，每千克体重 0.125g，连用 7d。

【注意事项】

（1）药物相互作用，与青霉素类或头孢菌素类合用，有协同作用；与头孢菌素、右旋糖酐、强效利尿药（如呋塞米等）、红霉素等合用，可增强本品的耳毒性；骨骼肌松弛药（如氯化琥珀胆碱等）或具有此种作用的药物可加强本品的神经肌肉阻滞作用；与铁锈接触，可使药物失活，也不宜与微量元素制剂混合使用；与碱性药物（如碳酸氢钠、氨茶碱等）合用，可增强抗菌效力，但毒性也相应增强；当 pH 值超过 8.4 时，抗菌作用反而减弱。

（2）内服可能损害肠壁绒毛而影响肠道对脂肪、蛋白质、糖、铁等的吸收；也可引起肠道菌群失调，发生厌氧菌或真菌等二重感染。

（3）饮水给药必须当天配制。

（4）休药期 21d。

五、四环素类

四环素类抗生素是一类具有并四苯结构的广谱抗生素，主要分为天然类和半合成类两种，可口服，抗菌谱广、毒性小、极少过敏，但是细菌耐药较严重，抑制细菌生长、作用较弱（不及青霉素类或链霉素类）。

土霉素
（地霉素，氧四环素）

【性　状】　黄色结晶性粉末，日光下颜色变暗，在碱性溶液中易破坏失效，在氢氧化钠试液和稀盐酸中溶解，在水中极微溶。盐酸盐为黄色结晶粉末，在水中易溶，10% 水溶液 pH 值为2.3 ～ 2.9。

【作用与用途】　四环素类抗生素。用于治疗某些革兰氏阳性菌和革兰氏阴性菌、立克次体、支原体等引起的感染性疾病。为广谱抗生素，对葡萄球菌、溶血性链球菌、炭疽杆菌、破伤风梭菌和梭状芽孢杆菌等革兰氏阳性菌作用较强。对大肠杆菌、沙门氏菌、布鲁氏菌和巴氏杆菌等革兰氏阴性菌较敏感。对立克次体、衣原体、支原体、螺旋体、放线菌和某些原虫也有抑制作用。体内吸收后广泛分布于肝、肾、肺等组织和体液中，易渗入胸水、腹水、胎盘及乳汁中。不易透过血脑屏障。也有微量渗入瘤胃液中，并能沉积于骨、齿等组织内。主要以原型从尿中排出。

【用法与用量】 以土霉素计。静脉注射，一次量，每千克体重 5 ~ 10mg，每天 2 次，连用 2 ~ 3d。内服，一次量，每千克体重 10 ~ 25mg，每天 2 ~ 3 次，连用 3 ~ 5d。

【注意事项】

（1）药物相互作用，与泰乐菌素等大环内酯类合用呈协同作用；与黏菌素合用，呈协同作用；与利尿药合用，可使血尿素氮升高。

（2）不良反应，盐酸盐水溶液有较强的刺激性，肌内注射可引起注射部位疼痛、炎症和坏死，静脉注射可引起静脉炎和血栓，宜用稀溶液，缓慢滴注，以减轻局部反应。对肝、肾细胞有毒效应，可引起多种动物的剂量依赖性肾脏功能改变，肝、肾功能严重不良的患畜禁用。可引起氮血症，而且可因类固醇类药物的存在而加剧，还可引起代谢性酸中毒及电解质失衡。

（3）静脉注射宜缓注，不宜肌内注射。

（4）休药期，注射，8d；内服，7d。

四环素

【性 状】 常用其盐酸盐。黄色混有白色结晶性粉末，有引湿性，日光下颜色变暗，在碱性溶液中易破坏失效，在水中易溶，1% 水溶液 pH 值为 1.8 ~ 2.8。

【作用与用途】 四环素类抗生素。主要用于革兰氏阳性菌、阴性菌和支原体感染。为广谱抗生素，对葡萄球菌、溶血性链球菌、炭疽杆菌、破伤风梭菌和梭状芽孢杆菌等革兰氏阳性菌作用较强。对大肠杆菌、沙门氏菌、布鲁氏菌和巴氏杆菌等革兰氏阴性菌较敏感。对立克次体、衣原体、支原体、螺旋体、放线菌和某些原虫也有抑制作用。

【用法与用量】 以盐酸四环素计。静脉注射，一次量，每千克体重 5～10mg，每天 2 次，连用 2～3d。

【注意事项】

（1）药物相互作用，与泰乐菌素等大环内酯类合用，呈协同作用；与黏菌素合用，呈协同作用。与利尿药合用，可使血尿素氮升高。

（2）不良反应，本品的水溶液有较强的刺激性，静脉注射可引起静脉炎和血栓。进入机体后与钙结合，随钙沉积于牙齿和骨骼中，影响牙齿和骨发育。过量可致严重的肝损害和剂量依赖性肾脏功能改变，肝、肾功能严重不良的患畜忌用本品。

（3）易透过胎盘和进入乳汁，因此妊娠畜、哺乳畜禁用。

（4）休药期 8d。

金霉素

【性　状】 常用其盐酸盐。黄色粉末，微溶于水，在空气中稳定，遇光缓慢分解。水溶液不稳定，在中性或碱性溶液中易失效。

【作用与用途】 四环类抗生素。对葡萄球菌、溶血性链球菌、炭疽杆菌、破伤风梭菌和梭状芽孢杆菌等革兰氏阳性菌作用较强。对大肠杆菌、沙门氏菌、布鲁氏菌和巴氏杆菌等革兰氏阴性菌较敏感。但抗菌作用较四环素、土霉素强。

【用法与用量】 以盐酸金霉素可溶性粉计，静脉注射，一次量，每千克体重 5～10mg。

【注意事项】

（1）不宜与青霉素类药物和含钙盐、铁盐及多价金属离子的药物或饲料以及碳酸氢钠合用；与强利尿药同用，可使肾功能损害加重。

（2）长期应用可引起胃肠道菌群紊乱。

（3）不宜与含氯量多的自来水或碱性溶液混合。

多西环素
（脱氧土霉素，强力霉素）

【性　状】　常用其盐酸盐，为黄色至棕黄色澄明液体。pH 值为 2.0 ~ 3.0。

【作用与用途】　四环素类抗生素。用于治疗革兰氏阳性菌、革兰氏阴性菌和支原体引起的感染性疾病，如猪喘气病等。对革兰氏阳性菌和阴性菌均有抑制作用，体内、体外抗菌活性均较土霉素、四环素强。有效血药浓度维持时间长，组织穿透力强，分布广泛，易进入细胞内，蛋白结合率高。

【用法与用量】　以多西环素计。肌内注射，一次量，每千克体重 10mg，每天 1 次，连续给药 2 ~ 3d。

【注意事项】

（1）具有局部刺激作用。盐酸盐水溶液有较强的刺激性，肌内注射可引起注射部位疼痛、炎症和坏死。

（2）影响牙齿和骨发育。进入机体后与钙结合，随钙沉积于牙齿和骨骼中。易透过胎盘和进入乳汁，因此孕畜、哺乳畜禁用。

（3）抗代谢作用。可引起氮血症，而且可因类固醇类药物的存在而加剧，还可引起代谢性酸中毒及电解质失衡。

（4）肝、肾功能严重损害的动物慎用。

（5）休药期 21d。

六、酰胺醇类
（氯霉素类）

酰胺醇类（氯霉素类）抗生素主要的作用机理可作用于细菌核糖核蛋白体的 50S 亚基，而阻挠蛋白质的合成，属抑菌性广谱抗生素。

甲砜霉素
（甲砜氯霉素）

【性　状】　白色粉末，在二甲基酰胺中易溶，在水中微溶。

【作用与用途】　酰胺醇类抗生素。主要用于治疗畜禽肠道、呼吸道等细菌性感染。抗菌谱与抗菌作用与氯霉素近似，但对革兰氏阴性菌的作用较革兰氏阳性菌强，对多数肠杆菌科细菌，包括伤寒杆菌、副伤寒杆菌、大肠杆菌、沙门氏菌高度敏感，对其敏感的革兰氏阴性菌还有巴氏杆菌、布鲁氏菌等。敏感的革兰氏阳性菌有炭疽杆菌、链球菌、棒状杆菌、肺炎球菌、葡萄球菌等。衣原体、钩端螺旋体、立克次体也对本品敏感。对厌氧菌如破伤风梭菌、放线菌等也有相当作用。但结核杆菌、铜绿假单胞菌、真菌对其不敏感。

【用法与用量】　以本品计算。内服，一次量，每千克体重 33.3 ~ 66.7mg，每天 2 次，连用 2 ~ 3 次。

【注意事项】

（1）药物相互作用，大环内酯类、林可胺类与本品的作用靶点相同，合用时可产生拮抗作用。与 β-内酰胺类合用时可产生拮抗作用。对肝微粒体药物代谢酶有抑制作用，可影响其他药物的代谢，提高血药浓度，增强药效或毒性，例如可显著延长戊巴妥钠的麻醉时间。

（2）不良反应，有血液系统毒性，引起可逆性红细胞生成抑制。有较强的免疫抑制作用，约比氯霉素强 6 倍。疫苗接种期或免疫功能严重缺损的动物禁用。

（3）长期内服可引起消化功能紊乱，出现维生素缺乏或二重感染症状。

（4）有胚胎毒性，妊娠期及哺乳期猪慎用。

（5）肾功能不全患畜要减量或延长给药间隔时间。

（6）休药期 28d。

氟苯尼考
（氟甲砜霉素）

【性　状】　白色或类白色粉末，在二甲基酰胺中易溶，在水中微溶。

【作用与用途】　酰胺醇类广谱抗生素。用于巴氏杆菌和大肠杆菌感染。对多种革兰氏阳性菌、革兰氏阴性菌有较强的抗菌活性。溶血性巴氏杆菌、多杀性巴氏杆菌和猪胸膜肺炎放线杆菌对其高度敏感。体外对许多微生物的抗菌活性与甲砜霉素相似或更强，一些因乙酰化作用对酰胺醇类耐药的细菌如大肠杆菌、克雷伯氏肺炎杆菌等仍可能对其敏感。

主要用于敏感菌所致的猪细菌性疾病，如溶血性巴氏杆菌、多杀性巴氏杆菌和猪胸膜肺炎放线杆菌引起的牛、猪呼吸系统疾病，沙门氏菌引起的伤寒和副伤寒等。

【用法与用量】　肌内注射，一次量，每千克体重 0.05 ～ 0.067mL，每隔 48h 1 次，连用 2 次。

【注意事项】

（1）大环内酯类、林可胺类与本品的作用靶点相同，合用时可产生相互拮抗作用。可能会拮抗青霉素类或氨基糖苷类抗生素的杀菌活性，但尚未在动物体内得到证明。

（2）高于推荐剂量使用时有一定的免疫抑制作用。

（3）有胚胎毒性，妊娠期及哺乳期猪慎用。

（4）疫苗接种期或免疫功能严重缺损的动物禁用。

（5）肾功能不全患畜需适当减量或延长给药间隔时间。

（6）休药期14d。

七、大环内酯类

大环内酯类是具有14～16元大环的内酯结构的弱碱性抗生素。自1952年发现代表品种红霉素以来，已陆续有古他霉素、螺旋霉素及其衍生物问世。并出现动物专用品种如泰乐菌素、替米考星等。本类药物的抗菌谱和抗菌活性基本相似，主要对需氧革兰氏阳性菌、革兰氏阴性球菌、厌氧球菌及军团菌属、支原体属、衣原体属有良好作用。

红霉素

【性　状】　常用其乳酸或硫氰酸盐。白色或类白色的结晶或粉末或疏松块状物。在水中极微溶。酸性条件下不稳定，pH值低于4.0时迅速被降解。

【作用与用途】　大环内酯类抗生素。主要用于治疗耐青霉素葡萄球菌引起的感染性疾病，也用于治疗其他革兰氏阳性菌及支原体感染。对革兰氏阳性菌的作用与青霉素相似，但其抗菌谱较青霉素广，敏感的革兰氏阳性菌有金黄色葡萄球菌（包括耐青霉素金黄色葡萄球菌）、肺炎球菌、链球菌、炭疽杆菌、猪丹毒杆菌、李斯特菌、腐败梭菌、气肿疽梭菌等。敏感的革兰氏阴性菌有流感嗜血杆菌、脑膜炎双球菌、布鲁氏菌、巴氏杆菌等。此外，对弯曲杆菌、支原体、衣原体、立克次体及钩端螺旋体也有良好作用。常作为青霉素过敏动物的替代药物。细菌极易通过染色体突变对红霉素产生高水平耐药，且这种耐药形式可出现在治疗过程中，由细菌质粒介导的耐药也较普遍。与其他大环内酯类及林可霉素的交叉耐药性也较常见。

【用法与用量】 以红霉素计。静脉注射，一次量，每千克体重 3 ~ 5mg，每天 2 次，连用 2 ~ 3d。临用前，先用灭菌注射用水溶解（不可用氯化钠注射液），然后用 5% 葡萄糖注射液稀释，浓度不超过 0.1%。

【注意事项】

（1）药物相互作用，红霉素与其他大环内酯类、林可胺类和氯霉素因作用靶点相同，不宜同时使用。与 β-内酰胺类合用表现为拮抗作用。与青霉素合用对马红球菌有协同抑制作用。红霉素有抑制细胞色素氧化酶系统的作用，与某些药物（如维生素 C）合用时可能抑制其代谢。

（2）局部刺激性较强，不宜肌内注射。静脉注射的浓度过高或速度过快时，易发生局部疼痛和血栓性静脉炎，故静脉注射速度应缓慢。

（3）在 pH 值过低的溶液中很快失效，注射液的 pH 值应维持在 5.5 以上。

（4）休药期 7d。

吉他霉素
（柱晶白霉素，北里霉素）

【性　状】 白色或淡黄色粉末，在甲醇、乙醇、氯仿、乙醚中极易溶解，水中几乎不溶。

【作用与用途】 大环内酯类抗生素。用于治疗革兰氏阳性菌、支原体及钩端螺旋体等感染。也用作猪、鸡促生长。抗菌谱近似红霉素，作用机理与红霉素相同。敏感的革兰氏阳性菌有金黄色葡萄球菌（包括耐青霉素金黄色葡萄球菌）、肺炎球菌、链球菌、炭疽杆菌、猪丹毒杆菌、李斯特菌、腐败梭菌、气肿疽梭菌等。敏感的革兰氏阴性菌有流感嗜血杆菌、脑膜炎双球菌、巴氏杆菌等。此外，对支原体也有良好作用。对大多数革兰氏阳性菌的抗菌作用略逊于红霉素，对支原体的抗菌作用近似泰乐菌素，对某些革兰氏阴性菌、立克次体、螺旋体也有效，对耐药金黄色葡萄球菌的作用优于红霉素和四环素。

【用法与用量】 以本品计，混饲。

促生长，每吨饲料 10 ~ 100g（500 万 ~ 5 000 万 U）；

治疗，每吨饲料 160 ~ 600g（8 000 万 ~ 30 000 万 U），连用 5 ~ 7d。

【注意事项】

（1）药物相互作用，与其他大环内酯类、林可胺类和氯霉素类因作用靶点相同，不宜同时使用。与 β-内酰胺类合用表现为拮抗作用。

（2）动物内服后可出现剂量依赖性胃肠道功能紊乱（呕吐、腹泻、肠疼痛等），发生率较红霉素低。

（3）休药期 7d。

泰乐菌素

（泰乐霉素，泰洛星）

【性　状】 注射液为黄色澄明液体。

【作用与用途】 用于治疗猪支原体、巴氏杆菌等感染所致的肺炎、痢疾等。通过与病原微生物核蛋白体的 50S 亚基结合，抑制由移位酶催化的移位反应，阻碍敏感微生物的肽链增长，影响菌体蛋白质的合成而呈抑菌作用。对支原体、革兰氏阳性菌和部分革兰氏阴性菌有杀灭作用。

【用法与用量】 以泰乐菌素计。肌内注射，每千克体重 10mg，每天 2 次，最多连用 3d。

【注意事项】

（1）药物相互作用参见红霉素。注射部位的单次注射体积不得超过 5mL，注射部位偶尔会出现短暂肿胀。

（2）休药期 46d。

酒石酸泰乐菌素

【性　状】　淡黄色粉末。2.5% 水溶液的 pH 值为 5.0 ~ 7.2。

【作用与用途】　大环内酯类抗生素。主要用于治疗支原体及敏感革兰氏阳性菌引起的感染性疾病。对支原体作用较强，对革兰氏阳性菌和部分阴性菌有效。敏感菌有金黄色葡萄球菌、化脓链球菌、肺炎链球菌、化脓棒状杆菌等。药理与用途同泰乐菌素。

【用法与用量】　以泰乐菌素计。皮下或肌内注射，一次量，每千克体重 5 ~ 13mg。

【注意事项】

（1）药物相互作用参见红霉素。

（2）可能具有肝毒性，表现为胆汁淤积，也可引起呕吐和腹泻，尤其是高剂量给药时。

（3）具有刺激性，肌内注射可引起剧烈的疼痛，静脉注射后可引起血栓性静脉炎及静脉周围炎。

（4）休药期 21d。

磷酸泰乐菌素

【性　状】　为泰乐菌素的磷酸盐，白色至淡黄色粉末，溶于水或甲醇、氯仿，可作预混剂。

【作用与用途】　参见泰乐菌素。主要用于防治猪、鸡支原体感染引起的疾病。对猪有增重和改善饲料报酬的效应。

【用法与用量】　以本品计。用于防治细菌及支原体感染，混饲，每吨饲料 45.4 ~ 454.5g。

【注意事项】　休药期猪 5d。药物相互作用、不良反应参见泰乐菌素。

酒石酸泰万菌素

【主要成分】 酒石酸泰万菌素预混剂。

【性　状】 淡黄褐色或黄褐色粉末。

【作用与用途】 抗菌机理和抗菌谱同泰乐菌素，但抗菌作用和抗支原体活力均高于泰乐菌素。对革兰氏阳性菌具有抗菌活性，且对其他抗生素耐药的革兰氏阳性菌有效，对革兰氏阴性菌几乎不起作用。对败血型支原体和滑液型支原体具有很强的抗菌活性，用于猪支原体感染和鸡支原体感染。

【用法与用量】 以泰万菌素计。混饲，每吨饲料 50 ~ 75g，连用 7d。

【注意事项】

（1）可引起人接触性皮炎，避免皮肤和眼睛直接接触本品。

（2）动物内服后可能出现剂量依赖性肠胃功能紊乱（呕吐、腹泻、肠疼痛等）。

（3）药物相互作用、不良反应同泰乐菌素。

（4）休药期 3d。

替米考星

【主要成分】 替米考星 10% 预混剂。

【性　状】 类白色粉末，不溶于水，在甲醇或丙酮中易溶。

【作用与用途】 大环内酯类抗生素。用于治疗猪胸膜肺炎放线杆菌、巴氏杆菌及支原体感染。属动物专用半合成大环内酯类抗生素，对支原体作用较强，抗菌作用与泰乐菌素相似，敏感的革兰氏阳性菌有金黄色葡萄球菌（包括耐青霉素金黄色葡萄球菌）、肺炎球菌、链球菌、炭疽杆菌、猪丹毒杆菌、李斯特菌、腐败梭菌、气肿疽梭菌等。敏感的革兰氏阴性菌有嗜血杆菌、脑膜炎双球菌、巴氏杆菌等。对胸膜肺炎放线杆菌、巴氏杆菌及支原体的活性比泰乐菌素强。95%的溶血性巴氏杆菌菌株对本品敏感。

【用法与用量】　以本品计。混饲，每吨饲料 2 000 ~ 4 000g。连用 15d。

【注意事项】

（1）药物相互作用参见红霉素，与肾上腺素合用可增加猪的死亡。

（2）对眼睛有刺激性，可引起过敏反应，避免直接接触。

（3）对动物的毒性作用主要是心血管系统，可引起心动过速和收缩力减弱。

（4）动物内服后常出现剂量依赖性胃肠道紊乱，如呕吐、腹泻、腹痛等。

（5）休药期 14d。

泰拉霉素
（土拉霉素，托拉霉素）

【性　状】　白色或类白色粉末。

【作用与用途】　动物专用的半合成大环内酯类半合成抗生素。与其他大环内酯类抗生素相比，药物作用保持时间较长，药效强于泰乐菌素和替米考星。在体外可有效抑制猪胸膜肺炎放线杆菌、多杀巴氏杆菌和肺炎支原体。对一些革兰氏阳性菌和革兰氏阴性菌有抗菌活性，尤其对牛和猪呼吸系统疾病病原菌敏感，如胸膜肺炎放线杆菌、溶血性巴氏杆菌、出血败血性巴氏杆菌、睡眠嗜组织菌（睡眠嗜血菌）、肺炎支原体、副猪嗜血杆菌、支气管败血性博德特氏菌等。主要用于放线杆菌、支原体、巴氏杆菌、副嗜血杆菌引起的猪、牛的呼吸系统疾病。

【用法与用量】　颈部肌内注射，一次量，每千克体重 2.5mg，单一注射部位不得超过 2mL。

【注意事项】

（1）注射部位可能出现肿胀和皮下组织变色。

（2）个别猪注射后可能出现多涎现象，很快消失。

（3）加大剂量给药时，动物可出现明显的疼痛反应。

（4）休药期33d。

八、多肽类

此类抗生素首先是从多黏杆菌属不同的细菌中分离出的一组抗生素。其抗菌作用是影响敏感细菌的外膜，使外膜的完整性破坏，进而导致胞浆内的磷酸、核苷等小分子外逸，引起敏感细菌的细胞功能障碍直至死亡。根据其化学结构的不同可分为多黏菌素A、B、C、D、E、K、M和P等多种，其中多黏菌素B和多黏菌素E等毒性较低，可用于临床。

杆菌肽

【性　状】　浅黄色至淡褐色粉末或微粒，主要成分为亚甲基水杨酸杆菌肽。

【作用与用途】　促进猪、肉鸡及肉鸭生长。通过非特异性的阻断磷酸化酶反应，抑制细菌的黏肽合成而产生抗菌作用。对大多数革兰氏阳性菌如金黄色葡萄球菌、链球菌、肠球菌、梭状芽孢杆菌和棒状杆菌等具有良好的抗菌活性，对放线菌和螺旋体亦有效。敏感菌对其很少产生耐药现象。

【用法与用量】　以杆菌肽计。混饲，每吨饲料10～30g。

【注意事项】

（1）与青霉素、链霉素、新霉素和黏菌素等合用有协同作用；与黏菌素组成的复方制剂与土霉素、金霉素、吉他霉素、恩拉霉素、维吉尼霉素和喹乙醇等有拮抗作用。

（2）注射给药可引起较强的肾脏毒性。

杆菌肽锌

【性　状】　淡黄色或棕黄色粉末，为杆菌肽的锌盐。

【作用与用途】　多肽类抗生素。用于促进畜禽生长。为多肽类抗生素，抗菌作用机理与青霉素相似，主要抑制细菌细胞壁合成。此外，还能与敏感细菌细胞膜结合，损害细菌细胞膜的完整性，导致营养物质与离子外流。

本品的抗菌作用机理具有特殊性，因而不与其他抗菌药物产生交叉耐药性。细菌对本品产生耐药性缓慢，产生获得性耐药菌也较少，但金黄色葡萄球菌较其他菌易产生耐药性。杆菌肽在动物主要作为药物饲料添加剂用于促生长，还常与具有抗革兰氏阴性菌的抗菌药物新霉素联合用药。

杆菌肽锌内服在消化道不易吸收，排泄迅速，毒性小，无毒副作用。内服后，90%由动物粪便排出，少量由尿中排出。

【用法与用量】　以本品计。混饲，每吨饲料，4月龄以下4～40g。

【注意事项】　与青霉素、链霉素、新霉素、黏菌素等合用有协同作用。

多黏菌素 E
（黏杆菌素，黏菌素）

【性　状】　常用其硫酸盐。白色或类白色粉末，有引湿性，在水中易溶，1%水溶液 pH 值为 4.0～6.5。

【作用与用途】　多肽类抗生素。主要用于治疗猪、鸡革兰氏阴性菌所致的肠道感染。属多肽类抗菌药，是一种碱性阳离子表面活性剂，通过与细菌细胞膜内的磷脂相互作用，渗入细菌细胞膜内，破坏其结构，进而引起膜通透性发生变化，导致细菌死亡，产生杀菌作用。对需氧菌、大肠杆菌、嗜血杆菌、克雷伯氏菌、巴氏杆菌、铜绿假单胞菌、沙门氏菌、志贺氏菌等革兰氏阴性菌有较强的抗菌作用。革兰氏阳性菌通常不敏感。与多黏菌素 B 之间有完全交叉耐药，但与其他抗菌药物之间无交叉耐药性。

【用法与用量】 以硫酸多黏菌素 E 计。混饮，每升水 2 ~ 10g，每千克饲料 2 ~ 4g。

【注意事项】

（1）与肌松药和氨基糖苷类等神经肌肉阻滞剂合用可能引起肌无力和呼吸暂停。

（2）与螯合剂（EDTA）和阳离子清洁剂对铜绿假单胞菌有协同作用，常联合用于局部感染的治疗。

（3）连续使用不宜超过 1 周。

（4）休药期 7d。

多黏菌素 B

【性　状】 常用其硫酸盐。白色结晶性粉末，易溶于水，有引湿性。2% 水溶液的 pH 值为 5.7 左右，中性溶液在室温中放置 1 周不影响效价，碱性溶液不稳定。

【作用与用途】 用于治疗绿脓杆菌和其他革兰阴性杆菌所致的败血症，肺、尿路、肠道、烧伤创面等感染，乳腺炎等。药理作用同多黏菌素 E。在肾、肝、肺等组织中的浓度比多黏菌素 E 低，而在脑组织中的浓度则比后者高。

【用法与用量】 以硫酸多黏菌素 B 计。肌内注射，每天量，每千克体重 1mg，分 2 次注射。

【注意事项】

（1）肾毒素比多黏菌素 E 更明显，肾功能不全患畜应减量。

（2）一般不采用静脉注射，可能引起呼吸抑制。

维吉霉素

（威里霉素，维吉尼霉素，弗吉尼亚霉素）

【性　状】　浅褐色或褐色粉末，为维吉尼亚霉素预混剂。

【作用与用途】　主要用于猪促生长。通过抑制革兰氏阳性细菌蛋白质合成而达到抗菌目的，小剂量能提高饲料转化率，促进猪生长。内服不吸收，主要由粪便排出体外。

【用法与用量】　混饲，每吨饲料 10 ~ 25g。

【注意事项】

（1）放置于儿童不能触及的地方。

（2）未经稀释混合不得使用。

（3）休药期 1d。

恩拉霉素

【性　状】　白色至微黄色结晶粉末，碱性，易溶于稀盐酸，可溶于甲醇、含水乙醇，难溶于乙醇和丙酮。水溶液室温条件下长期稳定，在强酸和强碱条件下易失效。预混剂为灰色或灰褐色的粉末；有特臭。恩拉霉素在 40℃保存 4 个月，效价仍保持在 90% 以上，但湿度大时使效价降低。添加于饲料中在室温下保存 12 周，效价不低于 90%。

【作用与用途】　属多肽类抗生素。主要组分有恩拉霉素 A 和 B，是其盐酸盐形式应用。主要用于预防猪、鸡革兰氏阳性菌感染，促进猪生长。通过抑制革兰氏阳性菌细胞壁的合成，从而达到杀菌作用。对革兰氏阳性菌有显著抑制作用，特别是对肠道内有害的梭状芽孢杆菌、链球菌、葡萄球菌等病原具有强大的抗菌活性。长期使用后不容易使药物产生耐药性，因它改变了肠道内的细菌群，所以对饲料中营养成分的利用效果好，可以促进猪、鸡增重和提高饲料转化率。对革兰氏阴性菌抗菌活性很弱或几无抗菌活性。

【用法与用量】 以恩拉霉素计。混饲，每吨饲料 2.5 ～ 20g。

【注意事项】 禁止与维吉霉素、杆菌肽、吉他霉素、四环素类配伍。休药期 7d。

九、林可胺类

该类药物有林可霉素和其半合成衍生物克林霉素 2 个品种。林可霉素类主要作用于细菌核糖体的 50S 亚基，抑制肽链延长，干扰细菌蛋白质合成，属生长期抑菌剂。抗菌谱与红霉素相似而较窄，主要包括葡萄球菌属（包括耐青霉素株）、链球菌属、白喉杆菌、炭疽杆菌等革兰阳性菌以及脆弱拟杆菌、梭杆菌属、消化球菌、消化链球菌、产气荚膜杆菌等厌氧菌。革兰阴性需氧菌如流感嗜血杆菌、奈瑟菌属以及支原体属均对本类耐药。

林可霉素
（洁霉素）

【性　状】 白色结晶粉末，微臭或特殊臭味。10% 水溶液 pH 值为 3.0 ～ 3.5，性质较稳定。

【作用与用途】 林可胺类抗生素。用于革兰氏阳性菌感染，亦可用于猪密螺旋体病和支原体等感染。林可霉素属抑菌剂，主要作用于细菌核糖体的 50S 亚基，通过抑制肽链的延长影响蛋白质的合成而发挥抗菌作用。敏感菌包括金黄色葡萄球菌（包括耐青霉素菌株）、链球菌、肺炎球菌、炭疽杆菌、猪丹毒丝菌、某些支原体（猪肺炎支原体、猪鼻支原体、猪滑液囊支原体）、钩端螺旋体和厌氧菌（如梭杆菌、破伤风梭菌、产气荚膜梭菌及大多数放线菌等）。

【用法与用量】 肌内注射，一次量，每千克体重 0.1mL，每天 1 次。

【注意事项】

（1）与庆大霉素等合用时对葡萄球菌、链球菌等革兰氏阳性菌有协同作用。与氨基糖苷类和多肽类抗生素合用，可能增强对神经－肌肉接头的阻滞作用。与红霉素合用，有拮抗作用，因作用部位相同，且红霉素对细菌核糖体 50S 亚基的亲和力比本品强。不宜与抑制肠道蠕动和含白陶土的止泻药合用。与卡那霉素、新生霉素等存在配伍禁忌。

（2）具有神经肌肉阻断作用。

（3）肌内注射给药可能会引起一过性腹泻或排软便，虽然极少见，如出现应采取必要的措施以防脱水。

（4）休药期：注射液，2d；预混剂、可溶性粉，5d；林可霉素片，6d。

克林霉素
（氯林可霉素，氯洁霉素）

【性　状】　常用其盐酸盐。白色结晶粉末，无臭。10% 水溶液 pH 值为 3.0 ~ 5.5。

【作用与用途】　同林可霉素。

【用法与用量】　同林可霉素。

【注意事项】　同盐酸林可霉素。

十、其他抗生素

泰妙菌素

【性　状】　常用其延胡索酸盐。白色至淡黄色的颗粒，可溶于水，干燥品性质稳定，密封可保存 5 年；临床用溶液应现配现用。

【适应证】　抗菌谱与大环内酯类抗生素相似，主要抗革兰氏阳性菌，对金色葡萄球菌、链球菌、支原体、猪胸膜肺炎放线杆菌、猪痢疾密螺旋体和胞内劳森菌等均有较强的抑制作用，对支原体的作用强于大环内酯类抗生素，对革兰氏阴性细菌尤其是肠道细菌作用较弱。抗菌机理为与细菌核糖体 50S 亚基结合而抑制蛋白质合成。主要用于防治猪支原体肺炎、放线菌性胸膜肺炎、密螺旋体性痢疾和猪增生性肠炎（猪回肠炎）等。低剂量可促进生长、提高饲料利用率。

【用法与用量】 以延胡索酸泰妙菌素计。混饲，每吨饲料 40 ~ 100g，连用 5 ~ 10d。混饮，45 ~ 60mg/L，连用 5d。

【注意事项】

（1）环境温度超过 40℃时，含药饲料贮存期不得超过 7d。

（2）禁止与莫能菌素、盐霉素等聚醚类抗生素合用。

（3）避免药物与眼及皮肤接触。

（4）应用过量，可引起短暂流涎、呕吐和中枢神经抑制。

（5）休药期 7d。

沃尼妙林

【性　状】 常用其盐酸盐。白色至类白色粉末，极微溶于水，溶于甲醇、乙醇、丙酮、氯仿，其盐酸盐溶于水。

【作用与用途】 截短侧耳素类抗生素。主要用于预防和治疗猪支原体肺炎，治疗猪痢疾、猪结肠螺旋体病。其抗菌活性强，抗菌谱广。其作用机理为通过与病原微生物核糖体上的 50S 亚基结合，抑制病原微生物蛋白质的合成，导致病原微生物死亡。

【用法与用量】 以沃尼妙林计。混饲，治疗猪痢疾，每吨饲料 75g，至少连用 10d 至症状消失；预防和治疗猪支原体肺炎，每吨饲料 200g，连用 21d。

【注意事项】

（1）在使用期间或用药前后 5d 内，禁止与盐霉素、莫能菌素和甲基盐霉素等离子载体类药物合用。

（2）在混合沃尼妙林预混剂和接触含沃尼妙林的饲料时，应该避免直接接触皮肤和黏膜。

（3）超剂量使用，会影响猪的增长、降低饲料报酬率。

（4）休药期 2d。

黄霉素
（班贝霉素）

【性　状】 无色、无臭非结晶性粉末，黄霉素预混剂为浅褐色至褐色粉末，有特臭。

【作用与用途】 磷酸化多糖类抗生素。用于促生长。其抗菌作用机理是通过干扰细胞壁的结构物质肽聚糖的生物合成从而抑制细菌的繁殖。促生长原理可能在于它能提高对饲料中能量和蛋白质的消化；能使肠壁变薄，从而提高营养物质的吸收；能有效地维持肠道菌群平衡和瘤胃 pH 值稳定。不易使细菌产生耐药性，也不易与其他抗生素产生交叉耐药性。抗菌谱较窄，主要对革兰氏阳性菌有效，且对其他抗生素耐药的革兰氏阳性菌也有效，但对革兰氏阴性菌作用很弱。

【用法与用量】 以本品计。混饲，每吨饲料，育肥猪125g；仔猪 500 ~ 625g。

【注意事项】 不宜用于成年畜禽。

阿维拉霉素

【主要成分】 阿维拉霉素预混剂。

【性　状】 棕色粉末。

【作用与用途】 寡糖类抗生素。用于提高猪和肉鸡的平均日增重和饲料报酬率；预防由产气荚膜梭菌引起的肠炎；辅助控制由大肠杆菌引起的断奶仔猪腹泻。主要对革兰氏阳性菌有抗菌作用。

【用法与用量】 以阿维拉霉素计。混饲，每吨饲料，用于提高猪的平均日增重和饲料报酬率，0～4月龄20～40g，4～6月龄10～20g；辅助控制断奶仔猪腹泻，40～80g，连用28d。

【注意事项】 勿让儿童接触；搅拌配料时防止与人的皮肤、眼睛接触。休药期，无。

那西肽
（诺西肽，诺肽霉素）

【性　状】 类白色至浅黄褐色粉末。

【作用与用途】 畜禽专用抗生素。用于猪、鸡促生长。作用机理是抑制细菌蛋白质合成，低浓度抑菌，高浓度有杀菌作用。对革兰氏阳性菌活性较强，如葡萄球菌、梭状杆菌对其敏感。对猪、鸡有促进生长、提高饲料转化率的作用。混饲给药在动物消化道中很少吸收，动物性产品中残留少。

【用法与用量】 以那西肽计，混饲，每吨饲料2.5～20g。

【注意事项】

（1）仅用于70kg以下的猪（育成种猪除外）。

（2）休药期7d。

第三节　磺胺类药物及抗菌增效剂

磺胺类药物是人工合成的最早的一类化学治疗药物，用于临床已近50年，具有抗菌谱较广、性质稳定、使用简便、生产时不耗用粮食等优点，但也有抗菌作用较弱，不良反应较多，细菌易产生耐药性，用量大，疗程偏长等缺点。不过，随着磺胺类药物的发展，人们先后研发出乙酰化率低、肾合并症少的磺胺，以及长效磺胺、磺胺增效剂等药物，克服了过去一些磺胺制剂的缺点，并增强了抗菌作用，扩大了应用的范围。

磺胺类药物是广谱抑菌剂，通过阻止细菌的叶酸代谢而抑制其生长繁殖，只能抑菌而无杀菌作用，所以消除体内病原菌最终需依靠机体的防御能力。

细菌对磺胺类药物易产生抗药性，尤其在用量或疗程不足时更易出现。细菌对各类磺胺药物之间有交叉抗药性，即细菌对某一磺胺药产生耐药后，对另一种磺胺药也无效。但与其他抗菌药间无交叉抗药现象。当与抗菌增效剂合用时，可减少或延缓抗药性发生。

为保证磺胺类药物充分发挥抑菌作用，必须使血药浓度迅速达到并维持有效的抑菌浓度，因此应用磺胺类药物时应保证足够剂量，并首次剂量加倍。长效磺胺与血浆蛋白结合率高，所以在体内维持时间长。口服磺胺药主要在小肠吸收，血药浓度在 4～6h 内达到高峰。药物吸收后分布于全身各组织中，以血、肝、肾含量最高。多数磺胺药能透入脑脊液中。磺胺药还能透入脑膜积液和其他积液，以及通过胎盘进入胎循环，故妊娠母猪用磺胺治疗应慎重。磺胺类药物主要在肝内代谢，部分经过乙酰化形成乙酰化磺胺而失效。但磺胺乙酰化后，溶解度降低，特别在酸性尿中溶解度更小，易在尿中析出结晶，而损害肾脏。各种磺胺药的乙酰化程度不同。

磺胺药种类繁多，临床常用的有 10 余种，根据肠道吸收程度和临床用途，分为三大类。

（1）肠道易吸收的磺胺药。包括磺胺二甲嘧啶、磺胺异唑、磺胺嘧啶、磺胺甲基异唑、磺胺甲氧嘧啶、磺胺二甲氧嘧啶等，主要用于全身性的感染治疗，比如败血症、尿路感染、伤寒、骨髓炎等。

（2）肠道难吸收的磺胺药。如酞磺胺噻唑等，因为这类药能在肠道内保持较高的浓度，所以主要用于肠道的感染如肠炎。

（3）外用磺胺药。包括磺胺醋酰、磺胺嘧啶银盐、甲磺灭脓，这些主要用于灼伤感染、化脓性创面感染、眼科疾病等。

一、全身应用类磺胺药

磺胺嘧啶

【性　状】　白色或类白色的结晶或粉末，遇光易变质。

【作用与用途】　磺胺类抗菌药。用于敏感菌感染，也可用于弓形虫感染。磺胺嘧啶属广谱抗菌药，通过与对氨基苯甲酸竞争二氢叶酸合成酶，从而阻碍敏感菌叶酸的合成而发挥抑菌作用。高等动物能直接利用外源性叶酸，故其代谢不受磺胺类药物干扰。细菌对磺胺嘧啶产生耐药性后，对其他磺胺类药也可产生不同程度的交叉耐药性。对大多数革兰氏阳性菌和部分革兰氏阴性菌有效，对球虫、鸡住白细胞虫、弓形虫等也有效，但对螺旋体、立克次体、结核杆菌等无作用。对磺胺嘧啶较敏感的病原菌有，链球菌、肺炎球菌、沙门氏菌、化脓棒状杆菌、大肠杆菌等；一般敏感的有，葡萄球菌、变形杆菌、巴氏杆菌、产气荚膜杆菌、肺炎杆菌、炭疽杆菌、铜绿假单胞菌等。因剂量和疗程不足等原因，细菌易对磺胺嘧啶产生耐药性，尤以葡萄球菌最易产生，大肠杆菌、链球菌等次之。

【用法与用量】　静脉注射（20%注射液），一次量，每千克体重 0.25 ～ 0.5mL。每天 1 ～ 2 次，连用 2 ～ 3d。内服，一次量，每千克体重，首次量 0.14 ～ 0.2g，维持量 0.07 ～ 0.1g，每天 2 次，连用 3 ～ 5d。

【注意事项】

（1）不可与四环素、卡那霉素、林可霉素等混合注射使用。

某些含对氨基苯甲酰基的药物如普鲁卡因、丁卡因等在体内可生成对氨基苯甲酸，酵母片中含有细菌代谢所需要的对氨基苯甲酸，均不宜合用。与噻嗪类或速尿等利尿剂同用，可加重肾毒性。与苄氨嘧啶类（如 TMP）合用，可产生协同作用。

（2）磺胺嘧啶或其代谢物可在尿液中产生沉淀，在高剂量给药或低剂量长期给药时更易产生结晶，引起结晶尿、血尿或肾小管堵塞，用药期间应同时应用碳酸氢钠，并给患畜大量饮水。静脉注射时，速度过快或剂量过大可引起急性中毒，主要表现为神经兴奋、共济失调、肌无力、呕吐、昏迷、厌食和腹泻等，应立即停药，并给予对症治疗。

（3）遇酸类可析出结晶，故不宜用 5% 葡萄糖液稀释。

（4）休药期 10d。

磺胺二甲嘧啶

【性　状】　白色或微黄色结晶或粉末。遇光易变质。

【作用与用途】　磺胺类抗菌药。用于敏感菌感染，也可用于球虫和弓形虫感染。对革兰氏阳性菌和阴性菌如化脓性链球菌、沙门氏菌和肺炎杆菌等均有良好的抗菌作用。抗菌机理同磺胺嘧啶抗菌作用较磺胺嘧啶稍弱，但对球虫和弓形虫有良好的抑制作用。

【用法与用量】　静脉注射（10% 的注射液），一次量，每千克体重，0.5 ～ 1mL。每天 1 ～ 2 次，连用 2 ～ 3d。内服，一次量，每千克体重，首次量 0.14 ～ 0.2g，维持量 0.07 ～ 0.1g，每天 1 ～ 2次，连用 3 ～ 5d。

【注意事项】

（1）药物相互作用参见磺胺嘧啶。

（2）磺胺或其代谢物可在尿液中产生沉淀，在高剂量和长期给药时更易产生结晶，引起结晶尿、血尿或肾小管堵塞。应用磺胺药期间应给患畜大量饮水，以防结晶尿的发生，必要时亦可加服碳酸氢钠等碱性药物。

（3）为强碱性溶液，对组织有强刺激性。

（4）肾功能受损时，排泄缓慢，应慎用。

（5）遇酸类可析出结晶，故不宜用5%葡萄糖液稀释。

（6）注意交叉过敏反应。若出现过敏反应或其他严重不良反应时，立即停药，并给予对症治疗。

（7）休药期，注射液，28d；片剂，15d。

磺胺噻唑钠

【性　状】　白色或淡黄色的结晶颗粒或粉末。遇光色渐变深。

【作用与用途】　磺胺类抗菌药。用于敏感菌感染。属广谱抑菌剂，对大多数革兰氏阳性菌和部分革兰氏阴性菌有效。对磺胺噻唑较敏感的病原菌有，链球菌、肺炎球菌、沙门氏菌、化脓棒状杆菌、大肠杆菌等；一般敏感的有，葡萄球菌、变形杆菌、巴氏杆菌、产气荚膜杆菌、肺炎杆菌、炭疽杆菌、铜绿假单胞菌等。抗菌机理同磺胺嘧啶。在使用过程中，因剂量和疗程不足等原因，使细菌易产生耐药性，尤以葡萄球菌最易产生，大肠杆菌、链球菌等次之。细菌对磺胺噻唑产生耐药性后，对其他的磺胺类药也可产生不同程度的交叉耐药性，但与其他抗菌药之间无交叉耐药现象。

【用法与用量】　静脉注射（10%注射液），一次量，每千克体重0.5～1mL，每天2次，连用2～3d。内服，一次量，每千克体重，首次量0.14～0.2g，维持量0.07～0.1g，每天2～3次，连用3～5d。

【注意事项】

（1）药物相互作用参见磺胺嘧啶。

（2）不良反应表现为急性和慢性中毒两类。①急性中毒，多发生于静脉注射其钠盐时，速度过快或剂量过大。主要表现为神经兴奋、共济失调、肌无力、呕吐、昏迷、厌食和腹泻等。②慢性中毒，主要由剂量偏大、用药时间过长而引起。主要症状为：泌尿系统损伤，出现结晶尿、血尿和蛋白尿等；抑制胃肠道菌群，导致消化系统障碍和草食动物的多发性肠炎等；造血功能破坏，出现溶血性贫血、凝血时间延长和毛细血管渗血；幼畜或幼禽免疫系统抑制，免疫器官出血及萎缩。

（3）遇酸类可析出结晶，故不宜用5%葡萄糖液稀释。

（4）长期或大剂量应用易引起结晶尿，应同时应用碳酸氢钠，并给患畜大量饮水。

（5）若出现过敏反应或其他严重不良反应时，立即停药，并给予对症治疗。

（6）休药期28d。

磺胺甲噁唑
（磺胺甲基异噁唑，新诺明）

【性　状】 白色结晶粉末，几乎不溶于水，在稀盐酸、氢氧化钠溶液中易溶。

【作用与用途】 磺胺类抗菌药。用于敏感菌引起的猪呼吸道、消化道、泌尿道等感染。本品对革兰氏阳性菌和阴性菌如化脓性链球菌、沙门氏菌和肺炎杆菌等均有良好的抗菌作用。抗菌机理同磺胺嘧啶抗菌作用较磺胺嘧啶稍弱，但对球虫和弓形虫有良好的抑制作用。

【用法与用量】 内服，一次量，每千克体重，首次量50～100mg，维持量25～50mg，每天2次，连用3～5d。复方磺胺甲噁唑片，以磺胺甲噁唑计，内服，一次量，每千克体重25～50mg，每天2次，连用3～5d。

【注意事项】

（1）药物相互作用，与苄氨嘧啶类（抗菌增效剂）合用可产生协同作用。对氨苯甲酸及其衍生物如普鲁卡因、丁卡因等在体内可生成对氨基苯甲酸不宜合用。与噻嗪类或速尿等利尿剂同用可加重肾毒性。与口服抗凝药、苯妥英钠、硫喷妥钠等药物合用需调整其剂量。具有肝毒性药物与磺胺药物合用时，可能引起肝毒性发生率增高。

（2）磺胺或其代谢物可在尿液中产生沉淀，在高剂量给药或低剂量长期给药时更易产生结晶，引起结晶尿、血尿或肾小管堵塞。应给患畜大量饮水。大剂量、长期应用时宜同时给予等量的碳酸氢钠。

（3）可引起肠道菌群失调，长期用药可引起维生素 B 和维生素 K 的合成和吸收减少，宜补充相应的维生素。

（4）肾功能受损时，排泄缓慢，应慎用。

（5）注意交叉过敏反应。在猪出现过敏反应时，立即停药并给予对症治疗。

（6）休药期 28d。

磺胺对甲氧嘧啶钠

【性　状】　无白色或微黄色的结晶或粉末。不溶于水，可溶于氢氧化钠溶液，微溶于稀盐酸。

【作用与用途】　磺胺类抗菌药。能双重阻断细菌叶酸代谢，增强抗菌效力。主用于敏感菌引起的泌尿道、呼吸道及皮肤软组织等感染。对革兰氏阳性菌和阴性菌均有良好的抗菌作用，但较磺胺间甲氧嘧啶弱。与甲氧苄啶合用可产生协同作用，增强抗菌效果。

【用法与用量】　肌内注射，复方磺胺对甲氧嘧啶（10mL 含磺胺对甲氧嘧啶钠1g与甲氧苄啶0.2g），一次量，每10kg体重0.75 ~ 1mL，每天 1 ~ 2 次，连用 2 ~ 3d。磺胺对甲氧嘧啶二甲氧苄啶预混剂，混饲，每吨 1kg。

【注意事项】

（1）药物相互作用同磺胺嘧啶。

（2）不良反应，急性反应如过敏反应，慢性反应表现为粒细胞减少、血小板减少、肝脏损害、肾脏损害及中枢神经毒性反应。

（3）遇酸类可析出结晶，故不宜用5％葡萄糖液稀释。

（4）长期或大剂量应用易引起结晶尿，应同时应用碳酸氢钠，并给患畜大量饮水。

（5）若出现过敏反应或其他严重不良反应时，立即停药，并给予对症治疗。

（6）休药期28d。

磺胺间甲氧嘧啶

【性　状】 无白色或类白色的结晶性粉末。不溶于水，可溶于氢氧化钠溶液与稀盐酸。

【作用与用途】 磺胺类抗菌药。用于防治敏感菌感染，也可用于猪弓形虫等感染。本品属于广谱抗菌药物，是体内外抗菌活性最强的磺胺药，对大多数革兰氏阳性菌和阴性菌都有较强抑制作用，细菌对此药产生耐药性较慢。对革兰氏阳性菌和阴性菌如化脓性链球菌、沙门氏菌和肺炎杆菌等均有良好的抗菌作用。抗菌机理磺胺嘧啶。

【用法与用量】 静脉注射，一次量，每千克体重50mg，每天1～2次，连用2～3d。内服，一次量，每千克体重，首次量50～100mg，维持量25～50mg。每天2次，连用3～5d。

【注意事项】 药物相互作用、不良反应、休药期参见磺胺对甲氧嘧啶。

磺胺氯达嗪钠

【性　状】 白色或淡黄色粉末。

【作用与用途】 磺胺类抗菌药。用于畜禽大肠杆菌和巴氏杆菌感染。对大多数革兰氏阳性菌和阴性菌都有较强抑制作用。抗菌谱与磺胺间甲氧嘧啶相似，抗菌所用稍弱与甲氧苄啶合用可产生协同作用，增强抗菌效果。

【用法和用量】 以本品计。内服，每天量，每千克体重 32mg，连用 5 ～ 10d。

【注意事项】 不得作为饲料添加剂长期应用。休药期 4d。药物相互作用、不良反应参见磺胺嘧啶。

二、肠道应用类磺胺药

磺胺脒

【性　状】 白色针状结晶性粉末，遇光易变色，沸水中溶解，稀盐酸中易溶，氢氧化钠中不溶。

【作用与用途】 磺胺类抗菌药。内服吸收很少。用于肠道细菌性感染。对大多数革兰氏阳性菌和阴性菌都有较强抑制作用。对革兰氏阳性菌和阴性菌如化脓性链球菌、沙门氏菌和肺炎球菌等均有良好的抗菌作用。抗菌机理同磺胺嘧啶。

【用法与用量】 内服，一次量，每 10kg 体重 4 ～ 8 片，每天 2 次，连用 3 ～ 5d。

【注意事项】

（1）药物相互作用参见磺胺二甲嘧啶。

（2）长期服用可能影响胃肠道菌群，引起消化道功能紊乱。

（3）新生仔畜（1 ～ 2 日龄犊牛、仔猪等）的肠内吸收率高于幼畜。

（4）休药期 28d。

琥磺噻唑

（丁二酰磺胺噻唑，琥珀酰磺胺噻唑）

【作用与用途】 体外无抗菌作用，内服后肠道极少吸收，经肠道细菌的作用，释出游离磺胺噻唑而产生抑菌作用，抗菌作用较磺胺脒强，主要用于治疗肠炎和菌痢，也可预防肠道手术前后的感染。

【用法与用量】　同磺胺脒。

【注意事项】　参见磺胺脒。

三、局部应用类磺胺药

磺胺醋酰钠

【作用与用途】　易溶于水，水溶性比磺胺嘧啶高90倍。15%~30%水溶液的pH值为4.0。抑菌作用较弱，有微弱的刺激性，穿透力强。主要用于结膜炎、角膜炎及其他眼部感染。

【用法与用量】　磺胺醋酰钠滴眼液，15%：5mL；15%：10mL。

磺胺嘧啶银

【性　状】　主要成分为N-2-嘧啶基-4-氨基苯磺酰胺银盐，为白色或类白色的结晶性粉末。遇光或遇热易变质。

【作用与用途】　磺胺类抗菌药。局部用于烧伤创面。属广谱抑菌剂，对大多数革兰氏阳性菌和部分革兰氏阴性菌有效，对铜绿假单胞菌抗菌活性强，对真菌等也有抑菌效果。具有收敛作用，局部应用可使创面干燥、结痂，促进创面愈合。

【用法与用量】　外用，撒布于创面或配成2%混悬液湿敷。

【注意事项】

（1）局部应用时有一过性疼痛，无其他不良反应。

（2）局部应用前要先清创排脓，因为在脓液和坏死组织中含有大量的对氨基苯甲酸，可减弱磺胺嘧啶的作用。

甲磺灭脓

【作用与用途】　对多种革兰阳性及阴性菌有效。对绿脓杆菌作用较强，且不受对氨基苯甲酸、脓液、坏死组织等影响，能迅速渗入创面及焦痂。用于烧伤或大面积创伤后的绿脓杆菌等感染。

【用法与用量】 软膏，10%，创面涂敷。粉剂，10%。创面撒布。溶液，5% ~ 10%，创面湿敷。

四、抗菌增效类

甲氧苄啶

【性　状】 白色或类白色结晶性粉末。

【作用与用途】 常与磺胺类药物按照 1∶4 ~ 1∶5 配伍，用于呼吸道、消化道、泌尿系统感染，以及败血症、蜂窝织炎等。与四环素、青霉素、红霉素等其他抗菌药物配伍也有增效作用。甲氧苄啶为抗菌增效剂，作用机理是抑制细菌二氢叶酸还原酶，使二氢叶酸不能还原成四氢叶酸，阻止细菌核酸的合成。与磺胺类药物联合使用，可使细菌的叶酸代谢受到双重阻断，从而增强磺胺类药的抗菌效果。

【用法与用量】 参见磺胺类药物复方制剂。

【注意事项】

（1）本品作用弱且易产生耐药性，故不宜单独应用。

（2）长期或大剂量应用易引起骨髓造血功能抑制。

（3）实验动物可出现畸胎，妊娠初期动物不宜使用。

（4）与磺胺钠盐用于肌内注射时刺激性较强，宜做深部肌内注射。

二甲氧苄啶
（敌菌净）

【主要成分】 磺胺喹噁啉、二甲氧苄啶。

【性　状】 白色或类黄色结晶性粉末。

【作用与用途】 抗菌机理同甲氧苄啶，但抗菌作用较弱，为畜禽专用药物，对磺胺药和抗生素有明显增效作用。与抗球虫的磺胺药合用，对球虫的抑制作用比甲氧苄啶强。与磺胺药合用可治疗肠道细菌感染和球虫病。内服吸收较少，在胃肠内浓度高，故适合于肠道感染。与磺胺喹啉或磺胺对甲氧嘧啶混合制成预混剂可添加于饲料内，也可制片剂、膏剂，对球虫病和畜禽肠道感染有良好的防治作用。

【用法与用量】 参见甲氧苄啶。

【注意事项】 参见甲氧苄啶。

第四节　喹诺酮类药物

喹诺酮类药物又称吡酮酸类或吡啶酮酸类，是人工合成的含4-喹诺酮基本结构抗菌药。被广泛用于人类和动物疾病的治疗。喹诺酮类药物和其他抗菌药的作用点不同，它们以细菌的脱氧核糖核酸（DNA）为靶标。细菌的双股 DNA 扭曲成为袢状或螺旋状（称为"超螺旋"），使 DNA 形成超螺旋的酶称为"DNA 回旋酶"，喹诺酮类药物通过抑制细菌的 DNA 回旋酶的断裂与再连接功能，进一步造成细菌 DNA 的不可逆损害，而使细菌细胞不再分裂。具有抗菌谱广、抗菌活性强、与其他抗菌药物无交叉耐药性和毒副作用小等特点，被广泛应用于畜牧、水产等养殖业中，主要作用于革兰阴性菌，对革兰阳性菌的作用较弱（某些品种对金黄色葡萄球菌有较好的抗菌作用）。喹诺酮类药物自 1962 年问世，已从第一代发展到第四代，为减少或避免人兽共用同一品种而产生细菌耐药性以及交叉耐药性，国内外相继开发了多种兽医专用的喹诺酮类药物（主要是氟喹诺酮类药物），已广泛用于兽医临床，预防和治疗多种细菌和支原体疾病。

萘啶酸

【性　状】　微黄色或是淡黄色的结晶性粉末。

【作用与用途】　第一代喹诺酮类药物，主要对革兰氏阴性菌有效，包括大肠杆菌、沙门氏菌、变形杆菌、痢疾杆菌等。对支原体活性较弱，对革兰氏阳性菌无效，易产生耐药性。主要用于畜禽敏感菌所致的肠道、泌尿系统的感染。

【用法与用量】　内服，每天量为每千克体重50mg，分2～4次内服。

【注意事项】　妊娠及肝、肾功能不全者慎用。

吡哌酸

【性　状】　微黄色或淡黄色结晶性粉末。

【作用与用途】　对革兰氏阴性菌有良好的抗菌活性，但不如氟喹诺酮类，比萘啶酸强。与羧苄西林、庆大霉素等合用，呈协同作用。内服吸收迅速而且完全，分布广泛，大部分以原型药经肾由尿排出，少量随粪便排泄。敏感菌包括大肠杆菌、沙门氏菌、克雷伯菌、变形杆菌等。主要用于敏感菌所致的肠道感染。

【用法与用量】　内服，每千克体重40mg，连用5～7d。

【注意事项】　与丙磺舒合用，会延长半衰期。

氟甲喹

【性　状】　白色或是类白色粉末。

【作用与用途】　第二代喹诺酮类药物，主要对革兰氏阴性菌有效，敏感菌包括大肠杆菌、沙门氏菌、巴氏杆菌、变形杆菌、克雷伯菌、假单胞菌、鲑单胞菌、鳗弧菌等，对支原体有一定的效果。主要用于革兰氏阴性菌引起的消化道、呼吸道感染。

【用法与用量】 内服，一次量，每千克体重 5 ~ 10mg，首次量加倍，每天 2 次，连用 4 天。

恩诺沙星

【性　状】 白色或淡黄色粉末。

【作用与用途】 动物专用杀菌性广谱抗菌药物，对大肠杆菌、沙门氏菌、克雷伯氏杆菌、布鲁氏菌、巴氏杆菌、胸膜肺炎放线杆菌、丹毒杆菌、变形杆菌、黏质沙雷氏菌、化脓性棒状杆菌、败血波特氏菌、金黄色葡萄球菌、支原体、衣原体等均有良好作用，对绿脓杆菌、链球菌作用较弱，对厌氧菌作用微弱。对敏感菌有明显的抗菌后效应。适用于细菌性疾病和支原体感染。其作用有明显的浓度依赖性，血药浓度大于 8 倍 MIC 最小抑菌浓度时可发挥最佳治疗效果。

【用法与用量】 肌内注射，每千克体重 2.5mg。饲料添加对患病猪可每吨饲料里添加 10% 盐酸恩诺沙星可溶性粉 1kg，连用 7d。

【注意事项】

（1）与氨基糖苷类、广谱青霉素合用有协同作用。

（2）与钙、镁、铁、铝等金属离子可发生螯合，影响吸收。

（3）与茶碱、咖啡因合用，可使后者的代谢抑制，血中茶碱、咖啡因的浓度异常升高，甚至出现茶碱中毒症状。

（4）有抑制肝药酶作用，与在肝脏中代谢的药物合用，可使后者清除率降低，血药浓度升高。

（5）丙磺舒可抑制其肾小管分泌排泄，使其半衰期延长。

（6）可使幼龄动物软骨发生变性，影响骨骼发育引起跛行及疼痛；消化系统反应有呕吐、腹痛、腹胀；皮肤反应有红斑、瘙痒、荨麻疹及光敏反应等。

（7）休药期 8d。

环丙沙星

【性　状】 本品为白色或是微黄色结晶性粉末。

【作用与用途】 杀菌性广谱抗菌药物。对大肠杆菌、沙门氏菌、克雷伯氏杆菌、布鲁氏菌、巴氏杆菌、胸膜肺炎放线杆菌、丹毒杆菌、变形杆菌、黏质沙雷氏菌、化脓性棒状杆菌、败血波特氏菌、金黄色葡萄球菌、支原体、衣原体等均有良好作用，对铜绿假单胞菌和链球菌作用较弱，对厌氧菌作用微弱。对敏感菌有明显的抗菌后效应。抗菌机制是作用于细菌细胞的 DNA 旋转酶，干扰细菌 DNA 的复制、转录和修复重组，使细菌不能正常生长繁殖而死亡。

【用法与用量】

乳酸环丙沙星注射液，10mL∶0.5g，肌内注射，一次量，每10kg 体重 0.5mL，每天 2 次。静脉注射一次量，每 10kg 体重0.4mL。每天 2 次。

盐酸环丙沙星注射液，10mL∶0.2g，肌内注射，一次量，每10kg 体重 1.25 ~ 2.5mL，每天 2 次，连用 3d。

乳酸环丙沙星可溶性粉（环丙沙星计 2%），混饮，每升水2 ~ 4g，每天 2 次，连用 3d。

【注意事项】

（1）药物的相互作用见恩诺沙星。

（2）可使幼龄动物软骨发生变性，影响骨骼发育并引起跛行及疼痛，消化系统反应有呕吐、食欲不振、腹泻等，皮肤反应有红斑、瘙痒、荨麻疹及光敏反应等。

（3）慎用于供繁殖用幼龄种畜，孕畜及泌乳母畜禁用。

（4）肉食动物及肾功能不全动物慎用。对有严重肾病或肝病的动物调节用量，以免体内药物蓄积。

（5）休药期，乳酸环丙沙星 10d，盐酸环丙沙星 28d。

沙拉沙星

【性　状】　常用其盐酸盐，为淡黄色或者黄色澄明液体。

【作用与用途】　动物专用的广谱杀菌药，对于大多数革兰氏阴性菌和阳性的杆菌和球菌，包括绝大多数种类的克雷伯菌属、葡萄球菌属、大肠杆菌、肠杆菌属、弯杆菌属、志贺菌属、变形杆菌属及巴氏杆菌属等有较强的抗菌活性，对支原体的效果略差于二氟沙星。

【用法与用量】　1%注射液，肌内注射，一次量，每千克体重0.25～0.5mL，每天2次，连用3～5d。

【注意事项】　药物相互作用及不良反应见恩诺沙星。休药期无。

二氟沙星

【性　状】　常用其盐酸盐，为淡黄色或者黄色澄明液体，主要成分为二氟沙星。

【作用与用途】　动物专用氟喹诺酮类药物。对大多数革兰氏阴性菌和阳性杆菌、球菌，包括绝大多数种类的克雷伯菌属、葡萄球菌属、大肠杆菌、肠杆菌属、弯杆菌属、志贺菌属、变形杆菌属及巴氏杆菌等有较强的抗菌活性。对某些绿脓杆菌、假单胞杆菌及大多数肠球菌不敏感。对大多数厌氧菌的作用很弱。

【用法与用量】　2%注射液，肌内注射，一次量，每千克体重0.25mL，每天2次，连用3d。

【注意事项】

（1）药物相互作用及不良反应参见恩诺沙星。

（2）休药期45d。

达氟沙星

【性　状】　常用其甲磺酸盐，为白色至淡黄色结晶性粉末。

【作用与用途】 动物专用氟喹诺酮类药物。对大肠杆菌、沙门氏菌、志贺氏菌等肠杆菌科的革兰氏阴性菌具有极好的抗菌活性，对葡萄球菌、支原体等具有良好至中等程度的抗菌活性，对链球菌（尤其是 D 群）、肠球菌、厌氧菌几乎无或者没有抗菌活性。主要用于猪细菌及支原体感染。肌内注射和皮下注射吸收迅速而完全。猪静脉注射半衰期为 8h；肌内注射半衰期为 6.8h。

【用法和用量】 以甲磺酸达氟沙星计。10mL：0.1g，肌内注射，一次量，每千克体重 0.125 ~ 0.25mL。每天 1 次，连用 3d。

【注意事项】

（1）不良反应参见恩诺沙星。

（2）休药期 25d。

马波沙星

【性　状】 白色至微黄色粉末或疏松块状物。

【作用与用途】 动物专用氟喹诺酮类抗细菌感染药。对广谱革兰氏阳性菌（特别是葡萄球菌属）、革兰氏阴性菌（大肠杆菌、鼠伤寒沙门氏菌、空肠弯曲杆菌、费氏柠檬酸杆菌、阴沟肠杆菌、黏质沙雷氏菌、摩氏摩根氏菌、变形杆菌、志贺菌属、猪胸膜肺炎放线杆菌、支气管败血性鲍特氏菌、多杀性巴氏杆菌、克雷伯菌属、嗜血杆菌属等）及支原体有效。皮下注射后吸收较快，体内分布广，有效血浓度维持时间较长。

【用法与用量】 肌内注射，一次量，每千克体重 2mg，每天 1 次；内服，一次量，每千克体重 2mg，每天 1 次。

【注意事项】

（1）禁用于 12 月龄以下的猪。

（2）可引起中枢神经反应。

第五节　其他抗菌药

卡巴氧
（痢立清，卡巴多司）

【性　状】　黄色结晶，不溶于水。

【作用与用途】　对革兰氏阴性菌的抗菌作用强于对革兰氏阳性菌，对猪痢疾密螺旋体也有抑制作用。临床上可用于猪霍乱沙门氏菌引起的猪肠炎和猪痢疾的防治。

【用法与用量】　混饲，每千克饲料 50mg。

【注意事项】　屠宰前 4～10 周应停药。

乙酰甲喹（痢菌净）

【性　状】　淡黄色结晶或黄色粉末，无臭、味微苦，遇日光及高温色渐变深。微溶于水、甲醇、乙醚，易溶于氯仿、苯、丙酮。

【作用与用途】　对猪痢疾、仔猪下痢、猪腹泻等有较好的疗效。特别对猪密螺旋体性痢疾有独特疗效，且复发率低。

【用法与用量】　片剂，每片 0.1 克、0.5 克，内服，每千克体重每次 5～10mg，每天 2 次，连用 3d 为 1 个疗程。注射液（0.5%），肌内注射，每千克体重每次 2.5～5mg。

【注意事项】　安全性好，治疗量对猪无不良反应，但剂量高于临床治疗量 3～5 倍时，或长时间应用会引起毒性反应，甚至死亡。

喹烯酮

【性　状】　黄色结晶或无定形粉末，无臭，溶于氯仿、二甲基亚砜、二氧六环，微溶于甲醇、乙醇，不溶于水。

【作用与用途】 抗菌谱广，对金黄色葡萄球菌、大肠杆菌、变形杆菌等均有抑制作用，对革兰氏阴性菌的抗菌效果好于革兰氏阳性菌。能促进动物生长，提高饲料转化率。

【用法与用量】 混饲，每千克饲料 50～75mg/kg。

小檗碱

（黄连素）

【性　状】 盐酸小檗碱为黄色结晶性粉末，无臭，味微苦，微溶于水和乙醇。硫酸小檗碱为橘红色结晶粉末，无臭，味极苦，溶于水，微溶于乙醇。

【作用与用途】 具有广谱抗菌作用，对流感病毒、某些致病性真菌、钩端螺旋体及滴虫等也用抑制作用。用于肠炎、肺炎、消化不良等病的治疗。

【用法与用量】 盐酸小檗碱片剂，每片 0.05g、0.1g，内服，每次 0.2～0.5g。硫酸小檗碱注射液，5mL：50mL，5mL：100mL，肌内注射，每次 50～100mg。

【注意事项】

（1）盐酸小檗碱内服不良反应较少，偶有恶心、呕吐，停药后即消失；静脉注射或滴注，可引起血管扩张、血压下降等反应，不可静脉注射。

（2）遇冷析出结晶，用前浸入热水中，用力振摇，溶解成澄明液体并凉至体温时使用。

牛至油

【性　状】 淡黄色的澄清油状液体，是从天然植物牛至中提取的挥发油。

【作用与用途】 主要用于预防及治疗仔猪和鸡的大肠杆菌、

沙门氏菌引起的下痢，也用于促进畜禽生长，提高饲料转化率。

【用法与用量】　溶液，由牛至油与豆油配制而成，为淡黄色的澄清油状液体，内服，预防量，乳猪 2 ~ 3 日龄，每头 2mL，8 小时后重复给药 1 次；治疗量，乳猪 10kg 以下每头 2mL，10kg 以上每头 4mL，用药后 7 ~ 8h 腹泻仍未停止时，重复给药 1 次。预混剂，由牛至油与碳酸钙、淀粉等配制而成，含牛至油 2.5%，混饲，每吨饲料，预防量，500 ~ 700 克；治疗量，1 000 ~ 1 300 克，连用 7d。

博落回注射液

【性　状】　棕红色的澄明液体。

【作用与用途】　含血根碱和白屈菜红碱，在体外能抑制革兰氏阳性菌生长，对肺炎双球菌、金黄色葡萄球菌和枯草杆菌有较好的抑制作用，其抑菌作用强于黄连素。主要用于大肠杆菌引起的仔猪黄痢、白痢。

【用法与用量】　肌内注射，一次量，10kg 以下体重 2 ~ 5mL，10 ~ 50kg 体重 5 ~ 10mL。每天 2 ~ 3 次。

【注意事项】

（1）一次用量不得超过 15mL。

（2）休药期 28d。

乌洛托品

【性　状】　无色、有光泽结晶或白色结晶性粉末；几乎无臭，味初甜后苦；遇火能燃烧，发生无烟的火焰；水溶液显碱性反应。在水中易溶，在乙醇或三氯甲烷中溶解，在乙醚中微溶。

【作用与用途】　主要用于尿路感染。

【用法与用量】　注射液，5mL：2g，10mL：4g，20mL：8g，50mL：20g，静脉注射，一次量，5 ~ 10g。

第六节　抗真菌药

抗真菌药（antifungal drugs）：真菌感染可分为表浅真菌感染和深部真菌感染两类，表浅感染是由癣菌侵犯皮肤、毛发、指（趾）甲等体表部位造成的，发病率高，危害性较小；深部真菌感染是由念珠菌和隐球菌侵犯内脏器官及深部组织造成的，发病率低，危害性大。

制霉菌素

【性　状】　淡黄色粉末，具有吸湿性，微溶于水，略溶于乙醇、甲醇，在微碱性介质中稳定，pH 值 9 ~ 12 时不稳定。避光、密封保存。

【作用与用途】　对白色念珠菌、新隐球菌、荚膜组织胞质菌、球孢子菌、小孢子菌等具有抑菌或杀菌作用。内服治疗胃肠道真菌感染；局部外用治疗皮肤、黏膜的真菌感染。

【用法与用量】　片剂，25 万 U，50 万 U。混悬剂，10 万 U/mL，内服，一次量，50 万 ~ 100 万 U，每天 2 次。

灰黄霉素

【性　状】　白色或类白色的微细粉末，无臭，味微苦。极微溶于水，微溶于乙醇，易溶于二甲基甲酰胺。对热稳定。

【作用与用途】　主要用于小孢子菌、毛癣菌和表皮癣菌引起的各种皮肤真菌病。不易透过表皮角质层、外用无效。

【用法与用量】　片剂，0.1g，0.25g，内服，一次量，每千克体重 20mg，每天 1 次，连用 28 ~ 64d。

【注意事项】　有致癌、致畸作用，禁用于妊娠动物。

克霉素

【性　状】　白色或微黄色的结晶性粉末，无臭，无味。易溶于甲醇或氯仿，溶于乙醇或丙酮，不溶于水。

【作用与用途】　外用治疗体表真菌病，如耳真菌感染和毛癣，内服治疗各种深部真菌感染。

【用法与用量】　片剂，0.25g，0.5g，内服，一次量，1～1.5克，每天2次。软膏，1%，3%，外用。

水杨酸

【性　状】　白色细微针状结晶或白色结晶性粉末，无臭或几乎无臭，味微甜；水溶液显酸性反应。在乙醇或乙醚中易溶，在沸水中溶解，在三氯甲烷中略溶，在水中微溶。

【作用与用途】　治疗皮肤真菌感染。

【用法与用量】　10%软膏，外用，配成1%醇溶液或软膏。

【注意事项】　重复涂敷可引起刺激；不可大面积涂敷，以免引起中毒；皮肤破损处禁用。

第四章 抗寄生虫药物

猪寄生虫病的危害较大，是制约猪场发展的主要问题之一。猪的寄生虫种类较多，几十年乃至上百年来，猪寄生虫病的防治工作除了药物研究取得显著进步外，其余尚无有重大技术突破和创新，仍然是主要采用定期驱虫。养殖场一般采用每年3～4次的定期驱虫。寄生虫病不但给养猪业造成巨大的经济损失，对人类的健康也有较大的影响。由于寄生虫病多为慢性消耗性疾病，很少像细菌病、病毒病和立克次氏体病那样造成猪大批死亡，所以在管理中经常被忽略。寄生虫通过夺取营养物质，排泄和分泌毒素，导致猪体消瘦、衰弱、贫血，影响猪的生产性能和品质，甚至引起死亡，给养猪业造成很大的经济损失。因此控制和预防寄生虫病对保障养猪业的健康发展是十分重要的。抗寄生虫药是用于驱除和杀灭宿主体内、外寄生虫的药物。根据药物抗虫作用和寄生虫分类，可将抗寄生虫药分为抗原虫药、抗蠕虫药和杀虫药。

第一节 抗原虫药

猪的原虫病是由单细胞原生动物引起的一类寄生虫病，临床上能引起猪发病的主要有球虫、贾地鞭毛虫、隐孢子虫、滴虫、梨形虫、弓形虫、锥虫、利什曼虫和阿米巴原虫等。原虫病多呈现季节性和地区性流行，也能散发。其中，球虫病的发生最为普遍，危害大、流行广。

磺胺间甲氧嘧啶

【性　状】　白色或类白色的结晶性粉末；无臭，几乎无味；遇光色渐变暗。在丙酮中略溶，在乙醇中微溶，在水中不溶；在稀盐酸或氢氧化钠溶液中易溶。

【作用与用途】　长效磺胺类药物，治疗球虫病，弓形虫病。

【用法与用量】　内服，一次量，每千克体重，首次量0.5 ~ 1g，维持量0.2 ~ 0.25g，每天2次，连用3 ~ 5d。

【注意事项】　连用不可超过1周，长期使用应同时服用碳酸氢钠以碱化尿液；会引起肠道菌群失调，维生素B和维生素K的合成和吸收会减少，应补充相应的维生素。长期使用会影响叶酸代谢和利用，应注意补充叶酸制剂。

长期使用可损害肾脏和神经系统，影响增重，并可能发生中毒。

磺胺二甲嘧啶钠

【性　状】　无色至微黄色的澄明液体；遇光易变质。

【作用与用途】　对革兰氏阳性菌和阴性菌，如化脓性链球菌、沙门氏菌和肺炎杆菌等均有良好的抗菌作用。抗菌作用较磺胺嘧啶稍弱，但对球虫和弓形虫有良好的抑制作用。

【用法与用量】　5mL含有0.5g磺胺二甲嘧啶钠，静脉注射，一次量，每千克体重0.5 ~ 1mL，每天1 ~ 2次，连用2 ~ 3d。可溶性粉，按磺胺二甲嘧啶钠，内服，一次量，每千克体重，首次量0.14 ~ 0.2g，维持量0.07 ~ 0.1g，每天1 ~ 2次，连用3 ~ 5d。

【注意事项】

（1）应用磺胺药期间应给患畜大量饮水，以防结晶尿的发生，必要时亦可加服碳酸氢钠等碱性药物。

（2）肾功能受损时，排泄缓慢，应慎用。

（3）遇酸类可析出结晶，故不宜用5%葡萄糖液稀释。

磺胺嘧啶

参见第三章第三节全身应用类磺胺药磺胺嘧啶。

三氮脒

【性　状】　黄色或橙色结晶性粉末。

【适应证】　抗焦虫药。用于防治猪巴贝斯梨形虫病、泰勒梨形虫病、伊氏锥虫病和媾疫锥虫病。

【作用与用途】　对猪的锥虫、梨形虫及边虫（无形体）均有作用。用药后血药浓度高，但持续时间较短，故主要用于治疗，预防效果差。

【用法与用量】　肌内注射，一次量，每千克体重 4～7mg，临用前用生理盐水或灭菌注射用水配成 5%～7% 溶液。

【注意事项】

（1）毒性大、安全范围较小，应严格掌握用药剂量，不得超量使用。必要时可连用，但须间隔 24h。连用不得超过 3 次。

（2）局部肌内注射有刺激性，可引起肿胀，应分点深层肌内注射。

双脒苯脲

【性　状】　无色粉末，易溶于水。

【作用与用途】　二苯脲类抗梨形虫药，兼有预防及治疗作用。是最佳的均二苯脲抗梨形虫药，能直接作用于巴贝斯虫虫体，改变细胞核的数量和大小，并且使细胞质发生空泡现象。注射后吸收并分布于全身组织，由于在肾脏中浓缩，并以原形再吸收，因此残效期极长，用药 4 周后体内仍残存药物。

【用法与用量】　治疗量，皮下注射，每千克体重 1mg，不得静脉注射。

喹嘧胺
（安锥赛）

【性　状】　喹嘧胺为白色或微黄色结晶性粉末。喹嘧氯胺为白色或微黄色结晶性粉末；无臭、味苦。在热水中略溶，在水中微溶，在有机溶剂中几乎不溶。

【作用与用途】　喹嘧胺通过影响虫体的代谢过程，使锥虫生长繁殖抑制，剂量不足时虫体易产生耐药性。甲硫喹嘧胺易溶于水，注射后迅速吸收；喹嘧氯胺难溶于水，注射后吸收缓慢。

【用法与用量】　肌内、皮下注射，每千克体重 5mg，临用前用配成 10% 水悬液。

地美硝唑

【性　状】　类白色或微黄色粉末；无臭或几乎无臭；遇光色渐变黑，遇热升华。在氯仿中易溶，在乙醇中溶解，在水或乙醚中微溶。

【作用与用途】　抗滴虫药，具有广谱抗菌和抗原虫作用，不仅能抗厌氧菌、大肠弧菌、链球菌、葡萄球菌和密螺旋体，且能抗组织滴虫、纤毛虫、阿米巴原虫等。用于防治猪密螺旋体性痢疾和滴虫病。

【用法与用量】　混饲，每吨饲料 200～500g 有效成分。

【注意事项】

（1）不能与其他抗组织滴虫药联合使用。

（2）休药期 3d。

第二节　抗蠕虫药

抗蠕虫药也叫驱虫药，根据作用对象不同，可以分为抗吸虫药、抗绦虫药、抗线虫药。

硝氯酚

【性　状】　黄色结晶性粉末；无臭。在丙酮、氯仿、二甲基甲酰胺中溶解，在乙醚中略溶，在乙醇中微溶。在水中不溶，在氢氧化钠溶液中溶解，在冰醋酸中略溶。

【作用与用途】　能抑制虫体琥珀酸脱氢酶，阻碍延胡索酸还原为琥珀酸，从而影响肝片吸虫 ATP 代谢而发挥作用。内服后可经肠道吸收，体内排泄较慢，9d 后乳、尿中基本上无残留。用于治疗猪肝片吸虫病。

【用法与用量】　内服，每千克体重 3 ~ 6mg。

【注意事项】

（1）治疗量对动物安全，过量引起中毒症状。

（2）休药期 15d。

硝碘酚腈

【性　状】　淡黄色粉末；无臭或几乎无臭。在乙醚中略溶，在乙醇中微溶，在水中不溶，在氢氧化钠试液中易溶。避光保存。

【作用与用途】　抗吸虫药。主要是阻断虫体的氧化磷酸化作用，降低 ATP 浓度，减少细胞分离所需的能量而导致虫体死亡。

【用法与用量】　皮下注射，一次量，每千克体重 10mg。重复用药应间隔 4 周以上。

【注意事项】

（1）安全范围较窄，会引起动物呼吸加快、体温升高，应保持动物安静，并静脉注射葡萄糖生理盐水。

（2）对局部组织有刺激作用。

硫双二氯酚
（硫氯酚）

【性　状】　白色结晶粉末，无臭或略带酚臭；熔点188℃。极难溶于水，微溶于乙醇（0.3%），能溶于脂肪油、丙酮等。

【作用与用途】　抗吸虫药。可降低虫体葡萄糖分解和氧化代谢，阻断虫体能量的获得。内服可吸收少部分。对吸虫和绦虫有驱杀作用。

【用法与用量】　内服，每千克体重60～75mg。

【注意事项】

（1）有轻度头晕、头痛、呕吐、腹痛、腹泻和荨麻疹等反应，可有光敏反应，也可能引起中毒性肝炎。

（2）服本品前应先驱蛔虫和钩虫。

吡喹酮

【性　状】　白色或类白色结晶性粉末，味苦，微溶于水，易溶于乙醇、氯仿等有机溶剂。密封保存。

【作用与用途】　广谱抗寄生虫病药。用于血吸虫病、囊虫病、肺吸虫病、包虫病、姜片虫病、棘球蚴病、蠕虫感染等的治疗和预防。对猪的莫尼兹绦虫、囊尾蚴等有显著的驱杀作用。

【用法与用量】　内服，每千克体重10～30mg。

【注意事项】　治疗猪囊尾蚴时，在用药后3～4d，由于含有毒素的囊液被吸收，可引起一系列不同程度的反应，可静脉注射高渗葡萄糖、碳酸氢钠等注射液，进行缓解。

硝硫氰醚

【性　状】　无色结晶粉末或浅黄色结晶，不溶于水，溶于有机溶剂。

【作用与用途】　其主要影响虫体糖酵解和三羧酸循环。对猪的柯氏伪裸头绦虫具有良好的驱虫效果，且安全无毒副作用。

【用法与用量】　内服，每千克体重 20 ~ 40mg。

【注意事项】　参见吡喹酮。

鹤草芽

【药材形状】　茎基部圆柱形，木质化，淡棕褐色，上部茎方形，四边略凹陷，绿褐色，有纵沟和棱线，茎节明显，体轻，质硬，易折断，断面中空。叶灰绿色，皱缩而卷曲，质脆，易碎。气微，味微苦。

【主要成分】　含鹤草酚、仙鹤草醇、芹黄素、儿茶酚、鞣质等。鹤草酚为间苯三酚类衍生物，现已能人工合成，是灭绦虫的有效成分。

【功能主治】　驱虫。用于绦虫病。

【用法与用量】　鹤草芽粉剂，内服，一次量，每千克体重 50g。

左旋咪唑
（保松噻，左旋咪唑碱）

【性　状】　白色至灰白色结晶粉末，无臭，味苦，在水中极易溶解，在乙醇盐酸盐易溶解，磷酸盐微溶解。碱性水溶液中，易分解失效。密封保存。

【作用与用途】　广谱抗线虫药，其驱虫作用机理是兴奋蠕虫的副交感和交感神经节，表现为烟碱样作用；高浓度时，左旋咪唑通过阻断延胡索酸还原和琥珀酸氧化作用，干扰线虫的糖代谢，最终对蠕虫起麻痹作用，使活虫体排出。除了具有驱虫活性外，还能明显提高免疫反应，对免疫功能受损的动物作用更明显。主要用于驱蛔虫及钩虫。

【用法与用量】　内服、皮下和肌内注射，每千克体重 7.5mg。

为了达到驱虫效果，一般在首次给药后，经 2～4 周再给药 1 次。

【注意事项】　注射给药安全范围小，生猪建议内服给药，休药期 3d。

噻苯达唑
（噻苯咪唑，噻苯唑）

【性　状】　白色或类白色粉末；味微苦，无臭。在水中微溶，在氯仿或苯中几乎不溶，在稀盐酸中溶解。

【作用与用途】　广谱驱虫药，常用于驱蛲虫、蛔虫。延胡索酸还原酶的催化反应是糖酵解过程中必不可少的一个部分，很多寄生性蠕虫都是通过这一过程获得能量来源，如果这一过程受阻，则虫体代谢发生障碍。

【用法与用量】　内服给药，每千克体重 50mg，每天 1 次，连用 3d。

【注意事项】

（1）本品有时能诱发内源性感染。

（2）使用该药物时，禁止使用免疫抑制剂。

（3）长期使用，会使虫体产生耐药性。

（4）过度衰弱及妊娠动物不能用。

（5）肌肉和内脏在 30d 内不能食用，屠宰前 30d 停药。

甲苯达唑
（甲苯咪唑）

【性　状】　白色或微黄色无晶形粉末，无臭，难溶于水和多数有机溶剂，易溶于甲酸、乙酸。避光保存。

【作用与用途】　广谱驱肠虫药，能抑制线虫对葡萄糖的摄入，导致糖原耗竭，使之无法生存，具有显著的杀灭幼虫、抑制虫卵发育的作用。可用于防治钩虫、蛔虫、蛲虫、鞭虫、粪类圆回线虫等肠道寄生虫病。

【用法与用量】 内服，每千克体重 20mg，或每千克饲料 30mg 混饲，连用 10d。

【注意事项】

（1）药物的极微细粉末可以增强驱虫效果。

（2）妊娠母猪禁用。

（3）屠宰前 7d 禁止使用。

苯亚砜本咪唑

【性　状】 白色结晶性粉末，无臭，难溶于水。避光密闭保存。

【作用与用途】 作用机理除了抑制延胡索酸还原酶，导致虫体因缺乏能量而死亡外，应该还包括其他的机理。

【用法与用量】 内服，每千克体重 3mg。

【注意事项】 可用于患病和虚弱的动物。

芬苯达唑
（硫苯咪唑，苯硫咪唑）

【性　状】 白色结晶性粉末，无臭，难溶于水。避光保存。

【作用与用途】 广谱、高效、低毒新型苯并咪唑类驱虫药。不仅对动物胃肠道线虫、成虫、幼虫有高度驱虫活性，而且对网尾线虫、矛型双腔虫、片形吸虫和绦虫亦有较佳效果。作用机理为与线虫的微管蛋白质结合发挥驱虫作用，抗虫谱不如阿苯达唑广，作用略强。适口性好，不会影响采食。

【用法与用量】 内服，每千克体重 3 ~ 6mg，连用 3d，可有效驱除猪的蛔虫、结节和猪肾虫；猪鞭虫，每千克体重 3mg，连用 6d；猪肺线虫，每天精确剂量每千克体重 25mg。

【注意事项】 毒性低，可用于体弱和多病的动物。

磺苯咪唑

【性　状】 白色结晶性粉末，无臭，难溶于水。避光保存。

【作用与用途】 作用机理主要是抑制延胡索酸还原酶，可能包括其他机理。对猪的胃肠道寄生虫，大部分驱除效果较好，尤其对猪蛔虫、结节虫、类圆线虫、猪肺线虫等，均具有较强的驱除作用。

【用法与用量】 内服，每千克体重 3mg。

【注意事项】 毒性低，可用于体弱和多病的动物。

阿苯达唑

阿苯达唑是一种咪唑衍生物类广谱驱肠虫药物。

【性　状】 白色至淡黄色结晶性粉末，无臭；微溶于有机溶剂，不溶于水。避光保存。

【作用与用途】 高效广谱驱虫药，系苯并咪唑类药物中驱虫谱较广、杀虫作用最强的一种。适用于驱除蛔虫、蛲虫、钩虫、鞭虫，治疗各种类型的囊虫病，也可用于猪的驱虫。作用机理主要是与线虫的微管蛋白结合发挥作用。阿苯达唑对线虫微管蛋白的亲和力显著高于哺乳动物的微管蛋白，因此对哺乳动物的毒性很小。不但对成虫作用强，对未成熟虫体和幼虫也有较强作用，还有杀虫卵作用。

【用法与用量】 内服，每千克体重 5 ~ 10mg。

【注意事项】

（1）适口性差，少添多喂。

（2）屠宰前 14d 停喂。

（3）毒性较大，连续超量给药，有时会引起严重反应。

（4）长期使用会使虫体产生耐药性。

奥苯达唑
（丙氧苯咪唑，丙氧苯咪胺酯，丙氧咪唑）

【性　状】　白色或类白色结晶性，无臭，无味；难溶于水。避光密封保存。

【作用与用途】　对蛔虫、钩虫和鞭虫均有明显作用。与其他驱钩虫药比较，不但对十二指肠钩虫疗效较好，而且对美洲钩虫也有较好疗效。

【用法与用量】　内服，每千克体重 10mg。

【注意事项】　无。

噻咪唑
（四咪唑，驱虫净）

【性　状】　白色微带黄色结晶性粉末，无臭，味苦；易溶于水和乙醇，性质稳定。

【作用与用途】　暂不清楚。

【用法与用量】　内服，每千克体重 10 ~ 20mg；肌内注射，每千克体重 10 ~ 12mg。

【注意事项】　无。

丙噻咪唑
（康苯咪唑，坎苯达唑）

【性　状】　白色结晶性粉末，无臭；难溶于水；难溶于乙醇。避光密封保存。

【作用与用途】　参见奥苯达唑。

【用法与用量】　内服，每千克体重 20 ~ 40mg。

【注意事项】　无。

帕苯达唑
（丁苯咪唑）

【性　状】　白色结晶性粉末，无臭，难溶于水。避光密封保存。

【作用与用途】　广谱驱虫药，常用于驱线虫、蛔虫、鞭虫。延胡索酸还原酶的催化反应是糖酵解过程中必不可少的一个部分，很多寄生性蠕虫都是通过这一过程获得能量来源，如果这一过程受阻，则虫体代谢发生障碍。

【用法与用量】　内服，每千克体重 15 ~ 30mg。

【注意事项】　猪可耐受每千克体重 1g。

氟苯达唑

【性　状】　白色或类白色粉末，无臭，不溶于水、甲醇、氯仿等溶剂。

【作用与用途】　为甲苯达唑的含氟衍生物，其作用及作用机理与甲苯达唑基本相同，优点是无致畸作用，缺点是对鞭虫病的疗效略差于甲苯达唑。能不可逆地抑制肠道蠕虫对葡萄糖的摄取，导致能量来源缺乏，以致不能生存和繁殖。对虫卵的发育有抑制作用。

【用法与用量】　混饲，每千克体重 30mg，连用 5 ~ 10d。

【注意事项】　无。

非班太尔
（苯硫胍）

【性　状】　白色或类白色粉末，无臭，不溶于水、甲醇、氯仿等溶剂。

【作用与用途】　主要通过影响蠕虫的糖类代谢活动产生杀虫作用。对成虫和幼虫卵均有效果。它属于苯并咪唑类化合物，在结构上与虫体的微管蛋白有很强的亲和力，因此能够阻止微管的聚合，破坏广谱驱虫药，对猪的各线虫、成虫和幼虫均有高度活性。

【用法与用量】 内服，每千克体重 5mg。

【注意事项】 与吡喹酮合用，可导致早期流产。

酒石酸噻嘧啶

【性　状】 淡黄色结晶性粉末，易溶于水。

【作用与用途】 通过抑制胆碱酯酶，对寄生虫的神经肌产生阻滞作用，能麻痹虫体使之止动，安全排出体外，不致引起胆道梗阻或肠梗阻。据报道对蛔虫、蛲虫或钩虫感染的疗效比哌嗪、恩波维铵、苄酚宁等都好，对鞭虫也有一定疗效，为广谱高效驱肠虫药。用于驱蛔虫（虫卵阴转率 80%～95%）、钩虫、蛲虫（虫卵阴转率达 90% 以上）或混合感染。由于口服后很少吸收，故全身毒性很低。对猪的多种胃肠虫线虫亦有效。

【用法与用量】 内服，每千克体重 22mg。

【注意事项】

（1）与甲噻嘧啶或左旋咪唑同用可能使毒性增强；与有机磷或乙胺嗪同用会有不良反应；与哌嗪具有拮抗作用，不可同用。

（2）使用过程中可能会发生呕吐，体弱动物不可用。

甲噻嘧啶
（莫仑太尔）

【性　状】 酒石酸盐为淡黄色无晶形粉末，易溶于水。避光密闭保存。

【作用与用途】 作用机制同酒石酸噻嘧啶。广谱驱虫药，对猪的各种线虫、成虫和幼虫均有高度活性，其活性较噻嘧啶更强。

【用法与用量】 内服，每千克体重 15mg。

【注意事项】 无。

酚嘧啶
（间酚嘧啶，奥克太尔）

【性　状】　白色结晶性粉末，易溶于水，避光密闭保存。

【作用与用途】　为噻嘧啶的同系物。为毛首线虫的特效药。

【用法与用量】　内服，每千克体重 2 ~ 4mg。

【注意事项】　无。

哌　嗪
（哌哔嗪，胡椒嗪，驱蛔灵）

【性　状】　其枸橼酸盐和磷酸盐均为白色结晶性粉末，前者易溶于水，后者难溶于水。避光密闭干燥保存。

【作用与用途】　具有麻痹蛔虫肌肉的作用，使蛔虫不能附着在宿主肠壁，随粪便排出体外用于肠蛔虫病，蛔虫所致的不全性肠梗阻和胆道蛔虫病绞痛的缓解期。此外，亦可用于驱蛲虫。对猪的蛔虫和结节虫具有良好的驱除效果。

【用法与用量】　内服，每千克体重 0.25g。

【注意事项】　抗虫谱窄，但效果安全确实，患肠胃炎的动物也可以使用。

吩噻嗪
（硫化二苯胺）

【性　状】　柠檬黄色无定性粉末。暴露于空气中易氧化，有微臭味，不溶于水，易溶于乙醇和丙酮。避光密闭干燥保存。

【作用与用途】　尚不清楚。

【用法与用量】　内服，每头每次 5 ~ 20g。

【注意事项】　无。

哈罗松
（哈洛克酮）

【性　状】　白色粉末，无臭。不溶于水，易溶于丙酮和氯仿。

【作用与用途】　毒性很小，抑制虫体的胆碱酯酶，干扰虫体的正常神经肌肉传递，从而排出虫体。对猪的蛔虫、食道口线虫的成虫和幼虫均具有良好的驱除效果。

【用法与用量】　内服，每千克体重 50mg。

【注意事项】

（1）禁止与胆碱酶抑制剂和具有类似作用的杀虫药同时应用。

（2）屠宰前 7d 停用。

敌百虫

【性　状】　纯品为白色结晶，有醛类气味。溶解度水（20℃）120g/L，溶于大多有机溶剂，但不溶于脂肪烃和石油，易水解和脱氯化氢反应，加热、pH 值大于 6.0 时分解迅速，光解缓慢。能被碱很快地转化成敌敌畏，22℃水解时，半衰期随 pH 值增加而缩短。

【作用与用途】　抑制虫体的胆碱酯酶，干扰虫体的正常神经肌肉传递，从而排出虫体。对猪的蛔虫、食道口线虫、毛首线虫和姜片吸虫具有良好的驱除效果。

【用法与用量】　内服，每千克体重 80～100mg。

【注意事项】

（1）猪服用每千克体重 100mg 以内安全。

（2）屠宰前 7d 停用。

敌敌畏缓释液

【性　状】　淡黄色微粒，不溶于水。密封保存。

【作用与用途】　有机磷杀虫剂，是将挥发性的敌敌畏混入聚氯乙烯树脂缓释剂。药物缓释，保证药物作用于整个肠道，同时防止药物迅速被宿主吸收，引起中毒。作用机理是抑制虫体的胆碱酯酶，干扰虫体的正常神经肌肉传递，从而排出虫体。对猪的蛔虫、结节虫、鞭虫和红色猪圆线虫具有良好的驱除效果。

【用法与用量】 内服，10～20mg 每千克体重。

【注意事项】

（1）猪服用每千克体重 100mg 以内安全。

（2）屠宰前 7d 停用。

阿维菌素

【性　状】 淡黄色至白色结晶粉末，无味。几乎不溶于水，微溶于乙醇，易溶于氯仿。

【作用与用途】 作用机制与一般杀虫剂不同的是干扰神经生理活动，刺激释放 γ～氨基丁酸，而氨基丁酸对节肢动物的神经传导有抑制作用。对螨类和昆虫具有胃毒和触杀作用，是一种强力、广谱的驱肠道线虫药，不能杀卵，对猪的肺虫、食道口线虫、蛲虫、旋毛虫包囊蚴、肾虫等具有杀灭作用，没有驱除吸虫和绦虫的作用。

【用法与用量】 内服或者皮下注射，每千克体重 300μg。

【注意事项】 屠宰前 30d 停用。

伊维菌素

【性　状】 白色结晶粉末，无味。几乎不溶于水，易溶于甲醇、乙醇、丙酮、乙酸乙酯。

【作用与用途】 新型广谱、高效、低毒抗生素类抗寄生虫药，对体内外寄生虫特别是线虫和节肢动物均有良好驱杀作用，但对绦虫、吸虫及原生动物无效。作用机理同阿维菌素。

【用法与用量】 内服或者皮下注射，每千克体重 30μg。

【注意事项】 屠宰前 35d 停用。

多拉菌素

【性　状】　淡黄色或白色结晶粉末，无味。微溶于水，易溶于氯仿。

【作用与用途】　参见伊维菌素。

【用法与用量】　肌内注射，每千克体重 300μg。

【注意事项】　屠宰前 28d 停用。

越霉素 A

【性　状】　淡黄色或淡黄褐色粉末。

【作用与用途】　抗生素类驱虫药。用于驱除猪蛔虫、猪鞭虫等。其驱虫机理是使寄生虫的体壁、生殖器管壁、消化道壁变薄或脆弱，致使虫体运动活性减弱而被排出体外，它还能阻碍雌虫子宫内卵膜的形成，由于这一作用使虫卵变成异常卵而不能成熟，阻断了寄生虫的生命循环周期。对猪蛔虫、结节虫、鞭虫等体内寄生虫的排卵具有抑制作用，对成虫具有驱虫作用。还有一定的抗菌作用，故被用作促生长剂。

【用法与用量】　以本品计。混饲，每吨饲料 5 ~ 10g。

【注意事项】　休药期 15d。

潮霉素 B

【性　状】　微黄色粉末。

【作用与用途】　抗生素类药。长期饲喂能有效地控制猪蛔虫、食道口线虫和毛首线虫感染，不仅对成虫、幼虫有效，而且能抑制雌虫产卵，从而使虫体丧失繁殖能力。因此。妊娠母猪全价饲料中添加潮霉素 B，能保护仔猪在哺乳期间不受蛔虫感染。推荐用于产前 6 周和哺乳期母猪、不足 6 月龄仔猪（对蛔虫最易感）。

【用法与用量】　以本品计。混饲，每吨饲料 10 ~ 13g。

【注意事项】　休药期 15d。

二硫化碳哌嗪

【性　状】　微黄色结晶性粉末，几乎无臭味。微溶于水。

【作用与用途】　内服后，在胃肠道内分离为哌嗪和二硫化碳，发挥双重驱虫作用。用于驱除猪的蛔虫和蛲虫。

【用法与用量】　内服，每千克体重 0.125g。

【注意事项】　无。

氰乙酰肼

【性　状】　无色结晶或微黄色结晶性粉末。略有特异臭味，味微苦，微溶于水，微溶于乙醇。水溶液遇光可产生棕色沉淀，故宜新鲜配制。避光密闭保存。

【作用与用途】　可使虫体丧失活动能力，通过呼吸道黏膜的纤毛上皮细胞的定向运动，将其送到喉头咳出或吞咽入消化道。对猪后圆线虫的成虫驱虫效果好，但是对猪体内移行期的幼虫无效。

【用法与用量】　内服，每千克体重 17.5mg；皮下注射（10%注射液），每千克体重 15mg。

【注意事项】

（1）安全范围小，宜慎用。

（2）对注射部位有一定的刺激性，甚至可以引起局部肿胀。

（3）使用同剂量的维生素 B_6，具有一定的解毒效果。

乙胺嗪

【性　状】　其枸橼酸盐白色结晶性粉末，无臭味，味道酸苦，微有吸湿性，易溶于水，略溶于乙醇，水溶液呈酸性反应。避光密封保存。

【作用与用途】　虽无杀灭微丝蚴的作用，但能引起虫体变性，用药后使其集中到肝微血管中，易被网状内皮细胞逐渐包围吞噬掉。为哌嗪的衍生物，易被胃肠道吸收，可用作丝虫病的预防用药。不仅能消灭蚊虫传播的感染性幼虫，也能驱除微丝蚴。

【用法与用量】　内服，每千克体重20mg，每天1次，连用3d。

【注意事项】　微丝蚴阳性者严禁使用乙胺嗪。

第三节　杀虫药

一、有机磷杀虫药

有机磷杀虫剂是一类最常用的农用杀虫剂，多数属高毒或中等毒类，少数为低毒类。有机磷杀虫剂在世界范围内广泛用于防治植物病虫害，对人和动物的主要毒性来自抑制乙酰胆碱酯酶引起的神经毒性。

敌百虫

参见本章第二节抗线虫药敌百虫。

辛硫磷

【性　状】　纯品为无色或淡黄色油状液体，比重1.176。无特异臭味，工业品为红棕色油状液体，农药为50%乳油。微溶于水，易溶于有机溶剂。在中性和酸性水中稳定，碱性水中分解较快。pH值11.6时，效力减半时间为170min；而在pH值7.0时，则为700h。对光稳定性差，在紫外线照射下很快分解。遮光密闭保存。

【作用与用途】　有机磷杀虫药，具有高效、低毒、光谱杀虫性能，残效期长，以触杀为主，也有胃毒作用。对人、畜的毒性极低，甚至低于马拉硫磷。对蚊、蝇、虱、螨的速杀作用仅次于敌敌畏和胺菊酯，较马拉硫磷、倍硫磷等快速而持久。适用于治疗猪体表寄生虫病和室内滞留喷洒灭蚊、蝇、臭虫、蟑螂等（制剂名为"速灭"）。内服对猪姜片吸虫等有效。

【用法与用量】 内服，每千克体重每次 1.2mg。治疗猪疥螨，可用 0.05% 乳液药浴，或用 0.1% 乳液体表喷洒。

辛硫磷浇泼溶液，是辛硫磷的异丙醇溶液，为蓝色澄清液，有特殊臭味。用于驱杀猪螨、虱、蜱等体外寄生虫。规格 1mL : 75克。外用，沿脊背从两耳浇洒到尾根，每千克体重 30mg；耳根部感染严重者，可在每侧耳内另外浇洒 75mg。

速灭（辛硫磷胺菊酯复方乳油），其配方为辛硫磷原油 40%、胺菊酯（除虫菊酯类杀虫剂）8%、八氯二丙醚（增效剂）24%、乳化剂（0203 凝胶）24%。临用时加煤油 80 倍稀释，用于室内喷雾灭蚊蝇。也可用水 40 倍稀释后灭臭虫。

二嗪农
（地亚农，敌匹硫磷）

【性　状】 无色油状液体，难溶于水（仅能以 40mg/L 水混溶），可溶于乙醇等有机溶剂中。

【作用与用途】 光谱高效新型有机磷杀虫剂。主要作用在于抑制虫体的胆碱酯酶对皮肤被毛附着力强，能保持长期的杀虫作用，一次用药防止重复感染的保护期可达 10 周左右。成年动物对其有极好的耐药性。具有很强的杀螨效力，用药后 3d 内被吸收，可从尿和奶中迅速排出。

【用法与用量】 二嗪农溶液（螨净），为二嗪农加乳化剂和溶剂制成的液体，含二嗪农 25%（g/mL）。畜舍可用 2.5% 药液喷洒。

【注意事项】

（1）药浴要保持药液浓度准确。务必浸泡 1min 以上，要将全身浸泡到。

（2）整群畜禽均应进行处理，不可遗漏。

（3）猪疥癣用刷子刷洗病部，可获得最佳效果。

（4）宰前2周应停药。

二、拟除虫菊酯类杀虫药

拟除虫菊酯是一类具有高效、广谱、低毒和能生物降解等特性重要的合成杀虫剂。20世纪60年代后期，特别是70年代，人们大力发展拟除虫菊酯杀虫剂。

氰戊菊酯（速灭杀丁）

【性　状】　市售商品为20%乳油。

【作用与用途】　对畜禽多种体外寄生虫和吸血昆虫如螨、虱、蜱、蚊、蝇等均有良好的杀灭效果，杀虫力强，效力高而确实。防治螨、虱病的效果比敌百虫好，加之又有杀灭虫卵的作用，一般情况下用一次即可，不需要重复用药。临床试验观察表明，此药安全系数大。尤其适用于反刍动物、家禽和兔。能很快被生物体降解，具有低残毒的特点，而且药液稀释倍数高，实际用药量小，因此不污染环境，不降低乳、肉品质，不影响人、畜健康。

【用法与用量】　治疗畜禽体外寄生虫病时，应用稀释液喷雾、涂搽或药浴，注意保证畜禽的被毛、羽毛被药液充分湿透，达到药液下滴的程度。杀灭各种畜禽体外寄生虫的安全有效浓度如下。猪螨病80～200mg/L，猪虱病50mg/L。

【注意事项】

（1）使用时，宜以微温（12℃）水稀释；水温超过50℃时，药液分解失效；还应避免使用碱性水，并忌与碱性药物同用或混用，以防药液分解失效。

（2）由于本品不怕光和空气，因此稀释后的药液也比较稳定，只要妥善保管，1个月内效力不变，可继续使用。

三、脒类化合物

双甲脒

【性　状】 白色或浅黄色结晶性粉末，在水中几乎不溶，易溶于丙酮，在乙醇中缓慢分解。

【作用与用途】 接触性广谱杀虫剂，对各种螨、蜱、虱、蝇等均有效。对人、畜安全，对蜜蜂相对无害。其杀虫作用可能与干扰虫的神经系统功能有关，使之兴奋性过度增加，口器部分失调，导致蜱等由动物皮肤拔出口器掉落，并能影响雌蜱产卵功能和虫卵的发育活力。对牛、羊、猪等体表寄生虫的驱杀有良效。

【用法与用量】 双甲脒乳油（特敌克）由双甲脒与适量乳化剂制成，规格为含量12.5%。系微黄色澄明液体，可驱杀猪体表寄生的蜱、螨、虱等。本品1升加水配成250L（500mg/L）使用。为了防止有一定活动能力的虫体再次感染畜体，最好将畜舍地面与畜体同时处理。灭虱时杀灭率可达100%。半天内能杀灭全部活虱，3d内卵囊也全部致死。只用药1次，即能彻底消除虱患，对人、畜安全无毒，使用方便。

四、大环内酯类杀虫剂

阿维菌素

参见本章第二节抗线虫药阿维菌素。

伊维菌素

参见本章第二节抗线虫药伊维菌素。

多拉菌素

参见本章第二节抗线虫药多拉菌素。

五、天然杀虫剂

除虫菊

【性　状】　淡黄色油装液体。不溶于水，溶于有机溶剂。遇热、碱、空气、阳光等均可变质失效。避光密闭保存。

【作用与用途】　杀虫作用极为迅速（即击倒率高），对多数昆虫有效。接触虫体后迅速渗入体内，作用于虫体的神经肌肉系统，使之开始兴奋，继而运动失调、麻痹而死亡。但是其作用弱而不持久，中毒轻的于 1d 内可复活。对宿主毒性小，排泄快，一般无残毒。主要用于杀灭蚊、蝇、虱、蜱等。

【用法与用量】　除虫菊花序干粉复方剂（干粉 0.37 ~ 0.75g，加煤油 1.8L）或 0.2% 除虫菊酯煤油溶液，外用可杀灭各种昆虫；1% ~ 3% 乳剂或煤油浸出液，外用可治疗疥癣。

第五章　应用于各系统的药物

第一节　消化系统用药

消化系统疾病是猪常发的疾病，根据药物的作用效果，一般将作用于消化系统的药物分为健胃药、助消化药、止泻药和泻药等类型。

一、健胃药

健胃药指能够促进唾液和胃液的分泌，以及增加胃肠的蠕动，从而提高猪的采食量的一类药物。

陈　皮

【性　状】　芸香科植物柑橘成熟果实的干燥果皮。味芳香而略苦。

【适应证】　常被用于食欲不振、消化不良、积食、发酵造成的气胀以及咳嗽痰多等症状。

【作用特点】　有理气健脾、燥湿化痰的功效。有芳香的气味，可以促进胃液的分泌，从而增进食欲；口服还可排除胃肠内的积气，有助于食物的消化。具有一定的防腐止酵的作用。还能刺激呼吸道的黏膜分泌，起到祛痰的功效。

【用法与用量】　陈皮末，内服，6～12g，每天2～3次。陈皮酊，选100g陈皮末，加60%的酒精至1 000mL，内服，10～20mL，每天3次。

桂　皮

【性　状】 樟科植物肉桂的干燥树皮。气味浓烈，味甜、辣。

【适应证】 多用于消化不良，胃肠道内鼓气以及产后虚弱等症状。

【作用特点】 桂皮油对胃肠具有缓和的刺激性，可增强消化功能。可促使消化道内积气排除，减轻胃肠的痉挛症状。对末梢性血管儿具有扩张作用，可加快血液的循环。

【用法与用量】 桂皮酊，桂皮 200g 用 60% 的酒精加至 1 000mL。口服 10 ~ 20mL，每天 2 ~ 3 次。

人工盐

【性　状】 白色粉末，易溶于水。

【适应证】 常用于治疗消化不良，前期的大肠便秘以及胆囊炎等疾病。

【作用特点】 取小剂量的人工盐，内服可起到加强胃肠分泌和蠕动，以及中和胃酸的功效。大剂量的服用具有缓泻作用。还具有利胆的作用。

【用法与用量】 硫酸钠 44g，碳酸氢钠 36g，氯化钠 18g，硫酸钾 2g。每次 10 ~ 30g。

碳酸氢钠
（小苏打）

【性　状】 白色粉末，无臭，易溶于水。

【适应证】 健胃、碱化尿液、祛痰等。

【作用特点】 中和胃酸，缓解酸中毒，碱化尿液，使痰液变稀。

【用法与用量】 小苏打片，内服，每次 2 ~ 5g。

二、助消化药

多采用与消化液相同的成分，可替代消化液分泌不足，使消化功能恢复正常。

乳酶生

【性　状】　白色或淡黄色粉末，无臭、无味，难溶于水。

【适应证】　常用于消化不良，胀气，仔猪腹泻等。

【作用特点】　内服可在肠道内分解为糖类，提升肠内酸度，抑制腐败菌的生长和繁殖，减弱蛋白发酵，从而起到减少产气的效果。

【用法与用量】　乳酶生片，内服，每次 2 ~ 4g。

干酵母
（食母生）

【性　状】　淡黄色或蛋黄棕色薄片、颗粒或粉末，有发酵物的臭味，味微苦。

【适应证】　多用于治疗消化不良，食欲不振以及 B 族维生素缺乏所引起的神经炎等疾病。

【作用特点】　含有多种 B 族维生素，同时还含有叶酸、转化酶、麦芽糖等、可参与机体内糖、蛋白质、脂肪等的代谢和氧化过程，增强消化吸收能力，从而促进机体器官功能。

【用法与用量】　食母生片，内服，每次 30 ~ 60g。

胃蛋白酶

【性　状】　白色或淡黄色粉末，有吸湿性，易溶于水，需密闭保存。

【适应证】　用于胃液分泌不足造成的消化不良及消化功能减退等症状。

【作用特点】 可使蛋白质分解，还能够分解多肽。在临床上多见于胃蛋白酶与胃酸同时缺乏。因此若胃液分泌不足，胃蛋白酶、胃酸都会减少。所以临床上使用胃蛋白酶时，应同时补充稀盐酸。

【用法与用量】 胃蛋白酶粉，内服，每次 1 ~ 2g，每天 2 次。服用前，将稀盐酸（9.5% ~ 10.5%）加水稀释 50 倍，然后加入胃蛋白酶同时内服。

三、止泻药

止泻药指能够抑制腹泻的药物。一般都具有对胃肠道黏膜起到保护作用，对有毒物质起到吸附作用，以及收敛消炎作用。止泻药临床上多与消炎药等药物配合使用，一般多用于腹泻的后期，可防止机体出现脱水和电解质紊乱，但腹泻初期一般不推荐使用止泻药，应找到病因，对症治疗。对于急性腹泻应先采取补液措施，再使用止泻药物。

药用活性炭

【性　状】 黑色微细粉末，无臭、无味，不溶于水，但潮湿后可降低作用，故需干燥保存。

【适应证】 用于腹泻、肠炎、中毒等的治疗。

【作用特点】 内服，可降低肠道的蠕动次数，从而起到止泻的作用。同时还可以吸附胃肠道内的有害物质，但不能将被吸附的有害物质排出体外，需要配合盐类泻药帮助排出体外。

【用法与用量】 片剂、粉剂，内服，每次 10 ~ 25g。

高岭土

【性　状】 洁白细腻、松软土状，具有良好的可塑性和耐火性。

【适应证】 幼畜腹泻。

【作用特点】 内服呈吸附性止泻药作用，吸附力弱于药用活性炭。

【用法与用量】　内服，每次 10 ~ 30g。

四、泻药

泻药指能够增强胃肠道蠕动，增加肠道内容物，润滑肠道，软化粪便，促使粪便排出体外的药物。根据本类药品的作用机理，可将泻药分为盐类泻药（容积性泻药）、刺激性泻药、润滑性泻药三大类。

硫酸钠
（芒硝）

【性　状】　无色透明柱形结晶或颗粒性粉末，无臭，味苦咸，易溶于水。

【适应证】　常用于便秘的治疗。

【作用特点】　小剂量内服时，可起到健胃效果，对胃肠道黏膜产生轻度的刺激，使胃肠道的分泌和蠕动轻微增加。大剂量内服时，可使肠管壁内外压加剧，促使肠内水分吸收减弱，快速提升肠道内容物数量，加快肠道蠕动，同时使肠道内容物变软、变稀，从而起到下泻的作用。

【用法与用量】　内服，健胃，每次 3 ~ 10g；泻下，每次 25 ~ 50g。

大　黄

【性　状】　蓼科植物掌叶大黄、唐古特大黄或药用大黄及干燥根茎。气味有特殊清香，味苦微涩。

【适应证】　健胃、止泻和下泻。

【作用特点】　味苦性寒，可泻实热、推陈致新、破胃肠积滞、行瘀血。使用剂量对其功效有直接的影响，小剂量内服，可以起到健胃的功效；中等剂量内服，可以产生收敛止泻的功效；大剂量内服，可加速肠蠕动，减少肠道对水和电解质的重吸收，于

12～24h内产生泻下的效果。可与硫酸钠配合使用，快速产生泻下的效果。

【用法与用量】 大黄末，内服，健胃，每次1～5g；泻下，每次5～10g，仔猪减量。大黄酊，1mL相当于0.2g原药，一般用于健胃，内服，每次5～10mL。大黄苏打片，每片含大黄和小苏打各0.15g，用于治疗食欲不振、消化不良等，内服，每次5～10g。

液状石蜡

【性　状】 无色透明油状物，无臭、无味，不溶于水合乙醇。

【适应证】 可用于妊娠母猪的便秘、小肠梗阻等治疗。

【作用特点】 内服，但不能被肠道吸收，对肠道可起到润滑和保护的作用，同时可以软化粪便，且不刺激肠道，泻下及安全度较高。

【用法与用量】 内服，每次50～100mL。

第二节　呼吸系统药物

呼吸系统疾病是猪的常见临床疾病，临床症状有咳嗽、气喘、积痰等。因此可将呼吸系统的药物分为镇咳、平喘和祛痰三种类型。

一、祛痰药

碘化钾

【性　状】 白色透明结晶或白色颗粒性粉末，味辛咸，易溶于水。

【适应证】 多用于治疗痰液黏稠，不易咳出的亚急性支气管炎后期和慢性支气管炎。

【作用特点】 内服后刺激胃黏膜，反射引起支气管腺分泌增加，使痰液稀释，起到祛痰的作用。

【用法与用量】 碘化钾片，内服，每次 1～3g。

桔梗酊

【性　状】 棕色液体。

【适应证】 常用于急慢性支气管炎的治疗。

【作用特点】 棕色液体，内服可刺激胃黏膜，反射引起支气管内黏液分泌量增加，稀释痰液，便于咳出，还具有保护呼吸道黏膜的作用。

【用法与用量】 桔梗酊，内服，每次 10～30mL。

二、镇咳药

甘　草

【性　状】 豆科植物甘草的根和根状茎，味甘。

【适应证】 具有祛痰、止咳、利胆、解毒等作用。

【作用特点】 能对咳嗽中枢神经的兴奋产生抑制效果，并可促进支气管分泌，从而产生镇咳祛痰的功效。还能起到对咽喉部黏膜的保护作用，减轻因采食等异物对咽喉部的刺激，从而减轻咳嗽。

【用法与用量】 甘草粉，内服，每次 5～15g；复方甘草片，内服，每次 3～6g，每天 3 次；复方甘草合剂，内服，每次 10～30mL，每天 3 次。

三、平喘药

氨茶碱

【性　状】 白色或淡黄色颗粒或粉末，味苦，微有氨臭，易溶于水。

【适应证】 常用于治疗气喘症状。

【作用特点】 白色、淡黄色颗粒或粉末，味苦，易溶于水。可松弛支气管平滑肌，解除支气管平滑肌发生的痉挛，抑制组织胺等的产生和释放，减轻支气管黏膜的水肿及充血。

【用法与用量】 片剂，内服，每次 0.2 ~ 0.4g；注射液，2mL : 0.5g、5mL : 1.25g，肌内注射，每次 0.25 ~ 0.5g。

麻黄素
（麻黄碱）

【性　状】 常用盐酸盐，白色针状结晶或粉末，无臭、味苦，易溶于水。

【适应证】 常用于支气管哮喘的治疗。

【作用特点】 可舒张支气管平滑肌，收缩血管。内服时，药效温和、缓慢，可产生较长时间的药效。但长期使用易出现药效减弱甚至无药效。

【用法与用量】 盐酸麻黄碱片，内服，每次 20 ~ 50mg；盐酸麻黄素注射液，1mL : 30mg，肌内注射，每次 20 ~ 50mg。

第三节　生殖系统药物

一、子宫兴奋药

催产素
（缩宫素）

【性　状】 白色结晶粉末，可溶于水。

【适应证】 催产，治疗胎衣不下、排出死胎，也可用于产后止血。

【作用特点】　小剂量使用，可增强妊娠末期子宫产生节律性收缩，增加收缩频率、增强收缩力。大剂量使用，可造成子宫平滑肌发生强直性收缩，对肌纤维中的血管产生压迫，达到止血的目的。

【用法与用量】　注射液，皮下、肌肉、静脉注射，每次 10 ~ 50IU。

【注意事项】

（1）妊娠猪有胎位不正、产道狭窄、宫颈口未开放等症状时，严禁使用本药用于催产。

（2）使用时要严格按照剂量要求，避免引起子宫强直性宫缩，造成子宫破裂或胎儿窒息。

马来酸麦角新碱

【性　状】　白色、微黄色结晶性粉末，无臭，有轻微吸湿性，略溶于水和乙醇，见光易变质，需避光保存。

【适应证】　产后出血、产后子宫复旧不全、胎衣不下等。

【作用特点】　可选择性的直接作用于子宫平滑肌，持久有力。剂量加大可造成子宫强直性收缩，压迫子宫壁血管，产生止血的作用。

【注意事项】

（1）一般不用于催产，临产或胎儿分娩前严禁使用，否则易造成子宫破裂或胎儿窒息。

（2）不与催产素同用。

（3）本品中毒剂量与使用极量较为接近，易造成中毒。

【用法与用量】　注射液，肌内或静脉注射，每次 0.5 ~ 1mg。

二、性激素

性激素是由猪的性腺器官分泌出的类固醇激素，有雄性激素、雌激素、孕激素等。目前运用于临床上的性激素制剂多为人工合成制剂及其衍生物。

甲基睾丸酮

【性　状】　白色结晶性粉末，无臭，不溶于水，易溶于乙醇，可溶于脂肪油。

【适应证】　治疗种公猪的性欲缺乏、创伤、再生障碍性贫血等。

【作用特点】　可促进公猪生殖器官的发育成熟，表现出雄性行为。较大剂量使用可一直垂体千叶分泌促性腺激素，抑制雌激素作用。另外还具有促进蛋白质合成的作用，促使肌肉发达，体重增加。大剂量还可以刺激骨髓的造血功能，促进红细胞的生成。

【用法与用量】　片剂，5mg/片、10mg/片，内服，每次0.2～0.3g，每天1次。

丙酸睾丸素

【性　状】　白色结晶或粉末，无臭，不溶于水，植物油中略溶。

【适应证】　公猪雄性激素缺乏及引起的相关疾病。

【作用特点】　作用与甲基睾丸酮相同，可促进雄性器官的发育，维持第二性征。

【用法与用量】　注射液，肌内注射，每次100mg。

己烯雌酚

【性　状】　无色结晶或白素结晶性粉末，无臭，不溶于水，可溶于乙醇和脂肪油。

【适应证】　用于母猪的催情，治疗子宫内膜炎、子宫内蓄脓，胎衣、死胎不下。

【作用特点】　促进雌性的生殖器官发育及性成熟，促进完善发育的子宫内膜增生，提高受孕概率。小剂量使用有促进泌乳的作用，但大剂量使用则会抑制泌乳。

【用法与用量】　片剂，0.5mg/片、1mg/片，内服，每次3～10mg。

注射液，肌内注射，每次 3 ~ 10mg。

雌二醇

【性　状】 白色结晶粉末，难溶于水，易溶于油。

【适应证】 同己烯雌酚。

【作用特点】 同己烯雌酚，但活性比己烯雌酚强 10 倍以上。

【用法与用量】 苯甲酸雌二醇注射液，1mL：1mg、1mL：2mg，肌内注射，每次 3 ~ 10mg。

黄体酮
（孕酮）

【性　状】 白色或微黄色粉末，无臭无味，不溶于水，溶于乙醇和油。

【适应证】 治疗先兆流产、习惯性流产及控制母猪发情。

【作用特点】 在雌激素的作用下，使用本品可促使子宫内膜充血、增生后转入分泌期，为受精卵的着床做好准备。能够坚固受精卵在子宫内的着床，确保妊娠正常进行。还可以抑制子宫平滑肌的兴奋性，起到安胎固胎的作用。

【用法与用量】 黄体酮注射液，肌内注射，每次 15 ~ 25mg。复方黄体酮注射液，1mL：20mg（黄体酮），2mg（苯甲酸雌二醇），肌内注射，每次 15 ~ 25mg。

三、促性腺激素

促性腺激素是调节脊椎动物性腺发育，促进性激素生成和分泌的糖蛋白激素。

绒毛膜促性腺激素

【性　状】 白色、灰白色粉末，易溶于水。

【适应证】 促排卵，提升受胎率。治疗卵巢囊肿、习惯性流产等病症。

【作用特点】 促使成熟的卵泡排出，并形成黄体。母猪出现排卵障碍，使用本品可促使卵泡排出，提升受胎率。大剂量使用本品，可促使黄体的存在时间延长。还可以促进公猪分泌雄性激素，刺激母猪卵巢分泌雌激素。

【用法与用量】 粉针剂，5 000IU/ 支，使用前先用注射用水或者生理盐水溶解，然后肌内注射，每次 500 ~ 1 000IU。

【注意事项】 不能促进未成熟的卵泡排卵。

垂体促黄体素

【性　状】 白色或类白色冻干块状物或粉末，需冷、暗环境下保存。

【适应证】 治疗母猪排卵障碍、卵巢囊肿、习惯性流产、不孕，公猪性欲不强、精液质量低下等。

【作用特点】 配合促卵泡素，可促使母猪卵泡成熟，分泌雌性激素和促排卵。在卵泡排出后，形成黄体，促进黄体酮分泌，起到安胎的作用。对公猪可以刺激睾丸酮的分泌，使公猪性欲加强，促进精子成熟，提升精液质量。

【用法与用量】 注射用促黄体素，100IU/ 支、200IU/ 支，肌内注射，每次 30 ~ 50IU。

四、前列腺素

前列腺素是一类有生理活性的不饱和脂肪酸，广泛分布于身体各组织和体液中，最早由人类精液提取获得，现已能用生物合成或全合成方法制备，并作为药物应用于临床。前列腺素与特异的受体结合后在介导细胞增殖、分化、凋亡等一系列细胞活动以及调节雌性生殖功能和分娩、血小板聚集、心血管系统平衡中发挥关键作用。

前列腺素 $F_{2\alpha}$

【性　状】　无色结晶，可溶于水。避光保存于低温环境下。

【适应证】　用于母猪催情、催产及排出死胎。

【作用特点】　可对母猪的子宫平滑肌产生强烈的收缩作用，对妊娠期尤其是妊娠末期子宫作用效果最强。可溶解黄体，促使黄体退化，从而促进母猪发情，使母猪排卵期缩短。

【用法与用量】　注射液，使用前需用无菌生理盐水稀释，肌内注射或子宫内注入，每次 3 ~ 8mg。

【注意事项】　注意使用剂量，防止子宫收缩过强而造成子宫破裂。

15- 甲基前列腺素

【性　状】　人工合成的前列腺素同系物，无色结晶，易溶于水。

【适应证】　与前列腺素相同，但更适用于母猪的引产。

【作用特点】　同前列腺素相同，但更长效和强效。

【用法与用量】　注射液，肌内注射或子宫内注入，每次 1 ~ 2mg。

第四节　血液循环系统药物

一、止血药

止血药是能加速血液凝固或抑制出血的药物。

维生素 K

【性　状】　白色结晶性粉末，微有臭味儿，有吸水性，易溶于水，遇光易分解，需遮光密封保存。

【适应证】 用于治疗维生素 K 缺乏引起的出血性疾病，以及肝脏疾病或胃肠炎造成的维生素 K 吸收障碍和凝血酶原形成障碍等症。

【作用特点】 可帮助肝脏合成凝血酶原以及血浆凝血因子在肝脏内的合成，还能直接参与氧化磷酸化过程。

【用法与用量】 维生素 K_1 注射液，1mL：10mg，皮下或肌内注射，每次 60 ~ 80mg；维生素 K_3 注射液，肌内注射，每次 30 ~ 50mg。

【注意事项】

（1）人工合成的维生素 K 具有一定的刺激性，若长期使用肾脏会因受到刺激而出现蛋白尿。还有发生溶血性贫血的倾向。

（2）不可与苯巴比妥合用，会造成本品加速代谢而发生出血。

酚磺乙胺
（止血敏）

【性　状】 白色结晶或粉末，味苦，能溶于水，遇高温、遇光分解。

【适应证】 防治各种出血性疾病，如外科手术、胃肠道、子宫出血等症。

【作用特点】 主要功效是帮助生成血小板，同时增强血小板的功能，使凝血时间大大缩短。还能够提升毛细血管的抵抗力，使其通透性降低，防止血液渗出。

【用法与用量】 注射液，2mL：0.25g、10mL：1.25g，肌内或静脉注射，每次 2 ~ 4mL。

氨甲环酸
（凝血敏）

【性　状】 白色结晶粉末，能溶于水，但不溶于乙醇。

【适应证】　用于外科手术、子宫出血、肺出血及消化道出血的止血。

【作用特点】　通过对纤维蛋白溶酶原激活因子的抑制，减少对纤维蛋白的溶解，起到止血的作用。对创伤性出血的效果非常显著。

【用法与用量】　注射液，5mL：0.25g，静脉注射，每次0.25～0.75g。

卡巴克洛
（安络血）

【性　状】　橘红色结晶性粉末，易溶于水。

【适应证】　主要用于毛细血管的出血，比如胃肠道出血、子宫出血以及血尿等。遇光易变质，需避光密闭保存。

【注意事项】　由于本品不是对凝血过程进行的干扰，因此机体内大出血及动脉出血使用无效。不能与抗胆碱药、抗组织胺药合用。

【用法与用量】　注射液，2mL：10mg、5mL：25mg，肌内注射，每次2～4mL。

二、补血药

补血药又称为抗贫血药，是指能够对机体的造血物质进行补充，使机体造血功能获得提升，用于预防和治疗贫血的药物。

葡萄糖铁钴注射液

【性　状】　胶体注射液，暗褐色黏性。

【适应证】　用于治疗仔猪贫血及其他缺铁性贫血。

【作用特点】　利用铁和钴的抗贫血作用，有兴奋骨髓制造红细胞的功效，使机体对铁的利用得以改善。

【用法与用量】　注射液，仔猪出生后4～10日龄，深部肌内注射2mL。

硫酸亚铁

【性　状】 淡绿色结晶粉末或颗粒，味咸，易溶于水，不溶于乙醇。

【适应证】 用于缺铁性贫血的治疗。

【作用特点】 铁是血红蛋白的构成物质，正常情况下，猪一般不会缺铁。但是哺乳期的仔猪、妊娠和泌乳期的母猪，以及发生胃肠道疾病如慢性腹泻等，就会造成铁的吸收功能减弱，出现缺铁而发生贫血症状。硫酸亚铁易于被十二指肠吸收，够有效地补充铁元素。

【用法与用量】 片剂，每片 0.2g，内服，每次 0.5 ~ 2g；也可配成 0.2% ~ 1% 溶液，或配成饲料添加剂内服。

【注意事项】

（1）口服对胃肠道有刺激，可引起猪的食欲减退、腹痛、腹泻等，还可能引起便秘。因此，应于饲喂后服用。

（2）发生氧化后，生成黄色硫酸铁，不可再投服。

（3）不能与鞣酸蛋白，碳酸氢钠及四环素类药物同时服用，可造成铁的吸收障碍。

维生素 B_{12}

【性　状】 含钴化合物，深红色结晶性粉末，无臭、无味，易溶于水。

【适应证】 用于治疗仔猪因维生素 B_{12} 缺乏所导致的贫血、生长迟缓、运动失调等症状。

【作用特点】 维生素 B_{12} 是体内重要的辅酶，参与合成核酸和蛋白质，以及糖、脂肪的代谢，对于维持骨髓的正常造血功能和机体生长发育有重要作用。

【注意事项】

遇日光照、氧化还原性物质、重金属盐类及微生物易失效，应在无菌条件下，避光储存。

不能治疗缺铁性贫血。

新霉素、对氨基水杨酸钠等可影响肠道对维生素 B_{12} 的吸收，因此应避免同时使用。

【用法与用量】 注射液，1mL∶1mg、1mL∶0.5mg、1mL∶0.1mg、1mL∶0.05mg，每次 0.3～0.4mg。

第五节 神经系统药物

一、作用于中枢神经药物

安钠咖

（苯甲酸钠咖啡因）

【性　状】 白色或带极微黄绿色有丝光的针状结晶或结晶性粉末，无臭，有风化性。在热水或三氯甲烷中易溶，在水、乙醇或丙酮中略溶，在乙醚中极微溶解。

【适应证】 用于治疗各种原因导致的呼吸抑制、循环衰竭及心力衰竭，也可用于心性、肾性、肝性水肿的利尿。

【作用特点】 小剂量可使大脑皮层兴奋，大剂量可兴奋延脑呼吸中枢和血管运动中枢。

【用法与用量】 安钠咖注射液，2mL∶0.5g、10mL∶1g、10mL∶2g，皮下、肌肉或皮下注射，0.3～2g 每次。

【注意事项】

（1）过量使用可引起呼吸心跳加快，出现流产、尿频、强直性惊厥等症状，造成中毒。

（2）禁止与酸性药物配伍使用。

尼可刹米

【性　状】　无色或淡黄色澄清油状液体，放置冷处即成结晶，有轻微的特臭，有引湿性。可与水、乙醇、三氯甲烷或乙醚任意混合。

【适应证】　适用于因疾病或药物中毒造成的中枢性呼吸抑制的解救，也用于解救因溺水、新生仔猪的窒息。

【作用特点】　直接或反射性地造成延髓呼吸中枢兴奋。

【注意事项】　过量使用可造成震颤、阵挛性惊厥。

【用法与用量】　注射液，2mL∶0.5g、10mL∶2.5g，皮下、肌内注射，每次 0.25 ～ 1g。

二、作用于外周神经药物

毛果芸香碱

【性　状】　有光泽的无色晶体，味微苦，易溶于水，遇光易变质。

【适应证】　适用于不全阻塞性肠便秘、食道梗塞等，也可用于治疗虹膜炎。

【作用特点】　可直接选择性兴奋 M 胆碱受体，产生与节后胆碱能神经兴奋时相似的效应。对多种腺体和胃肠平滑肌有强烈的兴奋作用，但对心血管系统及其他器官的影响较小。

【注意事项】

禁用于老年、瘦弱、妊娠、心肺有疾病的病畜。

便秘后期机体脱水时，在用药前应大量补水。

禁用于完全阻塞的便秘。

【用法与用量】　硝酸毛果芸香碱注射液，皮下注射，每次 5 ～ 50mg。

新斯的明

【性　状】 白色结晶性粉末，无臭、味苦，有引湿性，极易溶于水，易溶于乙醇。

【适应证】 适用于重症肌无力、子宫收缩无力和胎衣不下。

【作用特点】 对胃肠道和膀胱平滑肌作用较强，对骨骼肌的兴奋作用最强，对心血管、腺体、眼和支气管平滑肌作用较弱，对中枢作用不明显。选择性较高，毒性较低。

【注意事项】

机械性肠梗阻，胃肠完全梗阻或麻痹、痉挛疝及孕畜等禁止使用。

用药过量中毒时可用阿托品进行解救。

【用法与用量】 甲基硫酸新斯的明注射液，皮下或肌内注射，每次 2 ~ 5mg。

阿托品

【性　状】 其硫酸盐为无色结晶或白色结晶性粉末，无臭，在乙醇中易溶，极易溶于水。水溶液久置易变质，应避光密闭保存。

【适应证】 缓解平滑肌痉挛，对有机酸酯类中毒进行解毒，制止腺体分泌等。

【作用特点】 对内脏平滑肌有松弛作用，尤其对胃肠平滑肌作用较强。能够抑制唾液腺、支气管及胃、肠腺等的分泌。大剂量使用阿托品后，可呈现明显的中枢兴奋作用，能扩张外周及内脏血管，解除小血管痉挛，改善微循环。

【用法与用量】 硫酸阿托品注射液，皮下肌肉或静脉注射，一次量，每千克体重，麻醉前给药，0.02 ~ 0.05mg；解有机磷中毒，0.5 ~ 2mg。

【注意事项】 用于治疗消化道疾病时，易导致肠鼓胀、便秘。

肾上腺素

【性　状】　白色或类白色结晶性粉末，无臭、味苦，遇空气及光易氧化变质。

【适应证】　心脏骤停急救药；治疗急性、严重的各种过敏反应；与普鲁卡因等局麻药配伍，延长局麻药作用；外用局部止血。

【作用特点】　可激动 α 和 β 受体，产生较广泛而复杂的作用，使心肌收缩力加强，心率加快，心肌耗氧量增加，亦可使外周血管和心脏血管收缩。常用剂量下可造成收缩压上升，但舒张压不升高。大剂量下可造成收缩压和舒张压都上升。对支气管平滑肌有松弛作用，可抑制胃肠平滑肌舒缩。

【用法与用量】　盐酸肾上腺素注射液，皮下注射，每次 0.2 ~ 1mL；静脉注射，每次 0.2 ~ 0.6mL。

去甲肾上腺素

【性　状】　白色或近乎白色，结晶性粉末，无臭、味苦，遇光易变质，易溶于水，微溶于乙醇，不溶于氯仿及乙醚。

【适应证】　神经源性休克、药物中毒等引起的休克治疗。

【作用特点】　直接兴奋 α 受体，但对 β 受体兴奋作用较弱。收缩血管和升高血压作用明显，但兴奋心脏及抑制平滑肌的作用较肾上腺素弱。

【注意事项】

使用剂量不宜过大，也不可长时间连续使用。

静脉注射使用时，要防止药液外漏，造成局部组织坏死，严禁用于皮下或肌内注射。

【用法与用量】　重酒石酸去甲肾上腺素注射液，静脉滴注，每次 2 ~ 4mg。

异丙肾上腺素

【性　状】　其盐酸盐为白色结晶性粉末，无臭、味苦，易溶于水。

【适应证】　用于感染性休克、心源性休克等症的治疗，也可用于抢救、溺水、麻醉等引起的心脏骤停，还可用于支气管儿痉挛引起的哮喘。

【作用特点】　为β受体兴奋药，对α受体几乎无作用。可增强心肌收缩力，加速心率作用，比肾上腺素作用强，对骨骼肌血管、肾和肠系膜动脉血管都有扩张的作用。能缓解休克时小血管的痉挛，改善血液供应。对支气管和胃肠道平滑肌松弛作用明显，可用于平喘治疗。

【用法与用量】　盐酸异丙肾上腺素注射液，皮下或肌内注射，每次 0.1 ~ 0.2mg；静脉滴注，每次 0.2 ~ 0.4mg。

【注意事项】　使用剂量过大或长时间持续应用，可引起血压骤降，导致突然死亡。

第六节　泌尿系统药物

一、利尿药

呋塞米

【性　状】　具有邻氯磺胺结构，不溶于水，易溶于碱性氢氧化物。

【适应证】　作为利尿剂，主要适应证有充血性心力衰竭、肺充血、水肿、腹水、胸膜积水、尿毒症、高血钾症和其他任何非炎性病理积液。

【作用特点】 主要用于髓袢升枝的髓质部与皮质部，抑制 Cl⁻ 的主动重吸收和 Na⁺ 的被动重吸收。

【用法与用量】 片剂，内服，每千克体重每次 2mg；注射液，肌肉、静脉注射，每千克体重每次 0.5 ~ 1mg。

二、脱水药

甘露醇

【适应证】 主要用于急性少尿症、肾衰竭，以及降低眼内压、创伤性脑水肿，还可以加快某些毒物的排泄。

【作用特点】 内服不吸收，但静脉注射其高渗溶液后，可使血液渗透压迅速升高，促使组织间液的水分向血液扩散，产生脱水作用。能防止肾毒素在小管液的蓄积，从而对肾起到保护作用。不能进入眼和中枢神经系统，但通过渗透压作用，能降低眼内压和脑脊液压，但是在停药后脑积液压可能发生反跳性升高。

【用法与用量】 注射液，静脉注射，每次 100 ~ 250mL。

第七节　肾上腺皮质激素类药物

肾上腺皮质激素类药物按照生理功能可分为盐皮质激素药物和糖皮质激素药物两类。

氢化可的松

【性　状】 白色或几乎白色结晶性粉末，无臭，初无味，随后有持续的苦味，遇光渐变质。在乙醇或丙酮中略溶，在氯仿中微溶，在乙醚中，几乎不溶，在水中不溶。

【适应证】 乳腺炎、眼科炎症、皮肤过敏性炎症、关节炎和腱鞘炎等。

【作用特点】 属糖皮质激素。抗炎作用好，多用于静注治疗，治疗严重的中毒性感染或其他危险病症。局部用药可获得良好的疗效。

【用法与用量】 注射液，静脉注射，每次 0.02 ~ 0.08g。

地塞米松

【性　状】 白色或微黄色粉末，无臭，味微苦，有引湿性。溶于水和甲醇。

【作用特点】 属糖皮质激素。作用是氢化可的松的 25 倍，抗炎作用甚至强 30 倍，而水钠潴留的副作用较弱。还可增加钙从粪中排出，故可引起负钙平衡。

【用法与用量】 地塞米松磷酸钠注射液，肌内或静脉注射，每天 4 ~ 12mg。

第八节　麻醉药及其辅助药物

一、全身麻醉药

氯氨酮
（开他敏）

【性　状】 其盐酸盐为白色结晶性粉末，无臭，溶于水。

【适应证】 可用作基础麻醉药、麻醉药及化学保定药。

【作用特点】 为新型镇痛性麻醉药，脂溶性高。肌内或静脉注射能快速产生作用，但持续时间短。作用机理为阻断痛觉冲动向丘脑和新皮层的传导，产生抑制作用，同时又能兴奋脑干和边缘系统，引起感觉与意识分离，动物意识模糊而不完全丧失，麻醉期间眼睛睁开，咽、喉反射依然存在，肌肉张力增加，呈木僵样。能明显使心血管系统兴奋，心率加快，血压升高，对呼吸影响轻微。

【用法与用量】 盐酸氯氨酮注射液，静脉注射，每千克体重每次 2 ~ 4mg；肌内注射，每千克体重每次 10 ~ 15mg。

【注意事项】 静注时应缓慢，以免心跳过快等不良反应发生。

二、局部麻醉药

盐酸普鲁卡因

【性　状】 白色结晶粉末，无臭，味微苦，继而有麻痹感，易溶于水，略溶于酒精。

【适应证】 用作局部麻醉药，封闭疗法、解经与阵痛。

【作用特点】 为短效之类局麻药，能阻断各种神经的冲动传导，对组织无刺激性。但对黏膜穿透性与弥散性差，不适于表面麻醉。具扩张血管作用，注射给药后吸收快，呈现局麻效应。吸收作用主要对中枢神经系统与心血管系统，小剂量表现轻微中枢抑制，大剂量时出现兴奋，能降低心脏兴奋性和传导性。

【用法与用量】 注射液，浸润麻痹、封闭疗法，0.25% ~ 0.5%；传导麻醉，2% ~ 5%溶液，10 ~ 20mL；硬脊膜外麻醉，2% ~ 5%溶液，20 ~ 30mL。

【注意事项】

（1）虽然毒性较小，但也应控制用量。

（2）不能与磺胺类药物同时使用。

（3）不宜与碱类、氧化剂等配伍使用。

第九节　水盐代谢调节药物

水盐代谢调节是一个非常容易被忽视的问题，很多兽医工作人员在治疗猪的疾病时不重视这一问题，据不完全调查，猪体电解质平衡的问题是猪个体死亡的主要原因之一，很多猪在治疗后期，特别是治疗不得当，用药疗程长的情况下大多数都有电解质平衡的问题，应为长期用药对体内电解质本身就是一个和大的破坏作用，同时机体出现采食饮水不正常，所以这些都是机体电解质失衡的重要原因。这时就必须用水盐调剂类药物。

氯化钠

【性　状】　白色粉末状固体。

【适应证】　用于调节体内水和电解质平衡。主要用于防治各种原因所致的低血钠综合征，包括低渗性、等渗性和高渗性失水，主要采用静脉输注途径。在大量失血而又无法输血时，可输入本品以维持血容量进行急救。无菌的等渗（0.9%）氯化钠溶液，除用于防治低钠综合征外，还可防治缺钠性脱水（烧伤、腹泻、休克等引起）。也可临时用作体液扩充剂，用于失水兼失盐的脱水症。此外，配成生理盐水，可用于冲洗伤口、洗眼等。也可用于稀释其他注射剂。10%氯化钠溶液静注，能暂时性地提高血液渗透压，扩充血容量，改善血液循环和组织新陈代谢，调节器官功能，对功能异常器官的调整作用更为明显。血液中的钠和氯瞬时增加，可刺激血管壁的化学感受器，反射性兴奋迷走神经，促进胃肠蠕动和分泌。

小剂量内服，能刺激舌上味觉感受器和消化道黏膜，反射性地增加唾液和胃液分泌，促进胃肠蠕动，激活唾液淀粉酶等，提高消化功能。大剂量内服，能促进肠管的蠕动，产生盐类泻药的作用，但效果不如硫酸钠和硫酸镁的效果。

【用法与用量】　氯化钠注射液静脉注射，每次250mL；复方氯化钠注射液，用法、用量同氯化钠注射液；口服补盐液，每升含氯化钠3.5g，氯化钾1.5g，碳酸氢钠2.5g（或枸橼酸钠2.9g），无水葡萄糖20g。主要治疗因腹泻造成的脱水。

【注意事项】

（1）脑、肾、心脏功能不全时及血浆蛋白过低时慎用，肺气肿禁用。

（2）生理盐水所含的氯离子比血浆氯离子浓度高，如大量应用，可引起高氯性酸中毒。此时可改用碳酸氢钠－生理盐水或乳酸钠－生理盐水。

（3）生理盐水静滴时要注意无菌操作，严防污染，夏季开瓶后 24h 不宜再继续使用。

（4）如发生输液反应，应及时检查及对症处理，输入过量可引起组织水肿。

（5）饲料中严格控制用量，防治中毒。特别是在饲料中添加含有本品的添加剂或药物时。饲料氯化钠中毒后及时用大量的清水喂服有一定的效果。

氯化钾

【性　状】 无色的长棱形或立方形结晶或白色结晶性粉末，无臭，味咸涩。水中易溶。

【适应证】 主要用于钾的摄入不足或排钾过量所致的低血钾症，如产期腹泻纠正钠离子后还出现精神沉郁等症状，就应当考虑低血钾的问题。

【用法与用量】 注射液，规格：10mL：1g，静脉注射，5~10mL。使用时必须用 5% 葡萄糖注射液稀释成 0.3% 以下的溶液。

【注意事项】

（1）静滴过量时可出现疲乏、肌张力减低、反射消失、周围循环衰竭、心率减慢甚至心脏停搏。

（2）肾功能严重减退或尿少时慎用，无尿或血钾过高时忌用。脱水和循环衰竭者禁用或慎用。

（3）脱水时一般先给不含钾的液体，等排尿后再补钾。

（4）静滴时，速度宜慢，溶液应稀释（一般不超过 0.3%），否则不仅引起局部剧痛，且易导致心脏骤停。

（5）内服本品溶液对肠道有较强的刺激性，应稀释并于饲后灌服，以减少刺激性。

碳酸氢钠
（小苏打，酸性碳酸钠）

【性　状】　白色结晶性粉末，无臭，味咸。

【适应证】　为碳酸缓冲系统，是机体细胞外液中最主要的缓冲系统。碳酸盐离子是该缓冲系统中的结合碱部分。内服，可中和胃酸，减轻疼痛，此作用迅速，疗效确实，但维持时间短。内服或静脉注射能直接增加机体的碱储备，迅速纠正代谢性酸中毒，是酸中毒的首选药物。经尿排泄时，可碱化尿液，能增加弱酸性药物如磺胺类等在泌尿道的溶解度而随尿排出，防止结晶析出或沉淀，还能提高某些弱碱性药物如庆大霉素对泌尿道感染的疗效，可用于治疗严重酸中毒（酸血症），内服可治疗胃肠卡他；碱化尿液，提高庆大霉素等对泌尿道感染的疗效。

【用法与用量】　以碳酸氢钠计。片剂，内服，一次量 2~5g。注射液，250mL：12.5g，静脉注射，40~120mL。

【注意事项】

（1）溶液呈弱碱性，对局部组织有刺激性，静注时勿漏出血管外。有溃疡出血及碱中毒者禁用本品。

（2）充血性心力衰竭、肾功能不全、水肿、缺钾及伴有二氧化碳潴留者慎用。因碳酸氢钠可加重水、钠滞留和缺钾等。

第六章 营养性药物

第一节 维生素与矿物质

一、维生素

维生素是动物维持正常代谢和功能所必需的一类有机化合物，目前已列入饲料添加剂的维生素有 16 种以上，其中氯化胆碱、维生素 A、维生素 E 及烟酸的使用量大。大多数维生素是某些酶的辅酶（或辅基）的组成成分。这些酶与辅酶参与体内代谢。所以，虽然维生素需要量很少，但对动物体内蛋白质、脂肪、糖类、矿物质等的代谢起着重要作用。

维生素按其溶解性，可分为脂溶性维生素和水溶性维生素两大类。

维生素添加剂主要用于补充天然饲料中缺失的某种维生素，提高动物免疫抗病力或抗应激能力，促进生长，改善畜禽产品的质量等。

维生素 A

【性 状】 纯品为黄色片状结晶。遇光、空气或氧化剂则分解失效，在无氧条件下可耐热至 120 ~ 130℃，但在有氧条件下受热或受紫外线照射时，均可被破坏失效。青绿饲料存放过久，也会降低其类胡萝卜素的有效含量。应避光、密封保存于阴凉处。

【适应证】 可维持上皮组织的正常功能、参与视紫质的合成、保持视网膜感光性能，临床主要用来预防和治疗维生素 A 缺乏症，如皮肤、角膜角质化，眼干、视力障碍，幼畜生长不良，受精率下降，抗病力减弱等。常与维生素 D 联用，可加速上皮再生和创口愈合，治疗创伤和溃疡，促进生长和发育，促进骨骼、牙齿的生长。还可治疗局部创伤、烧伤等。

【用法与用量】 维生素 A 胶囊，2.5 万 IU/ 粒，口服，每次 2.5 万 ~ 5 万 IU。鱼肝油，每克含维生素 A 850IU、维生素 D 85IU，内服，每次 10 ~ 15mL。维生素 A-D 注射剂，肌内注射，每次 2 ~ 4mL。

【注意事项】 一般不具有毒性，但如长期或大量摄入，则可产生毒性，表现为食欲不振、体重减轻、皮肤发痒、关节肿痛等。

维生素 D

【性　状】 维生素 D_2 与维生素 D_3 均为无色结晶，不溶于水，能溶于油和其他有机溶剂。性质稳定，耐热，贮存不易失效，但在空气或日光下能发生变化，故应避光密封保存。

【适应证】 可促进钙、磷吸收，维持血钙平衡，促进幼畜生长，促进骨、齿发育。主治幼畜佝偻病、畜禽骨软化症、维生素 D 缺乏症等，也可用于治疗骨折或妊娠、哺乳母畜补充维生素 D。

【用法与用量】 维生素 D_2 胶型钙，注射液（含维生素 D_2 0.012 5%，含钙 0.05%），5 000IU/1mL，10 万 IU/20mL，皮下或肌内注射，每次 0.5 万 ~ 2 万 IU。维生素 A-D 注射液，0.5mL：5mL，肌内注射，每次 2 ~ 4mL，仔猪 0.5 ~ 1mL。维生素 D_3 注射液，30 万 IU/mL，急需大量维生素 D 时使用，注射前后需补钙制剂，肌内注射，每千克体重每次 1 500 ~ 3 000IU。稀鱼肝油，内服，每次 10 ~ 30mL。维生素 A-D 油，内服，每次 10 ~ 15mL。

【注意事项】

（1）大剂量会影响骨的钙化作用，出现异位钙化、心律失常和神经功能紊乱等症。还会间接干扰其他脂溶性维生素的代谢。中毒时立即停用本品及钙制剂。

（2）休药期 28d，弃奶期 7d，60d 内即将屠宰的食品动物禁用维生素 A–D 注射液。

维生素 E
（生育酚）

【性　状】　微黄色透明的黏稠液体，不溶于水，易溶于无水乙醇、乙醚或丙酮。

【适应证】　作为抗氧化剂，在脂肪酸的代谢过程中，可防止生成大量的不饱和脂肪酸过氧化物，因此可维持细胞膜的完整与功能。临床用于防治维生素 E 缺乏症，如猪的死胎、黄膘病及习惯性流产、不孕症等。

【用法与用量】　维生素 E 片，5mg，内服，每次 60～300mg；若在短期内生效或用于治疗，可加大 2～5 倍用药量。醋酸生育酚注射液，10mL：50mg、10mL：500mg，皮下或肌内注射，仔猪每次100～500mg。

【注意事项】

（1）偶尔引起死亡、流产或早产等反应，如出现这一现象立即注射肾上腺素或抗组胺药物。

（2）注射超过 5mL 时应分点注射。

维生素 K

见第五章、第四节"一、止血药"。

维生素 B$_1$
（盐酸硫胺）

【性　状】　白色细小结晶或结晶性粉末，有微弱的特异臭味，味苦，易溶于水，略溶于酒精，水溶液呈酸性反应。应避光密封保存。在酸性溶液中稳定，在碱性溶液中极不稳定，容易分解失效。

【适应证】　主要用于预防畜禽维生素 B_1 缺乏症。当动物发热、甲状腺功能亢进；大量输入葡萄糖时，对维生素 B_1 需求量增大，应适当补充。

【用法与用量】　注射液，2mL∶50mg、2mL∶100mg、10mL∶250mg、10mL∶500mg，皮下、肌内注射，每次 25～50mg。片剂，10mg/片内服，每次 25～50mg。

【注意事项】

（1）饲料中吡啶硫胺素、氨丙啉过多可影响维生素 B_1 的作用。

（2）与其他 B 族维生素或维生素 C 合用，可对代谢发挥综合使用疗效。

（3）应用注射液时偶见变态反应，甚至休克。

丙硫硫胺
（新维生素 B_1，优硫胺）

【性　状】　白色微细结晶或结晶性粉末，能溶于水，易溶于乙醇。

【适应证】　药理作用同维生素 B_1。作用较迅速而持久。

【用法与用量】　皮下或肌内注射，每次 25～50mg。内服，每次 25～50mg。

呋喃硫胺

【性　状】　白色或微黄色结晶性粉末，微溶于水，易溶于甲醇、乙醇等。

【适应证】　药理作用同盐酸硫胺。疗效较持久，毒性较低。

【用法与用量】　注射液，2mL∶20mg，肌内注射，每次 10～30mg。片剂，内服，每次 10～30mg。

【注意事项】

（1）本品对氨苄西林、氯唑西林、头孢菌素（Ⅰ，Ⅱ）、多黏菌素和制霉菌素等，有不同程度的灭活作用，故不易混合注射。

（2）在临床上维生素 B_1 多与其他 B 族维生素或维生素 C 合用，以对代谢发生综合疗效。

维生素 B_2
（核黄素）

【性　状】　橙黄色结晶，微溶于水和酒精，在酸性溶液中稳定，耐热，但易被碱或光线所破坏，应避光密封保存。

【作用与用途】　在体内构成黄酶的辅酶，黄酶在机体生物氧化中起作用。机体缺乏维生素 B_2 时，就会影响生物氧化，从而影响物质代谢的正常进行。动物表现生长停止、皮炎、脱毛、食欲不振、慢性腹泻、早产等症状。主要用于防治畜禽维生素 B_2 缺乏症，如角膜炎、结膜炎、口角炎、消化不良、肌无力及呼吸、心跳减慢等。

【用法与用量】　维生素 B_2 注射液，2mL∶5mg、2mL∶10mg，皮下或肌内注射，每次 30mg。片剂，每片 5mg，内服，每千克体重每次 20 ~ 30mg。

长效核黄素（月桂酸核黄素）注射液，1mL∶150mg，肌内注射 1 次，在体内可维持有效浓度 2 ~ 3 个月。可用于病后恢复期或因维生素 B_2 缺乏症。肌内注射，每次 150mg，每 2 ~ 3 个月注射 1 次。

【注意事项】　维生素 B_2 与大部分抗生素不能联合使用。

泛酸
（维生素 B_5）

【性　状】　黄色油状液体。常用其钙盐，为白色粉末，易溶于水，微溶于乙醇。密封保存。

【适应证】　泛酸是辅酶 A 的组成成分，其缺乏症表现为脱毛、皮炎、肾上腺皮质变性，猪、禽及食肉动物易缺乏。用于防治泛酸缺乏症。

【用法与用量】　片剂，20mg/片，内服一天量，每千克体重0.17mg。

维生素 B_6
（吡哆醇，吡哆辛）

【性　状】　白色结晶，无臭，味酸苦。易溶于水，略溶于酒精。在酸性水溶液中稳定，遇光、遇碱和高热均易被破坏。应避光密封保存。

【作用与用途】　临床上常用于防治畜禽维生素 B_6 缺乏症，治疗畜禽维生素 B_1、维生素 B_2、烟酰胺缺乏症时配合维生素 B_6 可提高疗效。

【用法与用量】　注射液，1mL：25mg、1mL：50mg，皮下、肌内和静脉注射，每次 0.5 ~ 1g。片剂，内服，每次 0.5 ~ 1g。

维生素 B_{12}
（氰钴胺）

【性　状】　深红色结晶或结晶性粉末，无臭，引湿性强。在水中或乙醇中略溶，在丙酮、三氯甲烷或乙醚中不溶。

【适应证】　具有广泛的生理作用，参与机体蛋白质、脂肪和糖类代谢，有助于叶酸循环利用，促进核酸的合成，为动物生长发育、造血、上皮细胞生长及维持神经髓鞘完整性所必需。主要用于治疗由于维生素 B_{12} 缺乏而引起的巨幼红细胞性贫血，也可用于神经炎、神经萎缩、再生障碍性贫血、放射病、肝炎的辅助治疗。用含维生素 B_{12} 的残渣（液）喂猪，可促进生长。

【用法与用量】注射液，1mL：0.05mg、1mL：0.1mg、1mL：0.5mg、1mL：1mg，肌内注射，0.3 ~ 0.4mg，每天 1 次或隔天 1 次。片剂，25mg/片，混饲，仔猪每千克饲料 0.5mg；粉剂，用量同片剂。

叶酸
（维生素 Bc，维生素 M）

【性　状】　黄色或橙黄色结晶性粉末，极难溶于水，微溶于沸水，在中性或碱性溶液中对热稳定，遇光则失效。应避光保存。

【适应证】　是某些氨基酸和核酸合成所必需的物质，猪必须从饲料中摄取补充。临床上主要用于叶酸缺乏症、再生障碍性贫血、母畜妊娠期补充需要。与维生素 B_{12}、维生素 B_6 联用，可提高疗效。

【用法与用量】　片剂，5mg/ 片，内服，每千克体重 0.2 ~ 0.4mg。

复合维生素 B 注射液

【性　状】　由维生素 B_1 10g，维生素 B_2-5- 磷酸酯钠 1.37g（相当于维生素 B_2 1g），维生素 B_6 1g，烟酰胺 15g，右旋泛酸钠 0.5g，注射用水加至 1 000mL 制成。为黄色带绿色荧光的澄清或几乎澄清的溶液。应避光密闭保存。

【适应证】　用于防治 B 族维生素缺乏所致的多发性神经炎、消化障碍、口腔炎等。

【用法与用量】　每支 2mL、10mL。肌内注射，每次 2 ~ 6mL。

维生素 C
（抗坏血酸）

【性　状】　白色或略带淡黄色结晶性粉末，易溶于水和酒精，性质不稳定，在碱性溶液或金属容器内加热易被破坏。应避光密封保存。

【适应证】　主要参与体内氧化还原反应、细胞间质的合成、核酸合成，促进铁的吸收，促进多种消化酶的活性。具有良好的解毒、抗炎、抗过敏作用。常用于防治维生素 C 缺乏症。作为急慢性传染病、热性病、慢性消耗性疾病、中毒、各种贫血的辅助治疗药物，也用于风湿症、关节炎、骨折与创伤不愈、慢性出血及过敏性疾病。长期大剂量使用，可引发消化道症状（腹痛、腹泻及胃溃疡）。

【用法与用量】 片剂，0.1g/片，内服，每次 0.2 ~ 0.5g。注射液，2mL : 0.1g、10mL : 1g、20mL : 2g，肌内或静脉注射，每次 0.2 ~ 0.5g。

【注意事项】

（1）对氨苄西林、氯唑西林、头孢菌素（Ⅰ、Ⅱ）、四环素等，都有不同程度的灭活作用，因此不可混合注射。

（2）不宜与维生素 B_{12}、维生素 K_3 等注射液混合注射，因可产生氧化还原反应，使两者疗效均减弱或丧失。

（3）在碱性溶液中易氧化失效，故不可与氨茶碱注射液等碱性较强的注射液配合应用。

维生素 H
（生物素）

【性　状】 白色针状结晶，能溶于水，对热稳定，但在氧化剂、强酸、强碱环境下，很易被破坏。

【适应证】 为动物酶体系中的辅酶。动物缺乏时，会引起皮肤角质化、被毛卷曲等症状。主要用于防治生物素缺乏症。

【用法与用量】 混饲，每吨饲料 100 ~ 150mg。

烟酰胺与烟酸
（维生素 PP）

【性　状】 烟酰胺与烟酸均为白色结晶性粉末，溶于水及酒精，化学性状稳定，不易破坏，应密封保存。

【作用与用途】 烟酰胺可参与体内许多重要物质的合成及许多生物代谢反应，是畜禽必需的营养物质；烟酸需在体内转化成烟酰胺方可发挥作用。

【用法与用量】 烟酰胺注射液，1mL：50mg、1mL：100mg。静脉或肌内注射，仔猪每千克体重每次 0.3mg。片剂，每片 50mg，10mg，内服，每千克体重每次 0.2 ~ 0.6mg。

二、矿物质

（一）钙、磷制剂

钙在体内主要以磷酸钙的形式存在于骨骼中，构成骨骼并保持骨质的硬度，幼畜缺钙导致佝偻病，成年猪缺钙导致骨软症。临床上用于防治幼畜佝偻病、成畜骨软症、低血钙抽搐症及生产瘫痪，过敏性疾病（荨麻疹、血管神经性水肿、血清病）以及四氯化碳、硫酸镁中毒及高血钾的解毒。磷为骨和齿的组成部分，单纯缺磷也能引起钙代谢障碍，发生佝偻病和骨软症。磷对动物繁育也有重要影响。

氯化钙

【性　状】 白色半透明的坚硬碎块或颗粒，无臭，味微苦，极易潮解，易溶于水及乙醇。

【适应证】 促进骨骼和牙齿的钙化成形，维持神经肌肉组织的正常兴奋性、促进血凝、消炎抗过敏作用，可以解镁中毒，加速神经递质和激素的释放。主要用于急性或慢性钙缺乏症。

【用法与用量】 注射液，20mL：1g、100mL：5g，静脉注射，每次 1 ~ 5g。氯化钙葡萄糖注射液（氯化钙5%，葡萄糖10% ~ 25%），20mL/ 支，100mL/ 瓶。静脉注射，每次 20 ~ 100mL。

【注意事项】

（1）禁止肌内注射。静脉注射时必须缓慢，并注意观察患畜反应。

（2）钙离子对心脏有类似洋地黄的作用，注射过快可引起心室纤颤或心脏骤停于收缩期。在应用洋地黄或肾上腺素期间或停药后 7d 内，忌用钙剂静脉注射。

（3）钙盐特别是氯化钙对组织有强烈刺激性，静脉注射时严防漏到血管外。若不慎漏出时，可迅速把漏出的药液吸出，再注入25%硫酸钠注射液10～25mL，使形成无刺激性的硫酸钙。严重时应做切开处理。

（4）内服时可产生胃肠道刺激或引起便秘。

（5）可能诱发高钙血症，尤其对心、肾功能不良患畜。

葡萄糖酸钙

【性　状】　白色结晶或颗粒状粉末，无臭，无味，能溶于水，不溶于乙醇。

【作用与用途】　同氯化钙，但含钙量较氯化钙低。对组织的刺激性较小，注射比氯化钙安全，较氯化钙应用广泛。

【用法与用量】　葡萄糖酸钙注射液，20mL：2g、50mL：5g、100mL：10g。静脉注射，每次5～15g。

【注意事项】

（1）注射液应为无色澄明液体，如有沉淀析出，微温后能溶时可供注射用，不溶者不可用。

（2）缓慢静脉注射，亦应注意对心脏的影响，忌与强心苷并用。

碳酸钙

【性　状】　白色极微细的结晶性粉末，无味，无臭，几乎不溶于水，在乙醇中不溶，在含有二氧化碳的水中微溶，遇到稀酸、稀盐酸或稀硝酸即发生泡沸并溶解。应密封保存。

【作用与用途】　主要供内服补充钙，用于软骨症、产后瘫痪等缺钙性疾病。此外，也可作为制酸药，用于中和胃酸，或用作吸附性止泻药。

【用法与用量】　内服，每次3～10g。如应用碳酸钙补充钙质，要求日粮中钙最少需要量为0.7%，日粮100千克需添加碳酸钙（含钙40%）1.75kg。

乳酸钙

【性　状】　白色颗粒或粉末，微有风化性，几乎无臭，能溶于水，几乎不溶于醇。

【作用与用途】　作用略同氯化钙，因其水溶解度较小，一般均为内服，用于防治钙缺乏。

【用法与用量】　内服，每次 0.3 ~ 1g。

磷酸氢钙

【性　状】　白色粉末，无臭，无味，在水和乙醇中不溶，在稀盐酸中易溶。

【作用与用途】　可补充钙与磷，且不影响钙、磷平衡，多用于治疗佝偻病，骨软症、骨发育不全等，宜与维生素 D 合用。亦可作赋形剂。

【用法与用量】　磷酸氢钙片，每片 0.3g。内服，每次 2g。

复方布他磷注射液

【性　状】　粉红色澄明液体。是布他磷与维生素 B_{12} 的灭菌水溶液。

【作用与用途】　由布他磷 100g，维生素 B_{12} 0.072 5g，氢氧化钠适量，对羟基苯甲酸甲酯 1g，加水至 1 000mL 而成。布他磷是有效的有机磷补充剂，能够促进肝脏功能，帮助肌肉运动系统消除疲劳，降低应激反应，刺激食欲，促进非特异性免疫功能。主要用于动物急、慢性代谢紊乱性疾病，并可促进生长。

【用法与用量】　静脉、肌内或皮下注射，每次 2.5 ~ 10mL，仔猪减半。

（二）微量元素

微量元素是指在动物体内存在的极其微量的一类矿物质元素，

仅占体重的 0.05%，但它们却是动物生命活动所必需的元素，是酶、激素和某些维生素的组成成分，对酶的活化、物质代谢和激素的正常分泌均有重要的影响，也是生化反应速率的调节物。日粮中的微量元素不足时，动物可产生缺乏综合征。添加一定量的微量元素，能提高畜禽的生产性能。但微量元素过多时，也可引起动物中毒。畜禽需要的微量元素主要有硒、钴、铜、锌、锰、铁、碘等。

亚硒酸钠

【理化性质】 白色结晶，在空气中稳定，溶于水，不溶于乙醇。应密封保存。硒是家畜必需的微量元素之一。含硒化合物可分为无机硒和有机硒 2 种，由于有机硒不够稳定，目前广泛应用的是无机硒。

【作用与用途】 在临床上主要用于防治硒缺乏病。在发病地区给出生后数日的幼畜或产前的母畜注射亚硒酸钠，可预防白肌病。补饲维生素 E 或硒制剂，均可预防白肌病，但补饲硒的效果优于补饲维生素 E，双补效果更好。

【用法与用量】 亚硒酸钠注射液，为含 0.1% 亚硒酸钠的灭菌水溶液。1mL∶1mg、1mL∶2mg、5mL∶5mg、5mL∶10mg。肌内注射，仔猪每次 1 ~ 2mg，预防应用，适当减量。亚硒酸钠维生素 E 注射液，每支 5mL、10mL，每毫升含维生素 E 50mg、亚硒酸钠 1mg。肌内注射，仔猪每次 1 ~ 2mL；预防用量，每次 0.5mL。亚硒酸钠维生素 E 预混剂，由亚硒酸钠 0.4g、维生素 E 5g，加碳酸钙至 1kg 组成。混饲，每吨饲料添加 500 ~ 1 000g。

【注意事项】

（1）硒具有一定的毒性，内服或注射亚硒酸钠剂量过大，可发生急性中毒。猪肌内注射致死量为每千克体重 1.2mg；中毒量是每千克体重 0.8mg。

（2）饲料中含硒量大于 5 ~ 8mg/kg，长期饲喂后即可引起慢性中毒。

（3）亚硒酸钠的治疗量和中毒量很接近，确定用量时必须谨慎。皮下、肌内注射亚硒酸钠对局部有刺激性，可引起局部炎症。

（4）凡经补硒的猪，在屠宰前至少必须停喂硒 60d。

硫酸铜

【理化性质】 蓝色透明结晶块，或蓝色结晶性颗粒或粉末，有风化性，溶于水，难溶于醇。含铜量为 25.5%。

【作用与用途】 铜能促进骨骼生成红细胞，又是酪氨酸酶的组成成分，还能催化黑色素的生成。饲料中缺铜或含量不足时，可引起家畜铜缺乏症。硫酸铜（或碳酸铜）可用于防治家畜铜缺乏症；还可以促进蛋氨酸的利用，能使蛋氨酸增效 10% 左右。

【用法与用量】 用作生长促进剂，混饲，800mg/kg 饲料（相当于含铜量 200mg/kg 饲料）。

硫酸锌

【理化性质】 白色透明的棱柱状或细针状结晶或颗粒性结晶性粉末，无臭，微涩，有风化性。极易溶于水，易溶于甘油，不溶于乙醇。应密封保存。

【作用与用途】 锌在蛋白质的生物合成和利用中起重要作用，又是维持皮肤、黏膜的正常结构与功能以及促进伤口愈合的必要因素。缺锌时，动物生长缓慢，上皮细胞角化、变厚，伤口及骨折愈合不良。本品主要用于预防锌缺乏症。

【用法与用量】 治疗量，混饲，每头每天 0.2 ~ 0.5g，对皮肤角化症和因缺锌引起的皮肤损伤，数日后即可见效，经过数周，损伤可完全恢复。

【注意事项】

锌对畜禽的毒性较小，但摄入过多可影响蛋白质的代谢和钙的吸收，并可能导致铜的缺乏；猪可发生骨关节周围出血、步态僵直、生长受阻。

硫酸锰

【理化性质】 浅红色结晶性粉末，易溶于水，不溶于乙醇或甲醇。

【生理功能】 锰参与动物体内硫酸软骨素的形成，是多种酶类的组成成分或激活剂，参与碳水化合物、脂肪和蛋白质的代谢活动，可促进机体的生长、发育和提高繁殖力。缺乏时易导致腿短而弯曲、跛行、关节肿大。母畜易导致发情障碍，公畜性欲降低，不能生成精子。本品主要用于防治锰缺乏症。

【用法与用量】 以硫酸锰计，混饲，每千克饲料添加 120 ~ 240mg。猪对锰敏感，只能耐受每千克体重 400mg。

【注射事项】 畜禽很少发生锰中毒，但日粮中锰含量超过 2000mg/kg 时，可影响钙的吸收和钙、磷在体内的停留。

碘化钾

【理化性质】 白色或无色结晶性粉末。无臭，味咸、苦，微有引湿性，极易溶于水，易溶于乙醇。

【作用与用途】 动物缺碘时，甲状腺肿大，生长发育不良，母畜产死胎或弱胎，公畜精液品质低劣。本品用于防治碘缺乏症。

【用法与用量】 混饲，一天量，0.03 ~ 0.36mg。

第二节 促生长剂与其他营养剂

一、促生长酶制剂

胰 酶

【性 状】 无色或淡黄色无定形粉末，有微弱的腐肉臭味。

部分溶于水，不溶于醇及醚，酸和热可破坏其活力，在中性或弱碱性介质中活性最大。

【作用与用途】 是从动物胰脏提取的混合酶，其中主要有胰蛋白酶、胰淀粉酶和胰脂肪酶。能促进蛋白质、脂肪和糖类的消化吸收。主要用作动物促生长添加剂，也可用于治疗胰液分泌不足而引起的消化不良。

【用法与用量】 混饲，每千克饲料400mg。治疗量，内服，每次0.5～1g。

胃蛋白酶

【性　状】 系由猪、羊或牛的胃黏膜中提取的胃蛋白酶。每克含蛋白酶活力不得少于3 800IU。为淡黄色粉末，有潮解性，能溶于水。

【作用与用途】 在中性、碱性及强酸性环境中消化能力减弱，在含有0.2%～0.4%盐酸的酸性环境中消化力最强。常用于胃液分泌不足所引起的消化不良和幼畜消化不良等。当胃液分泌不足时，胃蛋白酶原和盐酸都相应地减少，因此补充胃蛋白酶时，必须同时补充稀盐酸，以确保胃蛋白酶充分发挥作用。临用时先将稀盐酸加水稀释50倍，然后加入胃蛋白酶，于饲喂前灌服。还可作为助消化的添加剂应用。

【用法与用量】 内服，每次800～1 600IU。

纤维素酶

【性　状】 淡黄白色粉末。

【作用与用途】 内含纤维素酶、半纤维素酶、果胶酶、淀粉酶等。能分解饲草中的纤维素，转化为葡萄糖等营养物质。主要用于治疗消化不良及大肠便秘等。

【用法与用量】 内服，每千克体重每次1g，并依体重酌情增减。

福美多 -500

【性　状】　褐色细粉，有酒精气味。主要营养成分含量，粗蛋白质大于或等于 14%，粗脂肪大于或等于 1%，粗纤维小于或等于 34%，粗灰分小于或等于 18%，水分小于或等于 8%。

【作用与用途】　是一种微生物发酵残渣和乳清因子的浓缩混合物，能促进畜禽生长。

【用法与用量】　混饲，每吨饲料 2.5kg。

二、化学促生长剂

氯化胆碱

【性　状】　白色结晶，味微苦。极易溶于水，易溶于乙醇。在碱性溶液中不稳定。有吸湿性，吸收二氧化碳时有氨气味。

【作用与用途】　具有促进动物肝脏脂肪并向血中转移的作用，可促进氨基酸的再构成。预防脂肪肝的形成，并具有加速畜禽增重、节约饲料等作用。常用制剂为氯化胆碱溶液。

【用法与用量】　混饲，小猪、母猪，每千克饲料 300mg，育肥猪，每千克饲料 250mg。预防脂肪肝，每千克饲料 1 000mg。

二氢吡啶

【性　状】　淡黄色细粉末结晶，微溶于水，能溶于热乙醇，易氧化，遇光后色渐变深。

【作用与用途】　能抑制脂类化合物的过氧化过程，具有天然抗氧化剂维生素 E 的某些功能。可提高畜禽（如猪、牛、羊、鸡等）的日增重，提高瘦肉率，抑制体内脂肪形成。

【用法与用量】　混饲，每千克饲料 200mg。

盐酸甜菜碱

【性　状】　白色或淡黄色结晶性粉末，在水中易溶，在乙醇中极微溶解，在氯仿或乙醚中不溶。为盐酸甜菜碱与二氧化硅配制而成。

【作用与用途】　能提高饲料利用率，促进脂肪代谢。提高胴体品质，保护肠道上皮细胞。用于畜禽等动物促生长。

【用法与用量】　以盐酸甜菜碱计。混饲，每吨饲料添加1.5 ~ 4kg。

复方布他磷注射液

见本章、本节"二、矿物质"。

三、其他营养剂

葡萄糖醛酸内酯
（肝泰乐）

【性　状】　白色柱状结晶或结晶性粉末，无臭，味苦，性质稳定，易溶于水（1∶3.7），微溶于乙醇。

【作用与用途】　能降低肝淀粉酶的活性，防止糖原分解，使肝糖原量增加，脂肪贮量减少。可用于防治急、慢性肝炎等。可与许多毒物、药物结合成无毒的葡萄糖醛酸结合物而排出，具有保肝解毒作用，所以常用于治疗食物中毒、药物中毒。是构成机体结缔组织及胶原，特别是软骨、骨膜、神经鞘、关节囊、腱、关节液等的组成成分，故可用于治疗关节炎、风湿病等。

【用法与用量】　注射液，2mL∶0.1g，肌内或静脉注射，每次0.2 ~ 0.4g。

维丙胺
（抗坏血酸二异丙胺）

【性　状】 白色或略带淡黄色的结晶或晶粉，极易溶于水，微溶于无水乙醇。水溶液不稳定，遇光易变质。

【作用与用途】 有改善肝功能、减少肝脂肪沉积、促进肝损伤再生等作用。主要用于治疗动物的急、慢性肝炎和四氯化碳等毒物的中毒。

【用法与用量】 肌内注射，每次 0.2g。

蛋氨酸
（甲硫氨酸）

【性　状】 白色薄片状结晶或结晶性粉末，略带有异臭，微甜，溶于水、稀酸和碱液，极难溶于乙醇和乙醚。

【作用与用途】 是机体生长不可缺少的必需氨基酸之一。具有营养、抗脂肪肝和抗贫血的作用。主要用于动物急、慢性肝炎，也可用作畜禽生长促进剂。

【用法与用量】 注射液，每支 2mL，含蛋氨酸 40mg、维生素 B_1 14mg，肌内注射，每次 2 ~ 4mL。

第三节　微生态制剂

微生态制剂，是利用正常微生物或促进微生物生长的物质制成的活的微生物制剂。也就是说，一切能促进正常微生物群生长繁殖的及抑制致病菌生长繁殖的制剂都称为"微生态制剂"。一般用于防治腹泻、便秘。

蜡样芽孢杆菌活菌制剂
（DM423 株）

本品系用蜡样芽孢杆菌接种适宜培养基培养，收获培养物，加适量赋形剂，经干燥制成的粉剂或片剂。

【性　状】　为灰白色或灰褐色干燥粗粉或颗粒状；片剂外观完整光滑，类白色，色泽均匀。

【用　途】　用于预防和治疗畜禽腹泻。

【用法与用量】　口服。仔猪，治疗量，每千克体重 0.6g，每天 1 次，连服 3d；预防量，每千克体重 0.3g，每天 1 次，3 ~ 5d 后每周 1 次。大猪，治疗量，每头每次 2 ~ 4g，每天 2 次，连服 3 ~ 5d。

【注意事项】　不得与抗菌类药物或抗菌药物添加剂同时使用。

嗜酸乳杆菌、粪链球菌、枯草杆菌复合活菌制剂

本品系用嗜酸乳杆菌、粪链球菌和枯草杆菌接种适宜培养基培养，收集培养物，加适宜赋形剂，经冷冻真空干燥制成混合菌粉，加载体制成的粉剂或片剂。

【性　状】　粉剂为灰白色或灰褐色干燥粗粉或颗粒状；片剂外观完整光滑，类白色，色泽均匀。

【作用与用途】　对沙门氏菌及大肠杆菌引起的细菌性下痢如仔猪、雏鸡、犊牛均有疗效。并有调整肠道菌群失调的功能。

【用法与用量】　口服。用凉水溶解后作饮水或拌入饲料口服或灌服。治疗量，仔猪每次 1 ~ 1.5g，一般 3 ~ 5d 为 1 个疗程。

【注意事项】

（1）不得与抗菌类药物或添加剂同时服用。

（2）稀释后限当天用完。

蜡样芽孢杆菌、粪链球菌复合活菌制剂

本品系用无毒性链球菌和蜡样芽孢杆菌分别接种适宜培养基培养，收集培养物，加入适量赋形剂，经干燥制成。

【性　状】　灰白色干燥粉末。

【作用与用途】　作为畜禽饲料添加剂和防治畜禽下痢的制剂，具有调节肠道正常菌群失调的作用。

【用法与用量】　作为饲料添加剂，混饲，仔猪料 0.1% ~ 0.2%，肉猪料 0.1%，或仔猪每头每天 0.2 ~ 0.5g；治疗量加倍。

【注意事项】

不得与抗菌类药物和抗菌药物添加剂同时使用。

勿用 50℃以上热水溶解。

脆弱拟杆菌、粪链球菌、蜡样芽孢杆菌复合活菌制剂

本品系用脆弱拟杆菌、粪链球菌和蜡样芽孢杆菌接种适宜培养基培养，收集培养物，加适量赋形剂，经抽滤后干燥制成。

【性　状】　白色或黄色干燥粗粉或颗粒。

【作用与用途】　对沙门氏菌及大肠杆菌引起的细菌性下痢如仔猪的白痢、黄痢均有防治效果。

【用法与用量】　混饲，预防量每吨 1 ~ 2kg，治疗量每吨 2 ~ 4kg。

【注意事项】　不得与抗菌类药物或饲料添加剂同时使用。

双歧杆菌、乳酸杆菌、粪链球菌、酵母菌复合活菌制剂

本品系用双歧杆菌、乳酸杆菌、粪链球菌和酵母菌分别接种适宜培养基培养，收获培养物，用经甲基纤维素钠沉淀，加适量稳定剂，经冷冻真空干燥后，与载体混合制成的粉剂。

【性　状】　乳黄色均匀细粉。

【用　途】 预防畜禽腹泻。

【用法与用量】 将每次用药量拌入少量饲料饲喂或直接经口喂服，每天 2 次，连服 5 ~ 7d。每千克体重每次 0.5g。

【注意事项】 现配现用。不可与抗菌药物同用。不得用含氯自来水稀释，稀释后限当天用完。建议幼龄畜禽出生后立即服用。

第七章　生物制剂

猪用生物制剂包括猪用疫苗和猪用诊断试剂。猪用疫苗的种类很多，按菌（毒）株性质可分为弱毒苗（也称"活苗"）和灭活苗（也称"死苗"）；按剂型可分为冻干苗、液体苗、干粉苗、油乳剂苗、组织苗等；按所含菌（毒）株的种类和血清型又可分为联合疫苗（联苗）和多价疫苗。联合疫苗是一个疫苗中包含几种病毒或细菌，如猪瘟、猪丹毒、猪肺疫三联苗，接种联苗可以预防两种以上的传染病，省工省时，深受养猪场（户）欢迎。多价疫苗是在一个疫苗中含有一种病毒或细菌的几个血清型或亚型，如多价猪大肠杆菌灭活苗。诊断试剂是指采用免疫学、微生物学、分子生物学等原理或方法制备的，在体外用于对疾病的诊断、检测及流行病学调查等的诊断试剂。诊断试剂从一般用途来分，可分为体内诊断试剂和体外诊断试剂两大类。除用于诊断的如旧结核菌素、布氏菌素、锡克氏毒素等皮内用的体内诊断试剂等外，大部分为体外诊断制品。

第一节　猪用疫苗

猪支原体肺炎活疫苗（RM48株）

【性　状】　灰白色或淡黄色海绵状疏松团块，易与瓶壁脱离，加稀释液后迅速溶解。

【免疫期】　用于预防猪肺炎支原体引起的猪喘气病。免疫期为6个月。

【用法与用量】

（1）胸腔接种。30日龄以上的健康猪，用灭菌PBS（0.01mol/L，

pH 值 7.2）按瓶签注明头份稀释成 1 头份 /mL，由右侧肩胛后缘约 2cm 肋间隙进针，每头胸腔内注射疫苗 1mL。

（2）鼻腔接种。3 ~ 7 日龄健康仔猪，用灭菌 PBS（ 0.01mol/L，pH 值 7.2）按瓶签注明头份稀释成 1 头份 /mL，在猪吸气时将疫苗喷射入鼻腔深部，每头接种疫苗 1mL。

（3）气雾免疫。3 ~ 7 日龄健康仔猪，用灭菌 PBS（ 0.01mol/L，pH 值 7.2）按瓶签注明头份稀释成 2 头份 /mL，使用专用的气雾免疫设备，按照下述操作进行相关的免疫。

【注意事项】

（1）疫苗接种前 3d，接种后 2 周内应停用除青霉素、链霉素和磺胺类药物以外的用于治疗支原体病的药物。

（2）仅用于健康猪，疫苗稀释后 2 小时内用完。

（3）采用胸腔接种时，应严格注意猪体表的消毒和每头猪更换 1 针头。

（4）如果胸腔接种后出现过敏反应时，应立即注射肾上腺素，改为鼻腔内接种。

猪瘟耐热保护剂活疫苗（兔源）

【性　状】 淡红色海绵状疏松团块，易与瓶壁脱离，加稀释液后迅速溶解。

【免疫期】 注射疫苗 4d 后，即可产生免疫力，断奶后无母源抗体的仔猪免疫期为 18 个月。

【用法与用量】

（1）按瓶签注明头份加生理盐水稀释，大小猪均肌内或皮下注射 1mL。

（2）在没有猪瘟流行的地区，断奶后无母源抗体的仔猪，注射 1 次即可。有疫情威胁时，仔猪 21 ~ 30 日龄和 65 日龄左右各注射 1 次。

（3）断奶前仔猪可接种 4 头剂疫苗，以防母源抗体干扰。

【贮藏与有效期】 2 ~ 8℃保存，有效期为 24 个月。

【注意事项】

（1）注苗后应注意观察，如出现过敏反应，应及时注射抗过敏药物。

（2）在 2 ~ 8℃条件下冷藏和运输。

猪瘟活疫苗（传代细胞源）

【性　状】 乳白色海绵状疏松团块，易与瓶壁脱离，加稀释液后迅速溶解。

【免疫期】 注射 4d 后，即可产生免疫力。断奶后无母源抗体仔猪的免疫期为 12 个月。

【用法与用量】 肌内或皮下注射按瓶签注明头份，用灭菌生理盐水稀释成 1 头份 /mL；每头 10mL。在没有猪瘟流行的地区，断奶后无母源抗体的仔猪，注射 1 次即可。有疫情威胁时，仔猪可在 21 ~ 30 日龄和 65 日龄左右各注射 1 次。

【贮藏与有效期】 –15℃以下保存，有效期为 18 个月。

【注意事项】

（1）注苗后应注意观察，如出现过敏反应，应及时注射抗过敏药物。

（2）仅用于健康猪只。

（3）在 8℃以下的冷藏条件下运输。

（4）收到冷藏包装的疫苗后，如保存环境超 8℃而在 25℃以下时，从接到疫苗时算起，应在 10d 内用完。所在地区的气温在 25℃以上时，如无冷藏条件，应采用冰瓶领取疫苗，随领随用。

（5）疫苗稀释后，如气温在 15℃以下，应在 6h 内用完；如气温在 15 ~ 27℃；则应在 3h 内用完。

（6）注射时，应执行常规无菌操作，每注射1头猪更换1支针头。

（7）使用过的疫苗瓶、器具和稀释后剩余的疫苗等应消毒处理。

伪狂犬病活疫苗

【性　状】　淡黄色海绵状疏松团块，易与瓶壁脱离，加PBS后迅速溶解。

【用法与用量】　肌内注射。按瓶签注明头份，用PBS稀释为每毫升含1头份。妊娠母猪及成年猪，每头2.0mL；3月龄以上仔猪及架子猪，每头1.0mL；乳猪，第1次接种0.5mL，断乳后再接种1.0mL。

【贮藏与有效期】　2～8℃保存，有效期为9个月；-20℃以下保存，有效期为18个月。

【注意事项】

（1）稀释后，限当天用完。

（2）接种时，应做局部消毒处理。

（3）妊娠母猪于分娩前21～28d注射为宜，其所产仔猪的母源抗体可持续21～28d，此后的乳猪或断乳猪仍需接种；未用本疫苗接种母猪，其所产仔猪可在出生后7d内接种，并在断乳后再接种1次。

（4）用于疫区及受到疫病威胁的地区，在疫区、疫点内，除已发病的猪外，对无临床表现的猪亦可进行紧急接种。

（5）用过的疫苗瓶、器具和未用完的疫苗等应进行无害化处理。

仔猪大肠杆菌病K88、LTB双价基因工程活疫苗

【性　状】　灰白色海绵状疏松团块，易与瓶壁脱离，加稀释液后迅速溶解。

【用法与用量】　肌内注射或口服免疫。按瓶签注明头份，

用无菌生理盐水溶解。口服免疫，每头 500 亿活菌，在妊娠母猪预产期前 15 ～ 25d 进行，将每头份疫苗与 2g 小苏打一起拌入少量精饲料中，空腹喂给母猪，待吃完后再做常规喂食；肌内注射免疫，每头 100 亿活菌，在母猪预产期前 10 ～ 20d 进行。疫情严重的猪场，在产前 7 ～ 10d 再加强免疫 1 次，方法同上。

【贮藏与有效期】　有效期，在 –15℃ 保存，7 个月；在 0 ～ 4℃保存，3 个月；在 18 ～ 22℃ 保存，1 个月。

【注意事项】

（1）疫苗稀释后应在 6 小时内用完。

（2）母猪免疫前后 3d 内不应使用抗生素。

（3）为确保仔猪获得免疫力，应使其充分吸取母猪的初乳。

仔猪副伤寒活疫苗

【性　状】　海绵状疏松团块，易与瓶壁脱离，加稀释液后迅速溶解。

【用法与用量】　口服或耳后浅层肌内注射。适用于 1 月龄以上哺乳或断乳健康仔猪。按瓶签注明头份口服或注射，但瓶签注明限于口服者不得注射。口服按瓶签注明头份，临用前用冷开水稀释为每头份 5.0 ～ 10.0mL，给猪灌服，或稀释后均匀地拌入少量新鲜冷饲料中，让猪自行采食。注射按瓶签注明头份，用 20% 氢氧化铝胶生理盐水稀释为每头 1.0mL。

【贮藏与有效期】　2 ～ 8℃ 保存，有效期为 9 个月；–15℃ 以下保存，有效期为 12 个月。

【注意事项】

（1）疫苗稀释后，限 4h 内用完。用时要随时振摇均匀。

（2）体弱有病的猪不宜接种。有些猪反应较大，有的仔猪会出现体温升高、发抖、呕吐和减食等症状，一般 1 ～ 2d 后可自行恢复，重者可注射肾上腺素抢救。口服接种时，无上述反应或反应轻微。

（3）对经常发生仔猪副伤寒的猪场和地区，为了提高免疫效果，可在断乳前后各接种 1 次，间隔 21 ~ 28d。

（4）口服时，最好在喂食前服用，以使每头猪都能吃到。

（5）注射时，应做局部消毒处理。

（6）用过的疫苗瓶、器具和未用完的疫苗等应进行无害化处理。

猪多杀性巴氏杆菌病活疫苗（CA 株）

【性　状】 淡褐色海绵状疏松团块，加稀释液后迅速溶解。

【免疫期】 6 个月。

【用法与用量】 肌内或皮下注射，按瓶签注明的头份，用 20% 铝胶生理盐水稀释，每头断奶后猪 1mL（含 1 头份）。

【贮藏与有效期】 在 -5℃以下保存，有效期为 12 个月；在 2 ~ 8℃为 9 个月。

【注意事项】

（1）疫苗稀释后于存放冷暗处，并限 4h 内用完。

（2）注射前 7d、后 10d 内不能使用抗生素及磺胺等治疗药。

猪繁殖与呼吸综合征活疫苗（CH-1R 株）

【性　状】 黄白色海绵状疏松团块，加稀释液后迅速溶解，呈均匀的混悬液。

【免疫期】 4 个月。

【用法与用量】 颈部肌内注射，3 ~ 4 周龄仔猪，1 头份 / 头；母猪于配种前 1 周免疫，2 头份 / 头。

【贮藏与有效期】 -20℃以下保存，有效期为 18 个月。

【注意事项】

（1）应在兽医的指导下使用，初次应用猪场应先做小群试验。

（2）种公猪应慎用。

（3）注射部位应严格消毒。

（4）使用后的疫苗瓶和相关器具应严格消毒。

（5）屠宰前30d不得进行接种。

（6）目前尚未进行该疫苗对变异株的免疫效力试验，尚不能确定疫苗对变异株的效果。

猪繁殖与呼吸综合征活疫苗

【性　状】　乳白色海绵状疏松团块，加稀释液后迅速溶解。

【用法与用量】　按标签上注明的头份数，用专用稀释液进行稀释，充分摇匀后，每头猪肌内注射1头份（2mL）。育肥猪，在3周龄或3周龄以上时接种，免疫期为4个月；母猪和后备母猪，在配种前3～4周进行接种，此后，每次配种前进行加强接种，免疫期为4个月。

【贮藏与有效期】　2～8℃保存，有效期为24个月。

【注意事项】

（1）仅用于对PRRS阳性猪群中的健康猪进行接种。不要对育龄种公猪进行接种。个别猪可能出现过敏反应，可使用肾上腺素进行治疗。

（2）疫苗严禁冻结。

（3）疫苗中含有新霉素。

（4）稀释后的疫苗应立即使用。

（5）接种过程中应采用常规无菌操作方法。

（6）使用后的疫苗瓶及剩余疫苗应焚毁。

（7）屠宰前21d内禁用。

猪繁殖与呼吸综合征灭活疫苗（CH-1a株）

【性　状】　乳白色乳剂。

【免疫期】 6个月。

【用法与用量】 颈部肌内注射。母猪，在妊娠40d内进行初次免疫接种，间隔20d后进行第2次接种，以后每隔6个月接种1次，每次每头4mL；种公猪，初次接种与母猪同时进行，间隔20d后进行第2次接种，以后每隔6个月接种1次，每次每头为4mL；仔猪21日龄接种1次，每头2mL。

【贮藏与有效期】 2～8℃保存，有效期为10个月。

【注意事项】

（1）疫苗使用前应恢复至室温，并摇匀。

（2）注射部位应严格消毒。

（3）对妊娠母猪进行接种时，要注意保定，避免引起机械性流产。

（4）屠宰前21d不得进行接种。

（5）应在兽医的指导下使用，有个别猪会出现局部肿胀，可在短时间内消失。

猪繁殖与呼吸综合征灭活疫苗（NVDC-JXA1株）

【性　状】 乳白色乳剂。

【用法与用量】 耳后部肌内注射。3周龄及以上仔猪，每头2mL，根据当地疫病流行状况，可在首免后28d加强免疫1次；母猪，配种前接种4mL；种公猪每隔6个月接种1次，每次4mL。

【贮藏与有效期】 2～8℃保存，有效期为12个月。

【注意事项】

（1）只用于接种健康猪。

（2）疫苗使用前应恢复到室温并充分振摇。

（3）接种用器具应无菌，注射部位应严格消毒。

（4）对妊娠母猪应慎用，避免引起机械性流产。

（5）接种后，个别猪可能出现体温升高、减食等反应，一般在 2d 内自行恢复，重者可注射肾上腺素，并采取辅助治疗措施。

（6）疫苗开封后，应限当天用完。

（7）剩余疫苗、疫苗瓶及注射器具等应无害化处理。

（8）屠宰前 21d 不得进行接种。

猪瘟、猪丹毒、猪多杀性巴氏杆菌病三联活疫苗

【性　状】　海绵状疏松团块，易与瓶壁脱离，加稀释液后迅速溶解。

【免疫期】　猪瘟免疫期为 12 个月，猪丹毒和猪肺疫免疫期为 6 个月。

【用法与用量】　肌内注射。按瓶签注明头份，用生理盐水稀释成 1 头份 /mL。断奶半个月以上猪，每头 10mL；断奶半个月以内的仔猪，每头 10mL，但应在断奶后 2 个月左右再接种 1 次。

【贮藏与有效期】　2 ~ 8℃保存，有效期为 6 个月；–15℃以下保存，有效期为 12 个月。

【注意事项】

（1）冷藏保存与运输。

（2）初生仔猪，体弱、有病猪均禁止接种。

（3）接种前 7d、后 10d 内均不应喂含任何抗生素的饲料。

（4）稀释后，限 4h 内用完。

（5）接种时，应做局部消毒处理。

（6）接种后可能出现过敏反应，应注意观察，必要时采用（注射肾上腺素等脱敏措施）抢救。

（7）用过的疫苗瓶、器具和未用完的疫苗等应进行无害化处理。

猪乙型脑炎活疫苗（SA14-14-2 株）

【性　状】　淡黄色或乳白色海绵状疏松团块，易与瓶壁脱离，加稀释液后迅速溶解成橘红色透明液体。

【免疫期】 对仔猪的免疫期为 6 个月，对母猪的免疫期为 9 个月。

【用法与用量】 肌内注射。仔猪、母猪和公猪均注射 1 头份。推荐免疫程序，种用公、母猪于配种前（6 ~ 7 月龄）或每年蚊虫出现前 20 ~ 30d 肌内注射 1 头份，热带地区每半年接种 1 次。

【贮藏与有效期】 -15℃ 以下保存，有效期为 18 个月；2 ~ 8℃ 保存，有效期为 6 个月。

【注意事项】

（1）疫苗在运输、保存、使用过程中应防止高温和阳光照射，使用前应仔细检查包装，如发现破损、标签不清、过期或失真空等现象时禁止使用。

（2）被注射猪必须健康，体质瘦弱、有病、食欲不振者均禁止注射。

（3）免疫所用器具均应事先消毒，用过的空疫苗瓶及器具应及时消毒处理，每注射 1 头猪必须更换 1 次消毒过的针头。

（4）疫苗必须用专用稀释液稀释，应随用随稀释，并保证在稀释后 2h 内用完。

猪乙型脑炎活疫苗

【性　状】 淡黄色或乳白色海绵状疏松团块，易与瓶壁脱离，加稀释液后迅速溶解成橘红色透明液体。

【免疫期】 12 个月。

【用法与用量】 肌内注射。按瓶签注明头份，用专用稀释液稀释成每头份 10mL。每头注射 10mL。6 ~ 7 月龄后备种母猪和种公猪配种前 20 ~ 30d 肌内注射 10mL；以后每年春季加强免疫 1 次。经产母猪和成年种公猪，每年春季免疫 1 次，肌内注射 10mL。在乙型脑炎流行区，仔猪和其他猪群也应接种。

【贮藏与有效期】 2 ~ 8℃保存，有效期为 9 个月；–15℃以下保存，有效期为 18 个月。

【注意事项】

（1）疫苗必须冷藏保存与运输。

（2）疫苗应现用现配，稀释液使用前最好置 2 ~ 8℃预冷。

（3）接种最好选择在 4 ~ 5 月份（蚊蝇滋生季节前）。

（4）接种猪要求健康无病，注射器具要严格消毒。

（5）用过的疫苗瓶、器具和未用完的疫苗等应进行无害化处理。

猪支原体肺炎活疫苗（168 株）

【性　状】 白色或淡黄色疏松团块，易与瓶壁脱离，加稀释液后应迅速溶解。

【作用与用途】 免疫期为 6 个月。

【用法与用量】 肺内注射。按瓶签注明头份，用无菌生理盐水稀释后，由猪右侧肩胛后缘 2cm 肋间隙进针注射接种，每头接种 1 头份。

【贮藏与有效期】 –15℃以下保存，有效期为 18 个月。

【注意事项】

（1）稀释的疫苗应在 2 小时内用完，剩余疫苗液煮沸后废弃。

（2）在免疫接种前后 5 ~ 15d 内，不使用含有抗支原体的药物，可以使用青霉素、阿莫西林及磺胺类药物。

（3）疫苗注射后 1 ~ 3d 内少数猪可能有 40.5℃以下的轻微发热，以后恢复正常无其他不良反应。

（4）仅供健康猪使用。对有猪传染性胸膜肺炎或副猪嗜血杆菌感染的猪场慎用。

猪伪狂犬病活疫苗（Bartha K61 株）

【性　状】 微黄色海绵状疏松团块，易与瓶壁脱离，加入稀释液后迅速溶解。

【用法与用量】 按瓶签注明头份，用专用稀释液稀释，对 3 日龄或 3 日龄以上猪进行臀部肌内注射，每头 2mL；种猪每半年加强接种 1 次。

【贮藏与有效期】 2 ~ 8℃保存，有效期为 24 个月。

【注意事项】

（1）仅用于接种健康猪。

（2）疫苗稀释后应一次全部用完，禁止与其他疫苗合用。

（3）接种前的猪若有潜伏性疾病、营养不良、寄生虫、应激或受不良的环境因素影响，接种后可能不产生或者不能维持足够的免疫保护反应。

（4）接种时，应执行常规无菌操作。

（5）用过的疫苗瓶、器具和未用完的疫苗等应进行无害化处理。

（6）屠宰前 21d 内禁用。

（7）疫苗中含有庆大霉素。

（8）个别情况下可能出现过敏反应。

猪传染性胃肠炎、猪流行性腹泻二联活疫苗

【性　状】 黄白色海绵状疏松团块，易与瓶壁脱离，加稀释液后迅速溶解，无异物。

【免疫期】 主动免疫接种后 7d 产生免疫力，免疫期为 6 个月。仔猪被动免疫的免疫期至断奶后 7d。

【用法与用量】 后海穴位（即尾根与肛门中间凹陷的小窝部位）注射。妊娠母猪，于产仔前 20 ~ 30d 时接种，每头 15mL；对其所生仔猪，于断奶后 7 ~ 10d 时接种，每头 0.5mL；对未免疫母猪所产 3 日龄以内仔猪，每头 0.2mL；对体重 20 ~ 50kg 的育成猪，每头 1.0mL；对体重 50kg 以上的成猪，每头 1.5mL。进针深度，3 日龄仔猪为 0.5cm，随猪龄增大而加深，成猪为

4.0cm。

【贮藏与有效期】　2～8℃保存，有效期为 12 个月；–20℃以下保存，有效期为 24 个月。

【注意事项】

（1）运输过程中应防止高温和阳光照射。

（2）对妊娠母猪接种疫苗时，要适当保定，以免引起机械性流产。

（3）疫苗稀释后，限 1h 内用完。

（4）接种时，针头应保持与脊柱平行或稍偏上的方向，以免将疫苗注入直肠内。

（5）用过的疫苗瓶、器具和未用完的疫苗等应进行无害化处理。

副猪嗜血杆菌病灭活疫苗

【性　状】　乳白色乳剂。

【用法与用量】　颈部肌内注射按瓶签注明头份，不论猪大小，每次均肌内注射 1 头份（2mL）。推荐免疫程序为，种公猪每半年接种 1 次；后备母猪在产前 8～9 周首免，3 周后二免，以后每胎产 4～5 周免疫 1 次；仔猪在 2 周龄首免，3 周后二免。

【贮藏与有效期】　2～8℃避光保存，有效期为 12 个月。

【注意事项】

（1）在贮藏及运输过程中切勿冻结，长时间暴露在高温下会影响疫苗效力，使用前使疫苗平衡至室温并充分摇匀。

（2）使用前应仔细检查包装，发现破损、残缺、文字模糊、过期失效等，应禁止使用。

（3）被免疫猪必须健康，体质瘦弱、有病、食欲不振者、术后未愈者，严禁使用。

（4）注射器具应严格消毒，每头猪更换 1 次针头，接种部位严格消毒后进行深部肌内注射，若消毒不严或注入皮下易形成永久性肿包，并影响免疫效果。

（5）启封后应限 8 小时内用完。

（6）禁止与其他疫苗合用，接种同时不影响其他抗病毒类、抗生素类药物的使用。

（7）疫苗注射后可能引起轻微体温反应，但不引起流产、死胎和畸胎等不良反应，由于个体差异或者其他原因（如营养不良、体弱发病、潜伏感染、感染寄生虫、运输或环境应激、免疫功能减退等），个别猪在注射后可能出现过敏反应，可用抗过敏药物（如地塞米松、肾上腺素等）进行治疗，同时采用适当的辅助治疗措施。

仔猪产气荚膜梭菌病 A、C 型二价灭活疫苗

【性　状】　黄褐色海绵状疏松团块，易与瓶壁脱离，加稀释液后迅速溶解。

【用法与用量】　肌内注射。使用时按瓶签注明头份，用 20% 氢氧化铝胶生理盐水稀释，充分摇匀，分别于母猪分娩前 35～40d 和 10～15d 各接种 1 次，每次 1 头份（20mL）。

【贮藏与有效期】　2～8℃保存，有效期为 36 个月。

【注意事项】

（1）仅用于接种健康妊娠母猪。

（2）氢氧化铝胶生理盐水不得冻结。

（3）稀释后，应充分摇匀，限当天用完。

（4）用过的疫苗瓶、器具和未用完的疫苗等应进行无害化处理。

仔猪大肠埃希氏菌病三价灭活疫苗

【性　状】　静置后，上层为白色的澄明液体，下层为乳白色沉淀物，振摇后呈均匀混悬液。

【用法与用量】 肌内注射。妊娠母猪在产仔前 40d 和 15d 各注射 1 次，每次 5mL。

【贮藏与有效期】 2 ~ 8℃保存，有效期为 12 个月。

仔猪红痢灭活疫苗

【性　状】 静置后，上层为澄清液体，下层有少量沉淀，振摇后呈均匀混悬液。

【用法与用量】 肌内注射。母猪在分娩前 30d 和 15d 各接种 1 次，每次 5 ~ 10mL。如前胎已接种过本品，可于分娩前 15d 左右接种 1 次即可，剂量为 3 ~ 5mL。

【贮藏与有效期】 2 ~ 8℃保存，有效期为 18 个月。

【注意事项】

（1）切忌冻结，冻结过的疫苗严禁使用。

（2）使用前，应将疫苗恢复至室温，并充分摇匀。

（3）接种时，应做局部消毒处理。

（4）为了确保免疫效果，应尽量使所有仔猪吃足初乳。

（5）用过的疫苗瓶、器具和未用完的疫苗等应进行无害化处理。

猪巴氏杆菌病灭活疫苗

【性　状】 静置后，上层为淡黄色澄明液体，下层为灰白色沉淀，振摇后呈均匀混悬液。

【免疫期】 6 个月

【用法与用量】 皮下或肌内注射，每次 2mL。

【贮藏与有效期】 在 2 ~ 8℃保存，有效期为 12 个月；在 28℃以下保存，有效期为 9 个月。在 2 ~ 8℃保存，有效期为 18 个月，28℃以下保存，有效期为 12 个月。

猪传染性萎缩性鼻炎灭活疫苗

【性　状】　乳白色乳剂，无变色及破乳现象。长期保存时，表面可能有透明油层，瓶底无游离抗原及其他沉淀，易流动，在瓶壁及乳剂内无凝结团块物。表面油层在振动时消失，恢复成均匀的乳剂。

【用法与用量】

（1）在商品猪场，妊娠母猪产仔前 1 个月于颈部皮下注射疫苗 2mL，通过初乳防止其仔猪发生传染性萎缩性鼻炎。

（2）在种猪场，以被动主动结合免疫（即母仔免疫）预防败血博代氏杆菌感染仔猪为主。妊娠母猪免疫方法同商品猪场。免疫母猪所产仔猪于 7 日龄和 21 ~ 28 日龄时分别颈部皮下注射疫苗 0.2mL 和 0.4mL；同时，每个鼻孔滴入不加佐剂的菌液，分别为 0.25mL（各 50 亿菌）及 0.5mL（各 100 亿菌）。不加佐剂的菌液，在临用前将原苗用含有 0.01% 硫柳汞的灭菌磷酸盐缓冲盐水稀释为 200 亿 /mL 的菌液。

【贮藏与有效期】　4 ~ 8℃保存，有效期 12 个月。原苗按规定菌数用磷酸盐缓冲盐水稀释在 4 ~ 8℃保存，做滴鼻苗使用，有效期不超过 6 个月。

【注意事项】　防止冻结。

猪丹毒、多杀性巴氏杆菌病二联灭活疫苗

【性　状】　静置后，上层为澄清液体，下层有少量沉淀，振摇后呈均匀混悬液。

【免疫期】　6 个月。

【用法与用量】　皮下或肌内注射。体重10kg以上的断奶仔猪，每头 50mL；未断奶的仔猪，每头 30mL，间隔 1 个月后，再注射 30mL。

【反　应】　接种后一般无不良反应，但有时在注射部位出现微肿或硬结，以后会逐渐消失。

【贮藏与有效期】　2～8℃保存，有效期为 12 个月。

【注意事项】

（1）切忌冻结，冻结过的疫苗严禁使用。

（2）使用前，应将疫苗恢复至室温，并充分摇匀。

（3）瘦弱、体温或食欲不正常的猪不宜接种。

（4）接种时，应做局部消毒处理。

（5）用过的疫苗瓶、器具和未用完的疫苗等应进行无害化处理。

猪丹毒灭活疫苗

【性　状】　静置后，上层为橙黄色澄明液体，下层为灰白色或浅褐色沉淀，振摇后呈均匀混悬液。

【免疫期】　6 个月。

【用法与用量】　皮下或肌内注射。体重 10kg 以上的断奶猪，每头 50mL；未断奶仔猪，每头 30mL；间隔 1 个月后，再接种 30mL。

【贮藏与有效期】　2～8℃保存，有效期为 18 个月。

【注意事项】

（1）切忌冻结，冻结后的疫苗严禁使用。

（2）使用前，应将疫苗恢复至室温，并充分摇匀。

（3）瘦弱、体温或食欲不正常的猪不宜接种。

（4）接种时，应作局部消毒处理。

（5）用过的疫苗瓶、器具和未用完的疫苗等应进行无害化处理。

（6）接种后一般无不良反应，但有时在注射部位出现微肿或硬结，以后会逐渐消失。

猪口蹄疫（O 型）灭活疫苗

【性　状】　均匀乳剂。久置后，上层有少量油析出，振摇后呈均匀乳剂。

【免疫期】 6 个月。

【用法与用量】 耳根后部肌内注射。体重 10 ~ 25kg 的猪，每头 20mL；25kg 以上的猪，每头 30mL。

【贮藏与有效期】 2 ~ 8℃保存，有效期为 12 个月。

【注意事项】

（1）切忌冻结，冻结过的疫苗严禁使用。

（2）应在 2 ~ 8℃冷藏运输。运输和使用过程中，应避免阳光照射。

（3）使用时，应将疫苗恢复至室温，并充分摇匀。

（4）炎热季节接种时，应选在清晨或者傍晚进行。

（5）疫苗开启后，限当天用完。

（6）仅用于接种健康猪。妊娠后期（临产前 1 个月）的母猪、未断奶仔猪禁用。接种妊娠母猪时，保定和注射动作应轻柔，以免影响胎儿，防止因粗暴操作导致母猪流产。

（7）接种时，应做局部消毒处理，进针应达到适当的深度。

（8）接触过病畜的人员应更换衣服、鞋帽并经必要的消毒后，方可参与疫苗接种。

（9）疫苗注射后，可能会引起猪产生不良反应，注射部位肿胀，体温升高，减食或停食 1 ~ 2d。随着时间的延长，反应会逐渐减轻，直至消失。因品种、个体的差异，少数猪可能出现急性过敏反应（如焦躁不安、呼吸加快、肌肉震颤、口角出现白沫、鼻腔出血等），甚至因抢救不及时而死亡，部分妊娠母猪可能出现流产。建议及时使用肾上腺素等药物，同时采用适当的辅助治疗措施，以减少损失。因此，首次使用本疫苗的地区，应选择一定数量（约 30 头）猪进行小范围试用观察，确认无不良反应后，方可扩大接种面。

（10）用过的疫苗瓶、器具和未用完的疫苗等应进行无害化处理。

（11）屠宰前 28d 内禁止使用。

猪口蹄疫（O 型）灭活疫苗
（OZK/93 株 +OR/80 株或 OS/99 株）

【性　状】　略带黏滞性乳剂。

【免疫期】　注射疫苗后 2 ~ 3 周产生免疫力，免疫期为 6 个月。

【用法与用量】　耳根后部肌内注射。体重 10 ~ 25kg，每头接种 10mL；25kg 以上，每头接种 20mL。

【贮藏与有效期】　2 ~ 8℃保存，有效期为 12 个月。

【注意事项】

（1）疫苗应在 2 ~ 8℃下冷藏运输，不得冻结；运输和使用过程中，应避免日光直接照射；疫苗在使用前应充分摇匀。

（2）注射前检查疫苗性状是否正常，并对猪严格进行体态检查，对患病、瘦弱、临产前 2 个月及长途运输后的猪暂不注射，待其正常后方可注射。注射器械、疫苗瓶口及注射部位均应严格消毒，保证一头猪更换一次针头；注射时，入针深度适中，确实注入耳根后肌肉（剂量大时应考虑肌肉内多点注射法）。

（3）注射工作必须由专业人员进行，防止打飞针。接种人员要严把三关，即猪的体态检查、消毒及注射深度、注后观察。

（4）在疫区使用时，必须遵守先注安全区（群），然后受威胁区（群），最后疫区（群）的原则。在接种过程中做好环境卫生消毒工作，接种 15d 后方可进行调运。

（5）注射疫苗前必须对人员予以技术培训，严格遵守操作规程，曾接触过病猪的人员，在更换衣服、鞋、帽和进行必要的消毒之后，方可参与疫苗注射。25kg 以下仔猪接种时，提倡肌内分点注射法。

（6）用过的疫苗瓶、器具和未用完的疫苗等应进行无害化处理。

（7）妊娠后期的母畜慎用。

（8）接种后，注射部位一般会出现肿胀，呼吸加快，体温升高，精神沉郁，减食或停食 1 ~ 2d，一般在接种 3d 后即可恢复正常。个别牲畜因品种、个体差异等可能会出现过敏反应（如呼吸急促、焦躁不安、肌肉震颤、呕吐、鼻孔出血、失去知觉等症状），甚至因抢救不及时而死亡。个别妊娠母猪可能流产。重者可用肾上腺素或地塞米松脱敏抢救。

猪链球菌病灭活疫苗
（马链球菌兽疫亚种 + 猪链球菌 2 型）

【性　状】　静置后，底部有少量沉淀，上层为澄清液体，摇匀后呈均匀混悬液。

【免疫期】　二次免疫后免疫期为 6 个月。

【用法与用量】　肌内注射，仔猪每次接种 20mL，母猪每次接种 30mL。仔猪在 21 ~ 28 日龄首免，免疫 20 ~ 30d 后按同剂量进行第 2 次免疫。母猪在产前 45 日龄首免，产前 30 日龄按同剂量进行第 2 次免疫。

【贮藏与有效期】　2 ~ 8℃保存，有效期为 12 个月。

【注意事项】

（1）疫苗有分层属正常现象，用前应恢复至室温，用时请摇匀，一经开瓶限 4h 用完。

（2）疫苗切勿冻结。

（3）疫苗过期、变色或疫苗瓶破损，均不得使用。

（4）注射器械用前要灭菌处理，注射部位应严格消毒。

（5）仅用于接种健康猪。

（6）用过的疫苗瓶、器具和未用完的疫苗等应进行无害化处理。

猪囊尾蚴细胞灭活疫苗
（CC-97 细胞系）

【性　状】　乳白色乳状液。

【免疫期】 接种后 21 ~ 28d 产生免疫力，免疫期为 4 个月。

【用法与用量】 颈部肌内注射 20 ~ 30 日龄仔猪。首免 14d 后第 2 次免疫，每次 2mL/ 头。

【贮藏与有效期】 2 ~ 8℃保存，有效期为 12 个月。

【注意事项】

（1）只用于接种健康猪。

（2）使用前应使疫苗达到室温，用前振摇，用于接种的器具应清洁无菌。

（3）免疫时应深部肌内注射，免疫前后 2 周内圈养以防止接触病原。

（4）防止疫苗冻结，疫苗瓶开封后，应于当天用完。

（5）接种后，个别猪可能出现体温升高、减食等反应，一般在 2d 内自行恢复，重者可注射肾上腺素，并采取辅助治疗措施。

猪伪狂犬病灭活疫苗

【性　状】 白色均匀乳剂。

【免疫期】 免疫期为 6 个月。

【用法与用量】 颈部肌内注射。育肥仔猪，断奶时每头 2mL；种用仔猪，断奶时每头 2mL，间隔 28 ~ 42d，加强免疫接种 1 次，每头 3mL，以后每隔半年加强免疫接种 1 次；妊娠母猪产前 1 个月加强免疫 1 次。

【贮藏与有效期】 2 ~ 8℃保存，有效期为 12 个月。

【注意事项】

（1）使用前摇匀，使疫苗温度恢复到室温。

（2）启封后应当天用完。

（3）切勿冻结。

（4）一般反应，少数猪注射部位肿胀、体温升高，减食或停食 1 ~ 2d，随着时间延长，症状逐渐减轻，直至消失。严重反应，因品种、个体的差异，少数猪接种后可能出现急性过敏反应，如焦躁不安、呼吸加快、肌肉震颤、可视黏膜充血等，甚至因抢救不及时而死亡，部分妊娠母猪可能出现流产。建议及时使用肾上腺素等药物进行治疗，同时采用适当的辅助治疗措施，以减少损失。

猪萎缩性鼻炎灭活疫苗
（支气管败血波氏杆菌 833CER 株 +D 型多杀性巴氏杆菌毒素）

【性　状】　静置后，上层为灰白色至淡黄色液体，下层为白色至淡黄色沉淀，振荡后呈均匀混悬液。

【用法与用量】　用于母猪和后备母猪，颈部肌内注射，每头每次接种 1 头份（2mL）。推荐采用下列接种程序，基础免疫，未曾接种过该疫苗的母猪和后备母猪需进行 2 次接种，在预产期前 6 ~ 8 周首免，间隔 3 ~ 4 周再接种 1 次；加强免疫，以后每次分娩前 3 ~ 4 周再接种 1 次。

【贮藏与有效期】　2 ~ 8℃保存，有效期为 24 个月。

【注意事项】

（1）仅用于接种健康猪。

（2）严禁冻结，避光保存。

（3）用前应充分摇匀，并恢复至室温（15 ~ 25℃）。

（4）用过的疫苗瓶、器具和未用完的疫苗等应进行无害化处理。

（5）接种时，应按常规的无菌操作方法进行。

（6）疫苗接种后，注射位点可能会出现一过性轻度肿胀，直肠温度升高偶尔达到 15℃，不需处理，24h 内可恢复正常。

猪细小病毒病灭活疫苗（L 株）

【性　状】　白色乳剂。

【免疫期】　6 个月。

【用法与用量】　颈部肌内注射，每头 2mL。推荐免疫程序，初产母猪 5 ~ 6 月龄时接种 1 次，经产母猪于每次配种，3 ~ 4 周接种 1 次，种公猪每年接种 2 次。

【贮藏与有效期】 2 ~ 8℃保存，有效期为 12 个月。

【注意事项】

（1）使用前应使疫苗恢复到室温，并充分摇匀。

（2）应防止疫苗受高温、消毒剂的作用，避免阳光照射。

（3）使用前应认真检查疫苗，如出现破乳、变质等均不可使用。

（4）在标明的有效期内使用疫苗，疫苗瓶开封后，应予当天用完。

（5）切忌冻结。

（6）妊娠母猪不宜使用。

猪细小病毒病灭活疫苗（WH-1 株）

【性　状】 乳白色乳剂。

【免疫期】 6 个月。

【用法与用量】 颈部肌内注射，每头份 2mL。推荐免疫程序为，初产母猪 5 ~ 6 月龄免疫 1 次，2 ~ 4 周后加强免疫 1 次；经产母猪于配种前 3 ~ 4 周免疫 1 次；公猪每年免疫 2 次。

【贮藏与有效期】 2 ~ 8℃保存，有效期为 12 个月。

【注意事项】

（1）疫苗在运输、保存、使用过程中应防止高温、消毒剂和阳光照射。

（2）疫苗使用前应认真检查，如出现破乳、变色、包装瓶有裂纹等均不可使用。

（3）疫苗应在标明的有效期内使用，使用前必须恢复到室温并摇匀。疫苗瓶，开封后，应于当天用完，切忌冻结和高温。

（4）对注射部位进行严格消毒。

（5）剩余的疫苗及用具应经消毒处理后废弃。

（6）妊娠母猪不宜使用。

猪胸膜肺炎放线杆菌三价灭活疫苗

【性　状】　乳白色乳剂。

【免疫期】　用于预防由 1、3、7 型胸膜肺炎放线杆菌引起的猪传染性胸膜肺炎，免疫期为 6 个月。

【用法与用量】　耳后肌内注射。体重 20kg 以下仔猪，每头 2.0mL；体重 20kg 以上猪，每头 3.0mL。

【贮藏与有效期】　2 ~ 8℃保存，有效期为 12 个月。

【注意事项】

（1）切忌冻结。

（2）混有异物、疫苗瓶破裂或无标签时，禁止使用。

（3）运送和使用过程中应避免高温和曝晒。

（4）开瓶后，限当天用完。

（5）接种时，应做局部消毒处理。

（6）屠宰前 21d 内禁止使用。

（7）用过的疫苗瓶、器具和未用完的疫苗等应进行无害化处理。

猪鹦鹉热衣原体流产灭活疫苗

【性　状】　乳白色乳剂，久置后上层可有少量油质（1/20）析出，用前摇匀。

【免疫期】　注射疫苗后 18 ~ 21d 产生免疫力，免疫期为 1 年。

【用法与用量】　耳根部皮下注射。在母猪妊娠前后 1 个月内接种，每头 2mL。

【贮藏与有效期】　在 4 ~ 8℃保存，有效期为 12 个月。

【注意事项】

（1）疫苗使用前应充分摇匀。

（2）疫苗不可冻结，以防破乳分层。

（3）运输或使用中避免高温和直射阳光曝晒。

猪圆环病毒 2 型杆状病毒载体灭活疫苗

【性　状】　无色至微黄色混悬液。

【免疫期】　免疫后 2 周产生免疫力，免疫期为 4 个月。

【用法与用量】　肌内注射。2 周龄或 2 周龄以上猪每头 1 头份（10mL）。

【贮藏与有效期】　2 ~ 8℃保存，有效期为 24 个月。

【注意事项】

（1）切忌冻结。

（2）一经开瓶应立即使用。

（3）避光保存。

猪圆环病毒 2 型灭活疫苗（LG 株）

【性　状】　粉白色乳状液。

【用法与用量】　颈部肌内注射。新生仔猪，3 ~ 4 周龄首免，间隔 3 周加强免疫 1 次，1mL/ 头；后备母猪，配种前做基础免疫 2 次，间隔 3 周，产前 1 个月加强免疫 1 次，2mL/ 头；经产母猪跟胎免疫，产前 1 个月接种 1 次，2mL/ 头；其他成年猪实施普免，每半年 1 次，2mL/ 头。

【不良反应】　一般无可见的不良反应。

【贮藏与有效期】　2 ~ 8℃避光保存，有效期为 18 个月。

【注意事项】

（1）仅用于接种健康猪群。瘦弱、体温或食欲不正常的猪不宜注射。

（2）疫苗应冷藏运输和保存，切勿冻结，发生破乳、变色现象者应废弃。

（3）疫苗使用前应放至室温，充分振摇，严格消毒，开封后应当天用完。

（4）注苗后猪可能出现一过性体温升高、减食现象，一般可在 2d 内自行恢复。如有个别猪发生过敏反应，可用肾上腺素救治。

（5）剩余的疫苗及空瓶不得任意丢弃，须经加热或消毒灭菌后方可废弃。

猪圆环病毒 2 型灭活疫苗（SH 株）

【性　状】乳白色或淡粉红色均匀乳状液。

【免疫期】3 个月。

【用法与用量】颈部皮下或肌内注射。仔猪 14 ～ 21 日龄首免，1mL/ 头，间隔 2 周后以同样剂量加强免 1 次。

【贮藏与有效期】2 ～ 8℃保存，有效期为 12 个月。

【注意事项】

（1）使用前和使用中应充分摇匀。

（2）使用前应使疫苗升至室温。

（3）一经开瓶启用，应尽快用完。

（4）严禁冻结，破乳后切勿使用。

（5）仅供健康猪预防接种。

（6）接种工作完毕，应立即洗净双手并消毒，疫苗瓶及剩余的疫苗应以焚烧或煮沸等方法做无害化处理。

（7）一般无不良反应。个别猪接种疫苗后于注射部位可能出现轻度肿胀，体温轻度升高，1 ～ 3d 后恢复正常。

猪支原体肺炎复合佐剂灭活疫苗（P 株）

【性　状】上层为无色澄明液体，下层为乳白色沉淀，振摇后呈均匀混悬液。

【用法与用量】用于 2 周龄或 2 周龄以上猪，肌内注射，每头 1 头份（1mL）。

【不良反应】　一般无可见的不良反应。如出现过敏反应，可用阿托品之类药物脱敏治疗。

【贮藏与有效期】　2～8℃保存，有效期为 24 个月。

【注意事项】

（1）仅用于接种健康猪。

（2）疫苗切勿冻结或长时间暴露在高温环境。

（3）使用前充分摇匀，并将疫苗恢复室温。

（4）开瓶后，应一次用完。

（5）使用洁净注射器材。

（6）不可与其他疫苗混合使用。

（7）未用完的疫苗和使用后的疫苗瓶应销毁。

（8）屠宰前 21d 内禁止使用。

猪支原体肺炎灭活疫苗（J株）

【性　状】　白色不透明混悬液，久置后形成透明上层液，下层为白色，振摇后将迅速散开。

【免疫期】　4 个月。

【用法与用量】　3 周龄或以上猪，肌内注射，每头 1 头份（2mL）。

【贮藏与有效期】　2～8℃保存，有效期为 24 个月。

【注意事项】

（1）不要使疫苗冻结。

（2）用前摇匀，一旦打开，应尽快用完。

（3）屠宰前 60d 内禁止使用。

（4）用过的疫苗瓶、器具和未用完的疫苗等应进行无害化处理。

（5）接种后可能会发生过敏反应，可使用肾上腺素进行治疗。

第二节　猪用检测试剂盒

伪狂犬病胶乳凝集试验试剂盒

【性　状】　胶乳抗原为乳白色均匀混悬液。阳性血清和阴性血清均为橙黄或淡棕黄色液体。稀释液为透明无色液体。

【作用与用途】　胶乳抗原用于检测伪狂犬病病毒抗体的胶乳凝集试验。阳性血清用于伪狂犬病胶乳凝集试验抗原效价测定和胶乳凝集试验对照。阴性血清用于伪狂犬病胶乳凝集试验对照。稀释液用于待检血清的稀释。

【用法与判定】　对照试验应出现如下结果。

阳性对照：将阳性血清进行2倍系列稀释，20μL与等量胶乳抗原进行胶乳凝集试验。胶乳抗原与1:64稀释的阳性血清应出现"++"凝集反应。

阴性对照：阴性血清加抗原，应不发生凝集反应。

稀释液对照：抗原加稀释液混合后，应不发生凝集反应。

定性试验：取被测样品（血清或全血）、阳性血清、阴性血清、稀释液各1滴（约20μL），分别置于玻片上，各加等量胶乳抗原1滴，混匀，搅拌并摇动1～2min，3～5min内观察，判定结果。

定量试验：先将被测样品在微量反应板或EP管内用稀释液做2倍系列稀释，各取1滴（约20μL），依次滴加于玻片上，同时设阳性血清和阴性血清对照，随后各加胶乳抗原1滴，如上搅拌并摇动，判定。达到阳性凝集反应的血清最高稀释度，即为血清的抗体效价。

凝集反应强度标准：

"++++"表示全部胶乳凝集，颗粒聚于液滴边缘，液体完全透明。

"+++"表示大部分胶乳凝集，颗粒明显，液体稍浑浊。

"++"表示约50%胶乳凝集，但颗粒较细，液体较浑浊。

"+"表示有少许凝集，液体呈浑浊。

"–"表示液滴呈原有的均匀乳状。

出现"++"以上凝集判为阳性。

【贮藏与有效期】 在2～8℃，有效期为1年。

猪繁殖与呼吸综合征病毒 ELISA 抗体检测试剂盒

【作用与用途】 用于检测猪群中猪繁殖与呼吸综合征美洲型病毒抗体。

【用法与判定】

1. 用法

（1）试剂准备。用样品稀释液将阴性、阳性血清作1∶40稀释，将被检血清做1∶100稀释分别混匀后备用；将洗涤液（10×）稀释成工作浓度洗涤液（1×）备用。

（2）操作步骤。在阳性抗原包被孔 A1 和 B1 及阴性抗原包被孔 A2 和 B2 中分别加入阳性血清 100μL；在阳性抗原包被孔 C1 和 D1 及阴性抗原包被孔 C2 和 D2 分别加入阴性血清 100μL；用样品稀释液将被检血清做 100 倍稀释，加入样品孔中，室温下作用 30min，弃去反应孔中的液体；将每个孔用约 200μL 洗涤液充分清洗 3～5 次，在每次洗涤后将反应孔中的液体除去；最后一次除去洗涤液后，在吸水纸上拍打，除去残留的液体；每孔加入辣根过氧化物酶标记的抗猪抗体 100μL，室温作用 30～40min，洗涤 3～5 次；每孔中加入底物溶液 A 液和底物溶液 B 液各 50μL，室温避光作用 10min；向每孔中加入 100μL 终止液，终止反应。用酶标仪在 620nm 波长下测定各孔吸光度 OD620nm 值，根据读值计算结果。

计算方法：

阳性血清与阳性抗原反应孔 OD620nm 均值，Pp ＝（A1+B1）/2

阳性血清与阴性抗原反应孔 OD620nm 均值，Pn ＝（A2+B2）/2

阴性血清与阳性抗原反应孔 OD620nm 均值，Np ＝（C1+D1）/2

阴性血清与阴性抗原反应孔 OD620nm 均值，Nn ＝（C2+D2）/2

计算样品与阳性血清的比值（S/P），S/P ＝（Sp–Sn）/（Pp–Pn）

Sp，被检血清与阳性抗原反应孔 OD620nm 值；

Sn，被检血清与阴性抗原反应孔 OD620nm 值。

2. 判定

（1）Pp–Pn 与 Np–Nn 的比值必须 ≥ 2，试验结果才有效。否则，应进行重复试验。

（2）如果 S/P ≤ 0.4，说明样品中无抗猪繁殖与呼吸综合征病毒美洲型的抗体；如果 0.5 ＞ S/P ＞ 0.4，判定样品为可疑，应重复试验；如果 S/P ≥ 0.5，样品为猪繁殖与呼吸综合征病毒美洲型抗体阳性。

【贮藏与有效期】 2 ～ 5℃保存，有效期为 6 个月。

【注意事项】

（1）试剂盒严禁冻结。

（2）铝箔袋有破损时，建议不作为仲裁使用。

（3）试剂盒必须平衡至室温方可进行试验。

（4）目测时，阳性对照血清和阴性对照血清孔的颜色无明显区别，不能判定结果。

（5）运用质控血清进行检测，结果不在质控范围之内，试验不成立，需要重做试验。

（6）试剂盒各种组分均为专用，取用时不得交叉使用，以免污染。

（7）底物 A 和底物 B 应避光保存，使用后应立刻拧紧试剂瓶盖，并放回试剂盒内。

猪口蹄疫病毒 VP1 结构蛋白抗体 ELISA 诊断试剂盒

【**作用与用途**】　用于检测猪口蹄疫病毒 VP1 结构蛋白抗体。与猪口蹄疫病毒非结构蛋白抗体 ELISA 诊断试剂盒配套使用，用于区分口蹄疫野毒感染动物和疫苗免疫动物。

【**用法与判定**】

1. 用法

（1）使用前将试剂盒恢复到室温，避免阳光直射或放置在 30℃以上的环境中。

（2）取出试剂盒中的样品稀释板。A1、B1 两孔作为阴性对照孔，C1、D1 两孔作为阳性对照孔，其余孔作检测孔，每孔一个样品。

（3）在稀释板的各孔中加入 200μL 样品稀释液。在相应各孔中分别加入 10μL 对照血清或被检血清样品。用加样器重复吹吸数次。稀释每个样品时必须使用不同的吸头。

（4）取出抗原包被板。

（5）分别从稀释板上取稀释后的对照血清和被检血清各 100μL，加至抗原包被板的相应孔中，加盖或封膜后，置 37±2℃下孵育 60±5min。

（6）洗涤工作液配制，按需要量，用去离子水或双蒸水将洗涤液做 25 倍稀释。

（7）用洗涤工作液洗涤抗原包被板，每孔 300μL，洗涤 6 次，拍干。

（8）酶结合物工作液配制，用酶结合物稀释液将酶结合物做 100 倍稀释，现配现用。

（9）每孔加入 100μL 酶结合物工作液，加盖或封膜后，置 37±2℃下孵育 30±2min。

（10）重复步骤（7）。

（11）TMB 底物工作液配制，将 TMB 底物 B 液和 TMB 底物 A 液等量混合。现配现用。

（12）每孔加入 100μLTMB 底物工作液，加盖或封膜后，置 37±2℃下孵育 15±1min。

（13）每孔加入 100μL 终止液，并轻轻振荡混匀。

（14）在 15min 内，用酶联读数仪测定 OD450nm 值。

2. 判定

（1）阴性对照孔平均 OD450nm 值应不超过 0.2，每个阳性对照孔 OD 值应不低于 0.5，且不超过 2.0。否则，试验无效。临界值 = 0.23× 阳性对照孔平均 OD450nm 值。

（2）被检样品孔 OD450nm 值低于临界值时，判为阴性，即为抗口蹄疫病毒 VP1 结构蛋白抗体阴性。

（3）被检样品 OD450nm 值不低于临界值，判为阳性。

（4）对判定结果为阳性的样品，应用 2 个孔进行重复检测。重复检测后，若至少有一个孔为阳性，则判为口蹄疫病毒 VP1 结构蛋白抗体阳性；若两孔均为阴性，则判为口蹄疫病毒 VP1 结构蛋白抗体阴性。

（5）当猪口蹄疫病毒 VP1 结构蛋白抗体 ELISA 诊断试剂盒（试剂盒 1）与猪口蹄疫病毒非结构蛋白抗体 ELISA 诊断试剂盒（试剂盒 2）联合使用时，按下列标准（表 7-1）进行最终判定。

表 7-1　猪口蹄疫病毒试剂盒检测结果

		试剂盒 1 检测结果	
		+	-
试剂盒 2 检测结果	+	感染动物	感染动物
	-	疫苗接种动物	未免疫未感染动物

注：当试剂盒 1 和试剂盒 2 检测结果均为阳性时，表明检测动物为感染动物；当试剂盒 1 检测结果为阴性，试剂盒 2 检测结果为阳性时，表明检测动物为感染动物；试剂盒 1 检测结果为阳性，试剂盒 2 检测结果为阴性时，表明检测动物为接种过疫苗的动物；当试剂盒 1 检测为阴性，试剂盒 2 检测为阴性，表明检测动物为未经过免疫但没有感染的动物。

【贮藏与有效期】 2 ~ 8℃保存，有效期为 24 个月。

【注意事项】

（1）仅供体外诊断使用。

（2）试验中应按说明书操作，不同批号的组成成分不能混用。

（3）在规定的有效期内使用。

猪伪狂犬病病毒 ELISA 抗体检测试剂盒

【作用与用途】 用于检测猪伪狂犬病病毒抗体。

【用法与判定】

（1）用样品稀释液将待检血清样品做 1：40 稀释后加入酶标板中，每孔加 100μL。同时设阴性、阳性对照孔（1：40 稀释），每孔 100μL。轻轻振匀孔中样品（勿溢出），置 37℃温育 30min。

（2）甩掉板孔中的溶液，用洗涤液洗板 3 次，200μL/ 孔，每次静置 3min 倒掉，最后一次在吸水纸上拍干。

（3）每孔加酶标二抗（抗猪 IgG-HRP 酶标二抗）100μL，置 37℃温育 30min。

（4）洗涤 5 次，方法同（2）。

（5）每孔加底物 A 液、B 液各 50μL，混匀，室温避光显色 10min。

（6）每孔加终止液 50μL，15min 内测定结果。

（7）判定在酶标仪上测各孔 OD630nm 值。试验成立条件为阳性对照孔 OD630nm 值平均值 ≥ 1.0，阴性对照孔 OD630nm 值平均值 < 0.2。样品孔 OD630nm 值 ≥ 0.4 时，判为阳性；< 0.4 时，判为阴性。

【贮藏与有效期】 2 ~ 8℃保存，有效期 6 个月。

【注意事项】

（1）试剂盒使用前各试剂应平衡至室温。

（2）在规定的有效期内使用。

（3）微孔板拆封后避免受潮或沾水。

猪伪狂犬病病毒 gE 蛋白 ELISA 抗体检测试剂盒

【作用与用途】 用于猪伪狂犬病病毒 gE 蛋白抗体的检测。

【用法与判定】

1. 用法

（1）样品准备。取动物全血，待血液凝固后，以 4000r/min 离心 10min，收集上清。待检血清应清亮，无溶血。

（2）洗涤液配制。使用前，将 20 倍浓缩洗涤液恢复至室温（20 ~ 25℃），并摇动使沉淀溶解（最好在 37℃ 水浴中加热 5 ~ 10min），然后用蒸馏水做 20 倍稀释（如每两块板用 50mL 的 20 倍浓缩洗涤液加上 950mL 蒸馏水），混匀，稀释好的洗涤液在 2 ~ 8℃可存放 7d。

（3）样品和对照稀释。将待检血清在血清稀释板中按 1：40 稀释（如 195μL 样品稀释液中加 5μL 待检血清），对照血清在血清稀释板中按 1：4 稀释（如，180μL 样品稀释液中加 60μL 对照血清）

（4）操作步骤。

①取抗原包被板，分别将稀释好的待检血清和对照血清各 100μL 加入到抗原包被板孔中。阴性对照和阳性对照各设 2 孔，轻轻振匀孔中样品（勿溢出），置 37℃下孵育 30min。

②弃去孔中液体，每孔加入 200μL 洗涤液，每次静置 3min 后，弃去洗涤液，并在吸水纸上拍干，重复洗板 5 次。

③每孔加入羊抗猪酶标二抗 100μL，置 37℃下孵育 30min。

④洗涤 5 次，方法同②。

⑤每孔加底物液 A、底物液 B 各 1 滴（约 50μL），混匀，室温（20 ~ 25℃）下避光显色 10min。

⑥每孔加入终止液 1 滴（约 50μL），10min 内测定结果。

2. 判定

在酶标仪上测定各孔 OD630nm 值。试验成立的条件为，阳性对照孔 OD630nm 值均 ≥ 0.8，且 < 2.0；阴性对照孔 OD630nm 值均 < 0.3。如果样品孔 OD630nm 值（S）≥ 阳性对照孔平均 OD630nm 值（P）× 0.27，判为 gE 抗体阳性；如果 S < P × 0.27，判为 gE 抗体阴性。

【贮藏与有效期】 2 ~ 8℃保存，有效期为 6 个月。

【注意事项】

（1）试剂盒使用前，各试剂应平衡至室温，使用后放回 2 ~ 8℃保存。

（2）不同批号的试剂盒组分不得混用，不同试剂使用时应防止交叉污染。

（3）底物液和终止液不能暴露于强光下或接触氧化剂。

（4）待检血清数量较多时，应先稀释完所有待检血清，再加到抗原包被板上，使反应时间一致。

（5）稀释 20 倍浓缩洗涤液时，如发现有结晶，应加热使其溶解后再使用。

（6）移液时，应尽量准确，防止产生气泡。

（7）应严格遵守各操作步骤规定的时间和温度。

猪乙型脑炎胶乳凝集试验抗体检测试剂盒

【作用与用途】 用于猪乙型脑炎抗体水平检测及流行病学调查。

【用法与判定】

（1）定性试验。取被测样品（血清、全血或乳汁）、阳性血清、阴性血清、稀释液各 20μL，分别置于玻片上，各加胶乳抗原 20μL，搅拌混匀，并摇动 1 ~ 2min，于 3 ~ 5min 内观察结果。

（2）定量试验。先将血清在微量反应板或小试管内做连续稀释，各取 20μL 依次滴加于玻片上，另设对照同上。随后各加胶乳抗原 20μL。如上搅拌并摇动，判定。

（3）结果判定。凝集反应强度表示如下：

"++++"表示全部胶乳凝集，颗粒聚于液滴边缘，液体完全透明；

"+++"表示大部分胶乳凝集，颗粒明显，液体稍浑浊；

"++"表示约50%胶乳凝集，但颗粒较细，液体较浑浊；

"+"表示有少许凝集，液体呈浑浊；

"−"表示液滴呈原有的均匀乳状。

判定标准：当阳性血清加抗原呈"++++"凝集；阴性血清加抗原呈"−"凝集；抗原加稀释液呈"−"凝集。以呈现"++"及其以上凝集反应判为阳性。

【贮藏与有效期】 2 ~ 8℃保存，有效期为12个月。

【注意事项】

（1）抗原为乳白色均匀混悬液，如出现分层，使用前轻轻摇匀。

（2）试剂盒使用前各试剂应平衡至室温。

（3）不同批号试剂盒的试剂组分不得混用。

猪圆环病毒2-dCap-ELISA抗体检测试剂盒

【作用与用途】 用于猪圆环病毒2型的抗体检测。

【用法与判定】

1. 用法

（1）取20×洗涤浓缩液（血清稀释液），用蒸馏水稀释20倍。

（2）用血清稀释液在稀释板内将待检血清样本稀释400倍，振荡混匀。

（3）取抗原包被板，每孔加入100μL已稀释的待检样品；同时设不稀释的强阳性对照血清孔、弱阳性对照血清孔、阴性对照血清孔，各2孔。

（4）轻轻振匀孔中样品，置37℃孵育30min。

（5）甩掉抗原包被板孔中的溶液，每孔加入200 ~ 300μL洗涤液，静置1min，倒掉洗涤液。重复洗板5次。用吸水纸干燥抗原包被板。

（6）每孔加入山羊抗猪 IgG 酶标二抗工作液 100μL，置 37℃孵育 30min。

（7）洗涤液洗板 5 次，方法同（5）。

（8）蒸馏水洗板 2 次，甩干。

（9）等体积混合显色 A 液、显色 B 液，混匀，每孔 100μL，室温避光显色 10min。

（10）每孔加终止液 50μL，30min 内测定结果。

（11）在酶标仪上读取样品 OD450nm 的光密度值。

2. 判定

（1）试验成立条件。两孔阴性对照 OD450nm 平均值应 $\leqslant 0.25$，两孔强阳性对照 OD450nm 平均值应 $\geqslant 0.8$，两孔弱阳性对照 OD450nm 平均值应 $\geqslant 0.5$。

（2）S/P 值的计算。S/P 值 =（待检样本 OD450nm 均值 – 阴性对照 OD450nm 均值）/（阳性对照孔 OD450nm 均值 – 阴性对照 OD450nm 均值）。

（3）结果判定。阳性 S/P 值 $\geqslant 0.25$；可疑 $0.16 <$ S/P 值 < 0.25；阴性 S/P 值 $\leqslant 0.16$。

（可疑区间的样品重复检测 1 次，如样品 S/P 值仍在可疑区间内，判定为 PCV-2 抗体阴性）。

【注意事项】

（1）试剂盒严禁冻结。

（2）试剂盒的洗液出现絮状沉淀不能使用。

（3）96 孔抗原包被板受潮或沾水后不能使用。

（4）显色 A 液、显色 B 液切勿交叉污染。

（5）试剂盒从冷藏环境中取出后，应置室温下平衡 30min 后再使用。

（6）每个血清样品 1 个吸头，避免样品交叉污染。

（7）待检血清样品数量较多时，应尽量缩短加样时间。

（8）洗涤时各孔均需加满洗涤液，防止因洗涤不充分造成非特异性显色。

（9）终止反应后应立即用酶标仪读数，应在 15min 内完成。

（10）所有样品、洗涤液和各种废弃物都应灭活处理。

（11）所有试剂均含有防腐剂，不得入口。

（12）显色液 B 对强光和氧化剂敏感，应尽量避光；取 A、B 液时必须更换枪头，防止试剂交叉污染。

（13）终止液为 2mol/L 硫酸，应避免与眼、皮肤接触。

（14）严格按照实验操作步骤操作。

【贮藏与有效期】 2～8℃保存，有效期为 6 个月。

猪繁殖与呼吸综合征病毒 RT-PCR 检测试剂盒

【作用与用途】 用于检测猪组织、血液中 PRRS 病毒的核酸；可能感染 PRRS 病毒猪的肺、淋巴结等病料和血清以及细胞培养物中 PRRS 病毒 RNA 的检测。

【用法与判定】

1. 样本采集、保存及运输

（1）样品采集。①器材要求。所有采集样品的器材必须经高压或干烤灭菌。②采集部位。病死或扑杀猪取肺、扁桃体、肺门淋巴结等组织病变边缘处组织；待检活猪用注射器取血 5mL，2～8℃保存，送实验室检测（要求送检病料新鲜，严禁反复冻融病料）。③采集方法。组织样品直接剪取肺和淋巴结样品约 2g，放入灭菌容器内即可。全血样品用一次性注射器取血 5mL。

（2）样品保存。2～8℃保存应不超过 24h；-70℃条件以下可长期保存，在保存期间要避免反复冻融，最多冻融 3 次。

（3）样本运输。置于加冰的冰壶或泡沫箱内运输，运输过程中保证容器内温度保持在 2～8℃，24h 内运至检测地点。

2. 样本处理

（1）组织样品处理。称取待检组织 0.05g 置研磨器中剪碎并研磨，加入 400μL 变性液继续研磨. 取 200μL 已研磨好的待检组织上清，置 1.5mL 灭菌离心管中，再加入 200μL 变性液，混匀。

（2）全血样品处理。待血凝后取血清 200μL，置 1.5mL 灭菌离心管中，加入 200μL 变性液，混匀。

（3）阳性对照样品处理。取阳性对照样品 200μL，置 1.5mL 灭菌离心管中，加入 200μL 变性液，混匀。

（4）阴性对照样品处理。取阴性对照样品 200μL，置 1.5mL 灭菌离心管中，加入 200μL 变性液，混匀。

3. 病毒 RNA 提取

取已处理的待检样品、阴性对照样品、阳性对照样品，每管依次加入醋酸钠溶液 30μL、酚 / 氯仿 / 异戊醇混合液 300μL（取酚 / 氯仿 / 异戊醇混合液之前不要晃动，不要吸到酚 / 氯仿 / 异戊醇混合液上层保护液。此液有很强的腐蚀性，切勿沾到皮肤或衣物，否则立即用大量清水冲洗并擦干），颠倒 10 次，混匀（不宜过于强烈振荡，以免产生乳化而不分层），冰浴 15min，4℃ 13 000g 离心 15min。取 300μL 上清液置于新的经无菌 DEPC 水处理过的 1.5mL 灭菌离心管中（注意不要吸出和破坏分界层），加入 300μL 异丙醇，20min（注意固定离心管方向，即将离心管开口朝离心机转轴方向放置）。弃上清，沿离心管开口方向管壁缓缓滴入 -20℃ 预冷的 75% 乙醇溶液 1mL，轻轻旋转 1 周后倒掉，将离心管倒扣于吸水纸上 1min（不同样品严禁放在吸水纸同一地方吸干），真空抽干 15min（以无乙醇味为准）。用 9μL 无菌 DEPC 水和 1μLRNA 酶抑制剂沿离心管开口相反方向溶解沉淀，备用。

4. RT 操作程序

（1）RT 反应液体系配制。N 个检测样品反应体系配制为，取

16×（N+3）μL RT 反应液（用前融化，混匀）、（N+3）μL RNA 酶抑制剂、（N+3）μL 反转录酶，混匀。取 N+2 个 0.2mL 薄壁 PCR 管做好标记，将配制的混合液以每管 18μL 分配至薄壁 PCR 管中。根据标记分别加入 2μL 提取的样品 RNA（一份样本换用一个吸头），其中 2 管分别加入 2μL 阳性对照和阴性对照样品 RNA，混匀。

（2）反转录程序。将 0.2mL 薄壁 PCR 管放置在 PCR 扩增仪上进行以下温度控制程序，42℃ 1 小时，98℃ 5min。

5. PCR 操作程序

（1）PCR 反应液体系配制。N 个检测样品反应体系配制为取 16×（N+3）μL PCR 反应液（用前融化，混匀）、2（N+3）μL 0.5U/μL TaqDNA 聚合酶，混匀。取 N+2 个 0.2mL 薄壁 PCR 管做好标记，将配制的混合液以每管 18μL 分配至薄壁 PCR 管中。根据标记分别加入 2μL 产物 cDNA（一份样本换用一个吸头），混匀。加入矿物油 1 滴（约 15μL）覆盖。

（2）PCR 程序。将 0.2mL 薄壁 PCR 管放置在 PCR 扩增仪上进行以下温度控制程序，94℃ 30 秒、55℃ 30 秒、72℃ 30 秒循环，35 个循环后，72℃延伸 10min。

6. 电泳

称取 2g 琼脂糖置于 500mL 锥形瓶中，加入 1×TAE 电泳缓冲液 200mL（取 4mL 50×TAE 电泳缓冲液，用双蒸水稀释至 200mL），于微波炉中或电热器上熔解，再加入 20μL 溴化乙锭溶液混匀。在电泳槽内放好梳子，倒入琼脂糖凝胶，待凝固后将 PCR 扩增产物 15μL 混合 3μL 上样缓冲液，加样于琼脂糖凝胶孔中，以 5V/cm 电压电泳 30min，紫外灯下观察结果，照相。

7. 结果判定

在阳性对照样品出现 660bp 扩增带、阴性对照样品无扩增带出现（引物带除外）时，试验结果成立。被检样品出现 660bp，扩增带为猪繁殖与呼吸综合征感病毒阳性，否则为阴性。

【贮藏与有效期】 试剂盒 2～8℃保存，其中阴性对照样品、阳性对照样品、RT 反应液、PCR 反应液、75% 乙醇、RNA 酶抑制剂、0.5U/μL TaqDNA 聚合酶、AMV 反转录酶保存于 −20℃。有效期为 6 个月。

【注意事项】

（1）本品仅供体外诊断用。

（2）所有用于检测的废弃物品均应放入含 1% 次氯酸钠溶液的废物缸内，高压灭菌处理。

（3）PCR 实验室应分配液区、模板提取区、扩增区和电泳区。PCR 工作流程顺序为配液区→模板提取→扩增区→电泳区。各区器材试剂专用，不可跨区使用。试验结束后立即用 1% 次氯酸钠或 75% 酒精或紫外灯消毒工作台。

（4）所有试剂应在规定的温度下保存，使用时先将 RT 反应液和 PCR 反应液拿到室温融化后使用，用毕立即放回原处，其他试剂现用现取，用完立即放回原处，不同批次试剂不能混用；勿使用过期的试剂盒。

（5）在提取 RNA 时，尽量缩短操作时间，避免 RNA 酶污染。离心管、吸头等在试验前应全部高压灭菌。用灭菌的镊子夹取离心管，打开和盖上离心管盖时避免手和手套接触离心管口。

（6）用前将 RT 反应液、PCR 反应液、RNA 酶抑制剂、AMV 反转录酶和 0.5U/μL TaqDNA 聚合酶，5 000g 离心 15s，使液体全部沉于管底。配制和分装 RT、PCR 反应液体系时应尽量避免产生气泡。

（7）按试剂盒说明书要求准确吸取各种试剂，移液器、PCR 仪等应定期校验。

（8）溴化乙锭溶液具有致癌性，小心操作，若沾到皮肤或衣物上，应立即用大量清水冲洗。

（9）试剂盒为 10 头份包装，在有效期限内应 3 次以内用完。不同批次的试剂盒成分不能混用。

猪圆环病毒聚合酶链反应检测试剂盒

【作用与用途】 用于可能感染猪圆环病毒的猪血清、肺脏、淋巴结等病料以及细胞培养物中猪圆环病毒 DNA 的检测。

【用法与判定】

1. 样本采集、保存及运输

（1）样品采集。

①器材要求。所有采集样品的器材必须经高压或干烤灭菌。

②采集部位。病死或扑杀猪，取肺、淋巴结等组织病变部与健康部交界处组织；幼龄猪取心脏；待检活猪，用注射器取血 5mL。样品于 2 ~ 8℃保存，送实验室检测（要求送检病料新鲜，严禁反复冻融）。

③采集方法。组织样品直接剪取肺、淋巴结或心肌样品约 2g，放入灭菌容器内即可。全血样品用一次性注射器取血 5mL。

（2）样本保存。2 ~ 8℃保存，不超过 24h；-70℃以下可长期保存，在保存期间要避免反复冻融，最多冻融 3 次。

（3）样本运输。置于加冰的冰壶或泡沫箱内运输，运输过程中保证容器内温度保持在 2 ~ 8℃，24h 内运至检测地点。

2. 样本处理

（1）组织样品处理。取待检病料约 0.2g，置研磨器中剪碎并研磨，加入 2mL 消化液继续研磨。取已研磨好的待检病料上清液 100μL，置 1.5mL 灭菌离心管中，再加入 500μL 消化液和 10μL 蛋白酶 K 溶液，混匀后，置 55℃水浴中 4 ~ 16h。

（2）全血样品处理。待血液凝固后，取上清液放于离心管中，4℃ 8 000g 离心 5min，取上清液 100μL，置 1.5mL 灭菌离心管中，加入 500μL 消化液和 40μL 蛋白酶 K 溶液，混匀，置 55℃水浴中 4 ~ 16h。

（3）阳性对照处理。分别取 PCV-1 阳性对照样品和 PCV-2 阳性对照样品各 100μL，置 1.5mL 灭菌离心管中，每管加入 500μL 消化液和 10μL 蛋白酶 K 溶液，混匀，置 55℃ 水浴中（4～16h）。

（4）阴性对照处理。取阴性对照液 100μL，置 1.5mL 灭菌离心管中，加入 500μL 消化液 10μL 蛋白酶 K 溶液，混匀，置 55℃水浴中（4～16h）。

3. DNA 模板提取

（1）取出已处理的待检样品及阴性、阳性对照样品，每管加入 600μL 酚/氯仿/异戊醇混合液，用力颠倒 10 次混匀，13 000g 离心 10min。

（2）取上清液 500μL 置 1.5mL 灭菌离心管中，加入等体积异丙醇，混匀，置液氮中 1min 或 -70℃ 冰箱中 30min。取出离心管，室温融化，20 000g 离心 15min。

（3）弃上清液，沿离心管开口方向管壁缓缓滴入 -20℃ 预冷的 75% 乙醇溶液 1mL，轻轻旋转洗 1 次后倒掉，将离心管倒扣于吸水纸上 1min，真空抽干 15min。

（4）取出离心管，用 50μL 灭菌双蒸水溶解沉淀，作为模板备用。

4. PCR 操作程序

（1）PCR 反应液体系配制。N 个检测样品反应体系配制为，取 16×（N+4）μL PCR 反应液（用前融化，混匀）、2（N+4）μL 0.5U/μL TaqDNA 聚合酶，混匀。取 N+3 个 0.2mL 薄壁 PCR 管做好标记，将配制的混合液以每管 18μL 分配至薄壁 PCR 管中，分别加入检测样品、PCV-1 阳性对照样品、PCV-2 阳性对照样品及阴性对照样品提取的 DNA 2μL（1 份样本换用 1 个吸头），做好标记，混匀。加入矿物油 1 滴（约 15μL）覆盖。

（2）PCR 程序。将 0.2mL 薄壁 PCR 管放置在 PCR 扩增仪上进行以下温度控制程序，94℃ 4 预变性 3min；94℃ 变性 30 秒，62℃ 退火 45 秒，72℃ 延伸 45 秒，35 个循环后，72℃ 延伸 10min。

5. 电泳

将 PCR 扩增产物 15μL 与 3μL 上样缓冲液混合，点样于 1%

琼脂糖凝胶孔中，以 5V/cm 电压电泳 40min，紫外凝胶成像仪下观察结果。

6. 结果判定

当 PCV-1 阳性对照样品出现 652bp 扩增带，PCV-2 阳性对照样品出现 1154bp 扩增带，阴性对照未出现目的带时，试验结果成立。被检样品出现 652bp 扩增带为 PCV-1 阳性，出现 1154bp 扩增带为 PCV-2 阳性，未出现相应扩增带的样品判为阴性；652bp 和 1154bp 扩增带都出现时，判定样品 PCV-1 和 PCV-2 均为阳性。

【注意事项】

（1）本品仅供体外诊断用。

（2）所有用的废弃物品均应放入含 1%次氯酸钠溶液的废物缸内，高压灭菌处理。

（3）PCR 实验室应分配液区、模板提取区、扩增区和电泳区。PCR 工作流程顺序为配液区→模板提取区→扩增区→电泳区。各区器材试剂专用，不可跨区使用。实验结束后立即用 1%次氯酸钠或 75%酒精或紫外灯消毒工作台。

（4）所有试剂应在规定的温度下保存，使用时先将和 PCR 反应液置于室温下融化后使用，用毕立即放回原处，其他试剂现用现取，用完立即放回原处，不同批次试剂不能混用；勿使用过期的试剂盒。

（5）离心管、吸头等在试验前应全部高压灭菌。用灭菌的镊子夹取离心管，打开和盖上离心管盖时避免手和手套接触离心管口。

（6）用 PCR 反应液和 0.5U/μL TaqDNA 聚合酶前，将其 5 000g 离心 15 秒，使液体全部沉于管底。配制和分装 PCR 反应液体系时应尽量避免产生气泡。

（7）按试剂盒说明书要求准确吸取各种试剂，移液器、PCR 仪等应定期校验。

（8）溴化乙锭溶液具有致癌性，小心操作。若沾到皮肤或衣物上，应立即用大量清水冲洗。

（9）本试剂盒为 10 头份包装，在有效期限内应 3 次以内用完。不同批次的试剂盒成分不能混用。

弓形虫核酸扩增（PCR）荧光检测试剂盒

【用途】 用于弓形虫核酸的检测。

【试剂】 见表 7-2。

表 7-2　弓形虫核酸扩增（PCR）荧光检测试剂盒所用试剂

编号	名称	数量
TU-1	PCR 反应液	650μL
TU-2	引物	100μL
TU-3	阴性对照	50μL
TU-4	阳性对照	50μL

【保存期】 -20℃冷冻保存，有效期 12 个月。

【操作步骤】

（1）实时荧光 PCR 加样体系。见表 7-3。

表 7-3　弓形虫核酸扩增（PCR）荧光检测试剂盒加样体系

编号	数量
TU-1	12.5μL
TU-2	2μL
模板（或对照）	10.5μL

（2）反应程序。在荧光 PCR 仪上进行以下反应：95℃ 3min 一个循环；95℃ 10s，53℃ 20s，72℃ 20s，共 40 个循环，在每次循环第三步（72℃ 20s）收集 SYBR Green 荧光信号，溶解曲线分析（95℃ 10s，60℃ 60s，97℃ 10s）。

【结果判定】

（1）阈值设定。试验检测结束后，根据收集的荧光曲线和 Ct 值直接读取检测结果。Ct 值为每个反应管内的荧光信号达到设定的阈值时所经历的循环数。阈值设定原则根据仪器噪声情况进行调整，以阈值线刚好超过正常阴性样品扩增曲线的最高点为准。

（2）质控标准。①阴性对照无 Ct 值，且无典型扩增曲线。②阳性对照的 Ct 值 < 30.0，并出现典型的扩增曲线。③灵敏性 10⁻⁴ 以上，特异性 98% 以上，批间批内差异 ≤ 3%。

（3）结果描述及判定。当被检样品出现典型的扩增曲线，且 Ct 值 ≤ 35.0 时为弓形虫核酸阳性；无 Ct 值为弓形虫核酸阴性；对于 Ct 值 > 35.0 的样品，应重检，Ct 值 > 38.0 的样品判为阴性，Ct 值 ≤ 38.0 的样品判为阳性。

【注意事项】

（1）每次使用，开盖之前请先瞬时离心，使试剂沉于管底。

（2）尽量建立 PCR 试验操作区，避免交叉污染，DNA 提取及加样品过程中，要求戴一次性塑料手套，并经常更换。

猪细小病毒实时荧光 PCR 检测试剂盒

【用途】　用于猪细小病毒 2 型核酸的检测。

【试剂】　见表 7–4。

表 7–4　猪细小病毒实时荧光 PCR 检测试剂盒加样体系

编　号	名　称	数　量
TU–1	PCR 反应液	650μL
TU–2	引　物	100μL
TU–3	探针 FAM	100μL
TU–4	阴性对照	50μL
TU–5	阳性对照	50μL

【保存期】 -20℃冷冻保存，有效期 12 个月。

【操作步骤】

（1）实时荧光 PCR 加样体系见表 7-5。

表 7-5 猪细小病毒实时荧光 PCR 检测试剂盒加样体系

TU-1	12.5μL
TU-2	2μL
TU-3	2μL
模板（或对照）	8.5μL

（2）反应程序。在荧光 PCR 仪上进行以下反应：95℃ 3min 一个循环；95℃ 10s，55℃ 20s，72℃ 20s，共 40 个循环，在每次循环第三步（72℃ 20s），收集荧光信号（报告基团"FAM"，猝灭集团"None"）。

【结果判定】

（1）阈值设定。试验检测结束后，根据收集的荧光曲线和 Ct 值直接读取检测结果，Ct 值为每个反应管内的荧光信号达到设定的阈值时所经历的循环数。阈值设定原则根据仪器噪声情况进行调整，以阈值线刚好超过正常阴性样品扩增曲线的最高点为准。

（2）质控标准。①阴性对照无 Ct 值，且无典型扩增曲线。②阳性对照的 Ct 值 < 28.0，并出现典型的扩增曲线。③灵敏性 10^{-4} 以上，特异性 98% 以上，批间批内差异 ≤ 3%

（3）结果描述及判定。当被检样品出现典型的扩增曲线，且 Ct 值 ≤ 30.0 时，为猪细小病毒核酸阳性；无 Ct 值为猪细小病毒核酸阴性；对于 Ct 值 > 30.0 的样品，应重检，Ct 值 > 38.0 的样品判为阴性，Ct 值 ≤ 38.0 的样品判为阳性。

【注意事项】

（1）每次使用，开盖之前请先瞬时离心，使试剂沉于管底。

（2）尽量建立 PCR 试验操作区，避免交叉污染，RNA 抽提严格防止 RNA 酶污染，要求戴一次性塑料手套，并经常更换。

第八章　中兽药

第一节　中兽药基础知识

中兽药是应用纯天然动物、植物、矿物药预防和治疗畜禽疾病或促进动物生长的物质。中兽药是我国兽医药学的宝贵遗产，长期以来对畜禽养殖业的繁荣和发展做出了不可磨灭的贡献。不仅在中国得到了继承和发展，在国际上也产生了巨大的影响，亚洲的很多国家和地区把兽用中草药防治畜禽疾病、提高畜禽健康质量的重要手段，与西药共同用于临床。欧美各国近年也越来越重视中兽药的研究，一些兽用中草药的治疗作用逐渐得到了临床的认可。

中兽药目前临床已应用的超过千种，可利用的中兽药可分为两大类，一是活性成分，二是营养成分，通过扶正祛邪的原理在一定程度上提高动物免疫能力，从而将体内的病原体彻底的消灭。根据中兽医学理论，中兽药可以分为解表药、清热药、泻下药、消导药、化痰止咳平喘药、温里药、祛湿药、理气药、理血药、收涩药、补益药、平肝药、安神开窍药、驱虫药和外用药等15大类。

一、中兽药作用

尽管中兽医药具有几千年的历史，但是目前对其防治畜禽疾病的具体作用机理尚不完全清楚，根据现有药物研究表明中兽药具有以下作用机理。

（一）抗菌、抑菌及抗毒素作用

在细菌感染性疾病中，兽医临床中主要使用抗生素类药物。目前的试验研究表明，中兽医药中的许多中药和方剂具有抗菌或抑菌作用，并且具有抗菌谱广、毒副作用小、效果良好和不易使细菌产生耐药性的特点。对于一些已经对抗生素产生耐药性的细菌，中草药仍然有良好的效果。部分中药组合对各种血清型大肠杆菌具有抑菌作用，体现了中药的配伍优势。

有些中草药还能对抗多种病原微生物毒素以及阻止毒素对机体的损害作用。研究表明，甘草主要成分甘草甜素及甘草醋酸对破伤风毒素具有明显的中和作用；金银花、连翘提取物除具有体外抑菌作用以外，还具有抗大肠杆菌热敏肠毒素的作用。

（二）调节动物机体免疫功能

动物机体对疾病的抵抗力主要取决于机体免疫力的高低。现代研究表明，中兽药不仅可以抵抗病原体，还可以通过调节动物机体免疫力来达到抵抗疾病的目的。有研究表明有些中草药能增加动物机体免疫器官胸腺、脾脏和腔上囊等的重量，从而促进正常或者免疫功能低下动物免疫器官的发育。

（三）抗病毒作用

病毒是严重危害人类和畜牧业安全的重要病原体。目前防治病毒性疾病的主要手段是研制抗病毒疫苗，但对于 HIV 等病毒，或者容易发生变异的病毒，采用疫苗防治效果就不理想。因此在进行疫苗研究的同时，采用抗病毒药物进行防治和控制具有重要意义。中兽药抗病毒是多种作用的综合结果，有的具有直接抗病毒作用；有的可促进细胞免疫和体液免疫，进而达到抗病毒作用；有的具有抗氧化、清除自由基作用，从而使活性氧和自由基维持正常水平，保护和调节动物机体免疫力，达到抗病毒作用。

（四）抗肿瘤作用

随着畜牧业的不断发展，畜禽肿瘤疾病也不断增多，而中草药在防治肿瘤疾病方面也有很好的前景。研究表明，中草药具有细胞毒类抗肿瘤作用，诱导癌细胞分化，抗癌侵袭、转移作用，抗信息传递，逆转肿瘤的耐药性，抑制端粒酶活性，作用于细胞周期和细胞凋亡，癌化学预防，作为抗癌性增效剂以及抗癌性疼痛等作用，在肿瘤疾病防治中具有非常大的潜能和前景。

（五）多靶点作用

中兽药的多靶点作用，或许也是防治畜禽病毒性传染病的一种有效机理。药理试验证明，人参具有大补元气、补脾益肺、复脉固脱、生津安神等多靶点作用。因此，中兽药能显著提高机体免疫功能和抗应激能力，呈现间接抗病作用。

二、方剂

（一）方剂组成

除单方外，方剂一般均有三味以上药物组成。一般构成方剂的药物组分包括君、臣、佐、使四部分，概括了方剂的结构和药物配伍的主从关系。《黄帝内经·素问》中说，"主病之谓君，佐君之谓臣，应臣之谓使"。

君药是针对病因或主证起主要治疗作用的药物，又称主药。臣药是辅助君药，以加强治疗作用的药物，又称辅药。佐药有三方面的作用，一是用于治疗兼证或次要症候；二是制约君药的毒性或烈性；三是反佐，用于因病势拒药须加以从治者。

方剂中君臣佐使的药味划分，是为了使处方者在组方时注意药物的配伍和主次关系。有些方剂，药味很少，其中的君药或臣药本身就兼有佐使作用，则不需要再另配伍佐使药。有些方剂，根据病情需要，只需区分药味的主次即可，不必都按君臣佐使的结构排列。如二妙散（苍术、黄檗）只有两味药，独参汤只有一味药。

（二）方剂变化

方剂虽然有一定的组成原则，但在临床应用时，常常不是一成不变地照搬原方，而应该根据病情轻重缓急，以及动物种类、体质、年龄等情况，灵活应用。方剂的组成变化大致有以下几种形式。

1. 药味增减变化

指在主证未变、兼证不同的情况下，方中主药仍然不变，但根据病情适当增添或减去一些次要药味，也称随证加减。如郁金散（方剂组成，郁金30g，诃子15g，黄芩30g，大黄60g，黄连30g，黄檗30g，栀子30g，白芍15g）是治疗肠黄、湿热下痢的基础方，临床上常根据具体病情加减使用。若热甚，宜减去原方中的诃子，以免湿热滞留，加金银花、连翘，以增强清热解毒之功；若腹痛重，加乳香、没药、延胡索，以活血止痛；若水泻不止，则去原方中的大黄，加猪苓、茯苓、泽泻、乌梅，以增强利水止泻的功能。若主证已变，则应重新立法组方。

2. 药物配伍变化

指方剂中主药不变，而改变与之相配伍的药物，其功能和主治也相应发生变化。

3. 药量增减变化

指方中的药物不变，只增减药物的用量，可以改变方剂的药力或治疗范围，甚至也可以改变方剂的功能和主治。

4. 数方合并

当病情复杂，主、兼各证均有其代表性方剂时，可将两个或两个以上的方剂合并成一个方使用，以扩大方剂的功能，增强疗效。

5. 剂型变化

同一方剂，由于剂型不同，功效也有变化。一般汤剂和散剂作用较快，药力较猛，适用于病情较重或较急者；丸剂作用较慢，药力较缓，适用于病情较轻或较缓者。

6. 药物替代

一般性味功效相近的药物可以相互代替。这对于来源稀少、价格昂贵，或一时紧缺的药物是十分必要的。在选择代用药物时，注意改变用量，力薄者量宜大，力厚者量宜少。某些药效广泛的药物，可选用几种不同的药物替代。

以上方剂的变化可以单独使用，也可合并应用。遣药组方既有严格的原则性，又有极大的灵活性。只有掌握了这些特点，才能制裁随心、用利除弊，以适应临床实践中的无穷之变。

（三）常见剂型

1. 散剂

散剂是由一种或数种中药材经粉碎、混匀而制成的粉状剂型，制法简便，易分散、见效快。但由于药物粉碎后表面积增大，故其臭味、刺激性、吸湿性及化学性质等也相应增加，使部分药物易发生氧化、霉变、走油等变化，挥发性成分易散失。中兽药散剂中药物的无效成分以及纤维素、细胞壁、栓皮等与有效成分并存。散剂制作工艺粗放，质量也难以控制。

散剂的生产工艺一般包括粉碎、过筛、混合、分剂量、质量检查以及包装等。个别散剂因成分或数量的不同，可将其中的几步操作合并。对中草药散剂，为了减少体积，可用适当的方法提取有效成分，或制成浸膏、酊剂等再与其他成分混合，制成散剂。

2. 颗粒剂

中药颗粒剂是在汤剂和糖浆剂的基础上发展起来的。从概念上讲，所谓单味中药配方颗粒是用符合炮制规范的传统中药饮片作为原料，经现代制药技术提取、浓缩、分离、干燥、制粒、包装精制而成的纯中药产品系列。它保证了原中药饮片的全部特征，能够满足辨证论治，随证加减，药性强、药效高，同时又具有不需要煎煮、直接冲服、服用量少、作用迅速、成分完全、疗效确切、安全卫生等许多优点。

其有效成分、性味、归经、主治、功效和传统中药饮片完全一致，保持了传统中药饮片的全部特征，既能保证中医传统的君、臣、佐、使和辨证论治、灵活加减的特点，优于中成药，又免去了传统煎煮的麻烦，同时还可灵活地单味颗粒冲服，卫生有效。

3. 口服液

口服液剂是以中药汤剂为基础，提取药物中的有效成分，加入矫味剂、抑菌剂等附加剂，并按注射剂安瓿灌封处理工艺，制成的一种无菌或半无菌的口服液体制剂。它是汤剂、糖浆剂和注射剂相结合的制剂。特点是服用剂量小、味道好、吸收快。

与汤剂相比较，口服液具有以下优点，吸收快，奏效迅速；采用单剂量包装，携带和服用方便，易保存，安全有效；省去煎药的麻烦，利于治疗急性病；适合工业化生产，制备工艺控制严格，质量和疗效稳定；服用量小，口感好，畜禽规模化养殖应用更方便。口服液对生产设备和工艺条件的要求都较高，成本较昂贵。

4. 注射剂

中药注射剂是传统中药理论与现代生产工艺相结合的产物，突破了中药传统的给药方式，是中药现代化的重要产物。与其他中药剂型相比，注射剂具有生物利用度高、疗效确切、作用迅速的特点。

中药注射剂具有药效迅速、作用可靠，可以产生局部定位或延长药效等特点，但制备过程比较复杂，制剂技术和设备要求较高。

第二节　常用方剂

一、解表方

凡具有发汗解肌作用，用于治疗表证的一类方剂，称解表方。在八法中属于汗法。

由于病邪的性质和患畜体质的不同，表证可呈现表寒与表热两个类型。所以，解表方又分为辛温解表和辛凉解表两类。对于体质虚弱患畜的外感病证，应根据病情在解表方中适当配以滋阴、助阳、补气、养血的药物，以扶正祛邪。

辛温解表方，主要由麻黄、桂枝、荆芥、防风等辛温解表药物组成，具有较强的发汗散寒作用，适用于外感风寒引起的表寒证。对表虚证，可在辛温解表药中配用白芍以敛阴止汗，防止耗散正气。

辛凉解表方，主要由桑叶、菊花、薄荷、牛蒡子等辛凉解表药物组成，具有清解透泄作用，适用于外感风热引起的表热证。如发热明显，可配以清热解毒的银花、连翘等。

使用解表方，应以病邪在表为原则。同时先辨明是表寒证还是表热证，辛温、辛凉不可误用。既有表证，又有里证，宜先解表后治里；表里俱急，则表里双解；若病邪已完全入里，则不宜用解表方；若是里虚证，应禁用汗法。

银翘散

【**主要成分**】 金银花、连翘、薄荷、荆芥、淡豆豉等。

【**性 状**】 棕褐色粉末，气香，味微甘、苦、辛。

【**功 能**】 辛凉解表，清热解毒。

【**主 治**】 风热感冒，咽喉肿痛，疮痈初起。

【**用法与用量**】 内服，一次 50～80g。

【**注意事项**】 本品为治疗风热感冒之剂，外感风寒者不宜使用。

柴胡注射液

【**主要成分**】 柴胡。

【**性 状**】 无色或微乳白色澄明液体，气芳香。

【**功 能**】 解热。

【**主 治**】 感冒发热。

【**用法与用量**】 肌内注射，一次 5～10mL。

柴葛解肌散

【主要成分】 柴胡、葛根、甘草、黄芩、羌活等。

【性　状】 灰黄色粉末，气微香，味辛、甘。

【功　能】 解肌清热。

【主　治】 感冒发热。

【用法与用量】 内服，一次 30 ～ 60g。

辛夷散

【主要成分】 辛夷、知母（酒制）、黄檗（酒制）、北沙参、木香等。

【性　状】 黄色至淡棕黄色粉末，气香，味微辛、苦、涩。

【功　能】 滋阴降火，疏风通窍。

【主　治】 脑颡鼻脓。

【用法与用量】 内服，一次 40 ～ 60g。

荆防败毒散

【主要成分】 荆芥、防风、羌活、独活、柴胡等。

【性　状】 淡灰黄色至淡灰棕色粉末，气微香，味甘苦、微辛。

【功　能】 辛温解表，疏风祛湿。

【主　治】 风寒感冒，流感。

【用法与用量】 内服，一次 40 ～ 80g。

茵陈木通散

【主要成分】 茵陈、连翘、桔梗、川木通、苍术等。

【性　状】 暗黄色粉末，气香，味甘、苦。

【功　能】 解表疏肝，清热利湿。

【主　治】 温热病初起。常用作春季调理剂。证见发热，咽喉肿痛，口干喜饮，苔薄白，脉浮数。

【用法与用量】　内服，一次 30 ~ 60g。

藿香正气散

【主要成分】　广藿香、紫苏叶、茯苓、白芷、大腹皮等。

【性　状】　灰黄色粉末，气香，味甘、微苦。

【功　能】　解表化湿，理气和中。

【主　治】　外感风寒，内伤食滞，泄泻腹胀。

【用法与用量】　内服，一次 60 ~ 90g。

【注意事项】　本品辛温解表，热邪导致的霍乱、感冒、阴虚火旺者忌用。

二、清热方

用寒凉性的药物为主组成，具有清热、泻火、凉血、解毒等作用，以治疗里热症的一类方剂，称为清热方。

里热症，有气分、血分之分，实热、虚热之别，脏腑偏胜之殊，以及温热、暑热等区别。因而，清热剂又可分为清气分热、清营凉血、清热解毒、清脏腑热、清热燥湿、清热解暑及清虚热等类。

使用清热方剂时，遇到重危复杂的症候，尤其是表现寒热夹杂的症状时，必须认真辨明寒热的真假，清热方只可用于真热假寒证，不可用于真寒假热证。对屡用清热剂而热仍不退者，应考虑改用滋阴养血法。此外，使用清热方剂还应注意掌握用药时机和用量，以免产生损伤脾胃阳气和留邪之弊。

香薷散

【主要成分】　香薷、黄芩、黄连、甘草、柴胡等。

【性　状】　黄色粉末，气香，味苦。

【功　能】　清热解暑。

【主　治】　伤热，中暑。

【用法与用量】　内服，一次 30 ~ 60g。

黄连解毒散

【主要成分】　黄连、黄芩、黄檗、栀子。

【性　状】　黄褐色粉末，味苦。

【功　能】　泻火解毒。

【主　治】　三焦实热，疮黄肿毒。

【用法与用量】　内服，一次 30 ~ 50g。

【注意事项】　本方集大苦大寒之品于一方，泻火解毒之功效专一，但苦寒之品易于化燥伤阴，故热伤阴液者不宜使用。

消黄散

【主要成分】　知母、浙贝母、黄芩、甘草、黄药子等。

【性　状】　黄色粉末，气微香，味咸、苦。

【功　能】　清热解毒，散瘀消肿。

【主　治】　三焦热盛，热毒，黄肿。

【用法与用量】　内服，一次 30 ~ 60g。

【注意事项】　本方药味为多性寒味苦，不可用药太过，以免伤脾胃。

消疮散

【主要成分】　金银花、皂角刺（炒）、白芷、天花粉、当归等。

【性　状】　淡黄色至淡黄棕色粉末，气香，味甘。

【功　能】　清热解毒，消肿排脓，活血止痛。

【主　治】　疮痈肿毒初起，红肿热痛，属于阳证未溃者。

【用法与用量】　内服，一次 40 ~ 80g。

板蓝根片

【主要成分】 板蓝根、茵陈、甘草。

【性　　状】 棕色片，味微甘、苦。

【功　　能】 清热解毒，除湿利胆。

【主　　治】 感冒发热，咽喉肿痛，肝胆湿热。

【用法与用量】 内服，一次 10 ~ 20 片。

加减消黄散

【主要成分】 大黄、玄明粉、知母、浙贝母、黄药子等。

【性　　状】 淡黄色的粉末，气微香，味苦、咸。

【功　　能】 清热泻火，消肿解毒。

【主　　治】 脏腑壅热，疮黄肿毒。

【用法与用量】 内服，一次 30 ~ 60g。

鱼腥草注射液

【主要成分】 鱼腥草。

【性　　状】 无色或微黄色的澄明液体，有鱼腥味。

【功　　能】 清热解毒，消肿排脓，利尿通淋。

【主　　治】 肺痈，痢疾，乳痈，淋浊。

【用法与用量】 肌内注射，一次 5 ~ 10mL。

洗心散

【主要成分】 天花粉、木通、黄芩、黄连、连翘等。

【性　　状】 棕黄色的粉末，气微香，味苦。

【功　　能】 清心，泻火，解毒。

【主　　治】 心经积热，口舌生疮。

【用法与用量】 内服，一次 40 ~ 60g。

白龙散

【**主要成分**】 白头翁、龙胆、黄连。

【**性　状**】 浅棕黄色的粉末，气微，味苦。

【**功　能**】 清热燥湿，凉血止痢。

【**主　治**】 湿热泻痢，热毒血痢。

【**用法与用量**】 内服，一次 10 ~ 20g。

【**注意事项**】 脾胃虚寒者禁用。

白头翁散

【**主要成分**】 白头翁、黄连、黄檗、秦皮。

【**性　状**】 浅灰黄色粉末，气香，味苦。

【**功　能**】 清热解毒，凉血止痢。

【**主　治**】 湿热泄泻，下痢脓血。

【**用法与用量**】 内服，一次 30 ~ 45g。

【**注意事项**】 脾胃虚寒者禁用。

金根注射液

【**主要成分**】 金银花、板蓝根。

【**性　状**】 红棕色澄明液体。

【**功　能**】 清热解毒，化湿止痢。

【**主　治**】 湿热泻痢，仔猪黄痢、白痢。

【**用法与用量**】 肌内注射，一次量，哺乳仔猪 2 ~ 4mL，断奶仔猪 5 ~ 10mL，每天 2 次，连用 3d。

止痢散

【**主要成分**】 雄黄、藿香、滑石。

【**性　状**】 浅棕红色粉末，气香，味辛、微苦。

【功　能】　清热解毒，化湿止痢。

【主　治】　仔猪白痢。

【用法与用量】　内服，仔猪一次，2~4g。

【注意事项】　雄黄有毒，不能超量或长期服用。

穿心莲注射液

【主要成分】　穿心莲。

【性　状】　气微香，味微苦，黄色至黄棕色的澄明液体。

【功　能】　清热解毒。

【主　治】　肠炎，肺炎，仔猪白痢。

【用法与用量】　肌内注射，一次5~15mL。

郁金散

【主要成分】　郁金、诃子、黄芩、大黄、黄连等。

【性　状】　灰黄色粉末，气清香，味苦。

【功　能】　清热解毒，燥湿止泻。

【主　治】　肠黄，湿热泻痢。

【用法与用量】　内服，一次45~60g。

苍术香连散

【主要成分】　黄连、木香、苍术。

【性　状】　棕黄色粉末，气香，味苦。

【功　能】　清热燥湿。

【主　治】　下痢，湿热泄泻。

【用法与用量】　内服，一次15~30g。

杨树花口服液

【主要成分】　杨树花。

【性　状】　红棕色澄明液体。

【功　能】　化湿止痢。

【主　治】　痢疾，肠炎。

【用法与用量】　内服，一次 10 ~ 20mL。

三子散

【主要成分】　诃子、川楝子、栀子。

【性　状】　姜黄色粉末，气微，味苦、涩、微酸。

【功　能】　清热解毒。

【主　治】　三焦热盛，疮黄肿毒，脏腑实热。

【用法与用量】　内服，一次 10 ~ 30g。

三白散

【主要成分】　玄明粉、石膏、滑石。

【性　状】　白色粉末，气微，味咸。

【功　能】　清胃，泻火，通便。

【主　治】　胃热食少，大便秘结，小便短赤。

【用法与用量】　内服，一次 30 ~ 60g。

小柴胡散

【主要成分】　柴胡、黄芩、姜半夏、党参、甘草。

【性　状】　黄色粉末，气微香，味甘、微苦。

【功　能】　和解少阳，扶正祛邪，解热。

【主　治】　少阳证，寒热往来，不欲饮食，口津少，反胃呕吐。

【用法与用量】　内服，一次 30 ~ 60g。

公英散

【主要成分】　蒲公英、金银花、连翘、丝瓜络、通草等。

【性　状】　黄棕色粉末，味微甘、苦。

【功　能】　清热解毒，消肿散痈。

【主　治】　乳痈初起，红肿热痛。

【用法与用量】　内服，一次 30～60g。

【注意事项】　对中、后期乳腺炎可配合其他敏感抗菌药治疗。

龙胆泻肝散

【主要成分】　龙胆、车前子、柴胡、当归、栀子等。

【性　状】　淡黄褐色粉末，气清香，味苦，微甘。

【功　能】　泻肝胆实火，清三焦湿热。

【主　治】　目赤肿痛，淋浊，带下。

【用法与用量】　内服，一次 30～60g。

【注意事项】　脾胃虚寒者禁用。

荆防解毒散

【主要成分】　金银花、连翘、生地黄、牡丹皮、赤芍。

【性　状】　灰褐色粉末，气香，味苦、辛。

【功　能】　疏风清热，凉血解毒。

【主　治】　血热风疹，遍身黄。

【用法与用量】　内服，一次 30～60g。

清暑散

【主要成分】　香薷、白扁豆、麦冬、薄荷、木通等。

【性　状】　黄棕色粉末，气香窜，味辛、甘、微苦。

【功　能】　清热祛暑。

【主　治】　伤热，中暑。

【用法与用量】　内服，一次 50～80g。

清瘟败毒散

【主要成分】 石膏、地黄、水牛角、黄连、栀子等。

【性　状】 灰黄色粉末，气微香，味苦、微甜。

【功　能】 泻火解毒，凉血。

【主　治】 热毒发斑，高热神昏。

【用法与用量】 内服，一次 50 ~ 100g。

【注意事项】 热毒证后期无实热证候者慎用。

普济消毒散

【主要成分】 大黄、黄芩、黄连、甘草、马勃等。

【性　状】 灰黄色粉末，气香，味苦。

【功　能】 清热解毒，疏风消肿。

【主　治】 热毒上冲，头面、腮颊肿痛，疮黄疔毒。

【用法与用量】 内服，一次 40 ~ 80g。

三、泻下方

凡能引起腹泻，或润滑大肠，促进排便的药物，称为泻下药。

本类药物主要作用是泻下通便，以排除胃肠积滞、燥屎及有害物质（毒、瘀、虫等）；或清热泻火，使实热壅滞之邪通过泻下而清解；或逐水退肿，使水湿停饮随从大小便排除，达到祛除停饮，消退水肿的目的。主要适用于大便秘结、胃肠积滞、实热内结及水肿停饮等里实证。

根据本类药物作用的特点及使用范围的不同，可分为攻下药、润下药及峻下逐水药三类。其中攻下药和峻下逐水药泻下作用峻猛，尤以后者为甚；润下药能润滑肠道，作用缓和。

使用泻下药应注意的是，里实兼表邪者，当先解表后攻里，必要时可与解表药同用，表里双解，以免表邪内陷；里实而正虚者，应与补益药同用，攻补兼施，使攻邪而不伤正。攻下药、峻下逐水药，其作用峻猛，或具有毒性，易伤正气及脾胃，故年老体虚、脾胃虚弱患畜当慎用；孕畜胎前产后及应当忌用。应用作用较强泻下药时，当奏效即止，慎勿过剂，以免损伤胃气。应用作用峻猛而有毒性泻下药时，一定要严格炮制法度，控制用量，避免中毒现象发生，确保用药安全。

由泻下药为主组成，具有通导大便，排除胃肠积滞，消除脏腑实热和体内水饮的作用，用以治疗里实症的方剂，称为泻下方，也称攻里方。

泻下剂的主要目的是攻逐里实。根据病邪性质的不同及畜体体质情况的差异，泻下剂常分为攻下、润下、攻补兼施和峻下逐水等类。临床应用时，必须根据病畜正气的强弱、邪气的盛衰，选择适当的泻下剂。但妊娠畜、老龄阴虚体弱的患畜，忌服峻下剂。

清热散

【**主要成分**】　大青叶、板蓝根、石膏、大黄、玄明粉。

【**性　状**】　黄色粉末，味苦、微涩。

【**功　能**】　清热解毒，泻火通便。

【**主　治**】　发热，粪干。

【**用法与用量**】　内服，一次 30 ~ 60g。

【**注意事项**】　本方药味性多寒凉，易伤脾胃，影响运化，脾胃虚弱患畜慎用。

大承气散

【**主要成分**】　大黄、厚朴、枳实、玄明粉。

【**性　状**】　棕褐色粉末，气微辛香，味咸、微苦、涩。

【**功　能**】　攻下热结，破结通肠。

【主　治】 结症，便秘。

【用法与用量】 内服，一次 60 ~ 120g。

通肠散

【主要成分】 大黄、枳实、厚朴、槟榔、玄明粉。

【性　状】 黄色至黄棕色粉末，气香，味微咸、苦。

【功　能】 通肠泻热。

【主　治】 便秘，结症。

【用法与用量】 内服，一次 30 ~ 60g。

【注意事项】 妊娠畜慎用。

四、消导方

凡以消积导滞、促进消化、治疗饮食积滞为主要作用的药物，称为消导药，又叫消食药。

消食药多味甘性平，主归脾胃二经，功能消化饮食积滞、开胃和中。主要用治饮食积滞，脘腹胀满、嗳腐吞酸、恶心酸吐、不思饮食、大便失常等脾胃虚弱的消化不良证。

使用本类药物，应根据不同的病情予以适当配伍。宿食停积、脾胃气滞者，当配理气药，以行气导滞；脾胃气虚、运化无力者，须配健脾益胃药，以标本兼顾、消补并用；素体脾胃虚寒者，宜配温里药，以温运脾阳、散寒消食；兼湿浊中阻者，宜配芳香化湿药，以化湿醒脾、消食开胃；食积化热者，可配苦寒攻下药，以泻热化积。

由消导药为主组成，具有消积导滞、健脾消食功效，用以治疗草料积滞，胃肠胀满，食积不化等症的方剂，称为消导方。

水谷停滞，往往是由于脾失健运、胃失和降而逐渐产生，引起猪食欲减退，肚腹胀满、腹痛、腹泻等症。除重用山楂、六曲、麦芽等消导药外，还需配伍行气宽中及理气健脾的药物共同组成

方剂，如积滞郁而化热，则宜配伍清热药；若脾胃虚弱，则宜配
合补养药；若积滞兼寒，则宜配伍祛寒药等。

消导方与泻下方都能驱除有形实邪。但下方一般用于急性有
形实邪，是猛攻急泻下的方剂；消导方一般用于慢性的积滞胀满，
是一类渐消缓散的方剂。

消食平胃散

【**主要成分**】　槟榔、山楂、苍术、陈皮、厚朴等。

【**性　状**】　浅黄色至棕色的粉末，气香，味微甜。

【**功　能**】　消食开胃。

【**主　治**】　寒湿困脾，胃肠积滞。

【**用法与用量**】　内服，一次 30 ～ 60g。

消积散

【**主要成分**】　炒山楂、麦芽、六神曲、炒莱菔子、大黄等。

【**性　状**】　黄棕色至红棕色粉末，气香，味微酸、涩。

【**功　能**】　消积导滞，下气消胀。

【**主　治**】　伤食积滞。

【**用法与用量**】　内服，一次 60 ～ 90g。

【**注意事项**】　本品乃属克伐之品，脾胃素虚，或积滞日久，
耗伤正气者慎用。

大黄末

【**主要成分**】　大黄。

【**性　状**】　黄棕色粉末，气清香，味苦、微涩。

【**功　能**】　健胃消食，泻热通肠，凉血解毒，破积行瘀。

【**主　治**】　食欲不振，实热便秘，结症，疮黄疔毒，目赤肿
痛，烧伤烫伤，跌打损伤。

【用法与用量】　内服，一次 10 ~ 20g，用于健胃时酌减。外用适量，调敷患处。

大黄碳酸氢钠片

【主要成分】　大黄、碳酸氢钠。

【性　状】　黄橙色或棕褐色片。

【功　能】　健胃。

【主　治】　食欲不振，消化不良。

【用法与用量】　内服，一次 15 ~ 30 片。

【注意事项】　妊娠畜慎用或禁用。

山大黄末

【主要成分】　山大黄。

【性　状】　黄棕色粉末，气香，味苦。

【功　能】　健胃消食，清热解毒，破瘀消肿。

【主　治】　食欲不振，胃肠积热，湿热黄疸，热毒痈肿，跌打损伤，瘀血肿痛，烧伤。

【用法与用量】　内服，一次 10 ~ 20g。外用适量，调敷患处。

无失散

【主要成分】　槟榔、牵牛子、郁李仁、木香、木通等。

【性　状】　棕黄色粉末，气香，味咸。

【功　能】　泻下通肠。

【主　治】　结症，便秘。

【用法与用量】　内服，一次 50 ~ 100g。

【注意事项】　本方攻逐泻下之力峻猛，老龄、幼年、体质虚弱或妊娠动物慎用或禁用。

木香槟榔散

【**主要成分**】 木香、槟榔、枳壳（炒）、陈皮、醋青皮等。

【**性　状**】 灰棕色粉末，气香，味苦、微咸。

【**功　能**】 行气导滞，泄热通便。

【**主　治**】 痢疾腹痛，胃肠积滞，瘤胃臌气。

【**用法与用量**】 内服，一次 60 ~ 90g。

木槟硝黄散

【**主要成分**】 槟榔、大黄、玄明粉、木香。

【**性　状**】 棕褐色粉末，气香，味微涩、苦、咸。

【**功　能**】 行气导滞，泄热通便。

【**主　治**】 实热便秘，胃肠积滞。

【**用法与用量**】 内服，一次 60 ~ 90g。

曲麦散

【**主要成分**】 六神曲、麦芽、山楂、厚朴、枳壳等。

【**性　状**】 黄褐色粉末，气微香，味甜、苦。

【**功　能**】 消积破气，化谷宽肠。

【**主　治**】 胃肠积滞，料伤五攒痛。

【**用法与用量**】 内服，一次 40 ~ 100g。

大黄流浸膏

【**主要成分**】 大黄。

【**性　状**】 棕色液体，味苦而涩。

【**功　能**】 健胃通肠。

【**主　治**】 食欲不振，便秘。

【**用法与用量**】 内服，一次 1 ~ 5mL。

【注意事项】 妊娠畜慎用或禁用。

龙胆酊

【主要成分】 龙胆。

【性　状】 黄棕色液体，味苦。

【功　能】 健胃。

【主　治】 食欲不振。

【用法与用量】 内服，一次 5 ~ 10mL。

【注意事项】 乙醇过敏者禁用。

龙胆碳酸氢钠片

【主要成分】 龙胆、碳酸氢钠。

【性　状】 棕黄色片，气微，味苦。

【功　能】 清热燥湿，健胃。

【主　治】 食欲不振。

【用法与用量】 内服，一次 10 ~ 30 片。

【注意事项】 完全阻塞性便秘和其他消化系气胀性疾病禁用。

健猪散

【主要成分】 大黄、玄明粉、苦参、陈皮。

【性　状】 棕黄色至黄棕色粉末，味苦、咸。

【功　能】 消食导滞，通便。

【主　治】 消化不良，粪干便秘。

【用法与用量】 内服，一次 15 ~ 30g。

肥猪菜

【主要成分】 白芍、前胡、陈皮、滑石、碳酸氢钠。

【性　状】 浅黄色粉末，气香，味咸、涩。

【功　能】 健脾开胃。

【主　治】 消化不良，食欲减退。

【用法与用量】 内服，一次 25 ~ 50g。

肥猪散

【主要成分】 绵马贯众、制何首乌、麦芽、黄豆（炒）。

【性　状】 浅黄色粉末，气微香，味微甜。

【功　能】 开胃，驱虫，催肥。

【主　治】 食少，瘦弱，生长缓慢。

【用法与用量】 内服，一次 50 ~ 100g。

马钱子酊（番木鳖酊）

【主要成分】 马钱子。

【性　状】 棕色液体，味苦。

【功　能】 健胃。

【主　治】 脾虚不食，宿草不转，食欲不振。

【用法与用量】 内服，一次 1 ~ 2.5mL。

【注意事项】 不宜多服久服。妊娠畜禁用。

五、化痰止咳平喘药

　　凡能祛痰或消痰，治疗痰证为主要作用的药物，称化痰药；以制止咳减轻哮鸣和喘息为主要作用的药物，称止咳平喘药，因化痰药每兼止咳、平喘作用；而止咳平喘药又每兼化痰作用，且病证上痰、咳、喘三者相互兼杂，故将化痰药与止咳平喘药合并介绍。

　　化痰药，温化寒痰药，药性多温燥，有温肺祛痰、燥湿化痰之功；清化热痰药，药性多寒凉，有清化热痰之功，部分药物质润，兼能润燥，部分药物味咸，兼能软坚散结。

　　温化寒痰药，主治寒痰、湿痰证，如咳嗽气喘、痰多色白，苔腻之证；以及由寒痰、湿痰所致的眩晕、肢体麻木、阴疽流注等。清化热痰药主治热痰证，如咳嗽气喘，痰黄质稠者，其中痰干稠难咳，唇舌干燥之燥痰证，宜选质润之润燥化痰药；其他如痰热痰火所致的癫痫、中风惊厥、痰火瘰疬等证，均可以清化热痰药用之。

　　应用时除分清不同痰证而选用不同的化痰药外，应据成痰之因，审因论治。"脾为生痰之源"，脾虚则津液不归正化而聚湿生痰，故常配健脾燥湿药同用，以标本兼顾，又因痰易阻滞气机，"气滞则痰凝，气行则痰消"，故常配理气药同用，以加强化痰之功。

　　温燥之性的温化寒痰药，不宜用于热痰、燥痰之证；药性寒凉的溶化热痰药、润燥化痰药，则寒痰与湿痰证不宜用。

　　止咳平喘药，其味或辛或苦或甘，其性或温或寒，其止咳平喘之理也就有宣肺、清肺、润肺、降肺、敛肺及化痰之别。而药物有的偏于止咳，有的偏于平喘，有的则兼而有之。

　　本类药物主治咳喘，而咳喘之证，病情复杂，有外感内伤之别，寒热虚实之异。临床应用时应审证求因，随证选用不同的止咳平喘药，并配伍相应的有关药物，不可见咳治咳，见喘治喘。

　　个别麻醉镇咳定喘药，因易成瘾，易恋邪，用之宜慎。

　　用化痰止咳平喘药为主组成，具有燥湿化痰、祛除湿浊、止咳平喘等作用，以治疗痰湿咳喘诸症的一类方剂，称为化痰止咳平喘方。

二母冬花散

　　【主要成分】　知母、浙贝母、款冬花、桔梗、苦杏仁、马兜铃、黄芩、桑白皮、白药子、金银花、郁金等。

　　【性　状】　淡棕黄色粉末，气香，味微苦。

　　【功　能】　清热润肺，止咳化痰。

【主　治】　肺热咳嗽。

【用法与用量】　内服，一次 40 ~ 80g。

定喘散

【主要成分】　桑白皮、炒苦杏仁、莱菔子、葶苈子、紫苏子等。

【性　状】　黄褐色粉末，气微香，味甘、苦。

【功　能】　清肺，止咳，定喘。

【主　治】　肺热咳嗽，气喘。

【用法与用量】　内服，一次 30 ~ 50g。

二陈散

【主要成分】　姜半夏、陈皮、茯苓、甘草。

【性　状】　淡棕黄色粉末，气微香，味甘、微辛。

【功　能】　燥湿化痰，理气和胃。

【主　治】　湿痰咳嗽，呕吐，腹胀。

【用法与用量】　内服，一次 30 ~ 45g。

【注意事项】　本品辛香温燥，易伤津液，不宜长期投服。肺阴虚所致燥咳忌用。

白硇砂

【主要成分】　本品为卤化物类矿物硇砂，主含氯化铵（NH_4Cl）。

【性　状】　本品呈不规则块状，大小不一。全体白色，有的稍带淡黄色。质较脆，易碎。断面显束针状纹理，有光泽。气微臭，味咸、苦。

【功　能】　祛痰，消积，破瘀，软坚，去翳。

【主　治】　咳嗽痰喘，反胃吐食，目翳，胬肉，疔疮痈肿。

【用法与用量】　内服，一次 0.5 ~ 1.5g。外用适量。

止咳散

【**主要成分**】 知母、枳壳、麻黄、桔梗、苦杏仁等。

【**性　状**】 棕褐色粉末，气清香，味甘、微苦。

【**功　能**】 清肺化痰，止咳平喘。

【**主　治**】 肺热咳喘。

【**用法与用量**】 内服，一次45～60g。

【**注意事项**】 肺气虚无热象的个体不可应用。

甘草颗粒

【**主要成分**】 甘草。

【**性　状**】 黄棕色至棕褐色颗粒，味甜、略苦涩。

【**功　能**】 祛痰止咳。

【**主　治**】 咳嗽。

【**用法与用量**】 6～12g。

【**注意事项**】 一般不与海藻、大戟、甘遂、芫花合用。

白矾散

【**主要成分**】 白矾、浙贝母、黄连、白芷、郁金等。

【**性　状**】 黄棕色粉末，气香，味甘、涩、微苦。

【**功　能**】 清热化痰、下气平喘。

【**主　治**】 肺热咳喘。

【**用法与用量**】 40～80g。

百合固金散

【**主要成分**】 百合、白芍、当归、甘草、玄参等。

【**性　状**】 黑褐色粉末，味微甘。

【**功　能**】 养阴清热，润肺化痰。

【主　治】　肺虚咳喘，阴虚火旺，咽喉肿痛。证见干咳少痰，痰中带血，咽喉疼痛，舌红苔少，脉细数。

【用法与用量】　45～60g。

【注意事项】　外感咳嗽、寒湿痰喘者忌用。脾虚便溏、食欲不振者慎用。

远志酊

【主要成分】　远志。

【性　状】　棕色液体，气香，味甜，微苦、辛。

【功　能】　祛痰镇咳。

【主　治】　痰喘，咳嗽。

【用法与用量】　内服，一次3～5mL。

金花平喘散

【主要成分】　洋金花、麻黄、苦杏仁、石膏、明矾。

【性　状】　浅棕黄色粉末，气清香，味苦、涩。

【功　能】　平喘，止咳。

【主　治】　气喘，咳嗽。

【用法与用量】　内服，一次10～30g。

桑菊散

【主要成分】　桑叶、菊花、连翘、薄荷、苦杏仁等。

【性　状】　棕褐色粉末，气微香，味微甜。

【功　能】　疏风清热，宣肺止咳。

【主　治】　外感风热。

【用法与用量】　30～60g。

【注意事项】　对于体虚或气血不足的病畜（如剧泻、大汗、大出血及重病以后所致的表证等）要慎用或配合补养药以扶正祛邪。

理肺止咳散

【主要成分】 百合、麦冬、清半夏、紫苑、甘草等。

【性　状】 浅黄色至黄色粉末，气微香，味甘。

【功　能】 润肺化痰，止咳。

【主　治】 劳伤久咳，阴虚咳嗽。

【用法与用量】 内服，一次 40 ~ 60g。

麻杏石甘散

【主要成分】 麻黄、苦杏仁、石膏、甘草。

【性　状】 淡黄色粉末，气微香，味辛、苦、涩。

【功　能】 清热，宣肺，平喘。

【主　治】 肺热咳喘。证见发热有汗或无汗，烦躁不安，咳嗽气粗，口渴尿少，舌红，苔薄白或黄，脉浮滑而数。

【用法与用量】 内服，一次 30 ~ 60g。

【注意事项】 本方治肺热实喘，风寒实喘不用。

清肺止咳散

【主要成分】 桑白皮、知母、苦杏仁、前胡、金银花等。

【性　状】 黄褐色粉末，气微香，味苦、甘。

【功　能】 清泻肺热，化痰止痛。

【主　治】 肺热咳喘，咽喉肿痛。

【用法与用量】 内服，一次 30 ~ 50g。

【注意事项】 本方适用于肺热实喘，虚喘不宜。

清肺散

【主要成分】 板蓝根、葶苈子、浙贝母、桔梗、甘草。

【性　状】 浅棕黄色粉末，气清香，味微甘。

【功　能】　清肺平喘，化痰止咳。

【主　治】　肺热咳喘，咽喉肿痛。

【用法与用量】　内服，一次 30 ~ 50g。

【注意事项】　本方适用于肺热实喘，虚喘不宜。

甘草流浸膏

【主要成分】　甘草。

【性　状】　棕色或红褐色液体，味甜、略苦、涩。

【功　能】　祛痰止咳。

【主　治】　咳嗽。

【用法与用量】　内服，一次 6 ~ 12mL。

【注意事项】　本品连续服用较大剂量时，可出现水肿等副作用，停药后症状逐渐消失。一般不与海藻、大戟、甘遂、芫花等合用。

远志流浸膏

【主要成分】　远志。

【性　状】　棕色液体，气香，味甜，微苦、辛。

【功　能】　祛痰镇咳。

【主　治】　痰喘，咳嗽。

【用法与用量】　内服，一次 3 ~ 5mL。

六、温里药及方剂

凡以温里祛寒、治疗里寒证为主要作用的药物，称为温里药，又叫祛寒药。

本类药物多味辛而性温热，以其辛散温通、偏走脏腑而能温里散寒、温经止痛，个别药物还能助阳、回阳，故可以用治里寒证。即《内经》所谓"寒者热之"、《本经》所谓"疗寒以热药"之意。

本类药物因其主要归经之不同而奏多种效用。其主入脾胃经者，能温中散寒止痛，可用治脾胃受寒或脾胃虚寒证，症见脘腹冷痛、呕吐泄泻、舌淡苔白等；其主入肺经者，能温肺化饮而治肺寒痰饮证，症见痰鸣咳喘、痰白清稀、舌淡苔白滑等；其主入肝经者，能温肝散寒止痛而治肝经受寒少腹痛、寒疝作痛或厥阴头痛等，其主入肾经者，能温肾助阳而治肾阳不足证等；其主入心肾两经者，能温阳通豚而治心肾阳虚证，症见心悸怔忡、畏寒肢冷、小便不利、肢体浮肿等，或能回阳救逆而治亡阳厥逆证，症见畏寒倦卧、汗出神疲、四肢厥逆、脉微欲绝等。

使用本类药物应根据不同证候作适当配伍。若外寒内侵，表寒未解者，须配辛温解表药用；寒凝经脉、气滞血瘀者，须配行气活血药用；寒湿内阻者，宜配芳香化湿或温燥去湿药用；脾胃阳虚者，宜配温补脾胃药用；气虚欲脱者，宜配大补元气药用。

本类药物性多辛热燥烈，易耗阴助火，凡实热证、阴虚火旺、津血亏虚者忌用；妊娠畜及气候炎热时慎用。

以温性药物为主，具有温中散寒、回阳救逆等作用，用以治疗里寒症的方剂，称为温里方。温里方多用于脾肾虚寒，阴寒内盛，阳气衰微之证。

温里方剂辛燥温热，忌用于热证、阴虚证、真热假寒证。若夏季炎热感有寒症须用祛寒剂时，用量不宜过大，中病即止。

四逆汤

【**主要成分**】　淡附片、干姜、炙甘草。

【**性　状**】　棕黄色液体，气香，味甜、辛。

【**功　能**】　温中祛寒，回阳救逆。

【**主　治**】　四肢厥冷，脉微欲绝，亡阳虚脱。

【**用法与用量**】　内服，一次 30 ~ 50mL。

【**注意事项**】　本方性属温热，湿热、阴虚、实热之证禁用；

凡热邪所致呕吐、腹痛、泄泻者均不宜使用；妊娠畜禁用；本品含附子，不宜过量、久服。

健脾散

【主要成分】 当归、白术、青皮、陈皮、厚朴等。

【性　状】 浅棕色粉末，气香，味辛。

【功　能】 温中健脾，利水止泻。

【主　治】 胃寒草少，冷肠泄泻。

【用法与用量】 内服，一次 45～60g。

肉桂酊

【主要成分】 肉桂。

【性　状】 黄棕色液体，气香，味辛。

【功　能】 温中健胃。

【主　治】 食欲不振，胃寒，冷痛。

【用法与用量】 内服，一次 10～20mL。

参苓白术散

【主要成分】 党参、茯苓、白术（炒）、山药、甘草等。

【性　状】 浅棕黄色粉末，气微香，味甘、淡。

【功　能】 补脾胃，益肺气。

【主　治】 脾胃虚弱，肺气不足。

脾胃虚弱，证见精神短少，完谷不化，久泻不止，体形羸瘦，四肢浮肿，肠鸣，小便短少，口色淡白，脉沉细。

肺气不足，证见久咳气喘，动则喘甚，鼻流清涕，畏寒喜暖，易出汗，日渐消瘦，皮燥毛焦，倦怠肯卧，口色淡白，脉象细弱。

【用法与用量】 内服，一次 45～60g。

阳和散

【主要成分】 熟地黄、鹿角胶、白芥子、肉桂、炮姜等。

【性　状】 灰色粉末，气香，味微苦。

【功　能】 温阳散寒，和血通脉。

【主　治】 阴证疮疽。

【用法与用量】 内服，一次 30 ~ 50g。

【注意事项】 本方中药多温燥，凡痈肿疮疡属于阳证、阴虚有热或阴疽久溃者，均不宜使用。方中麻黄阴疽未溃者可用，已溃者不宜。

厚朴散

【主要成分】 厚朴、陈皮、麦芽、五味子、肉桂等。

【性　状】 深灰黄色粉末，气香，味辛、微苦。

【功　能】 行气消食，温中散寒。

【主　治】 脾虚气滞，胃寒少食。

【用法与用量】 内服，一次 30 ~ 60g。

理中散

【主要成分】 党参、干姜、甘草、白术。

【性　状】 淡黄色至黄色粉末，气香，味辛、微甜。

【功　能】 温中散寒，补气健脾。

【主　治】 脾胃虚寒，食少，泄泻，腹痛。证见慢草不食，畏寒肢冷，肠鸣腹泻，完谷不化，时有腹痛，舌苔淡白，脉沉迟。

【用法与用量】 内服，一次 30 ~ 60g。

复方豆蔻酊

【主要成分】 草豆蔻、小茴香、桂皮、甘油。

【性　状】　黄棕色或红棕色液体，气香，味微辛。

【功　能】　温中健脾，行气止呕。

【主　治】　寒湿困脾，反胃少食，脾胃虚寒，食积腹胀，伤水冷痛。

【用法与用量】　内服，一次 10 ~ 20mL。

猪健散

【主要成分】　龙胆草、苍术、柴胡、干姜、碳酸氢钠。

【性　状】　浅棕黄色粉末，气香，味咸、苦。

【功　能】　消食健胃。

【主　治】　消化不良。

【用法与用量】　内服，一次 10 ~ 20g。

【注意事项】　由于方中龙胆草苦寒败胃，大量使用会损胃气，因此不可过用。

姜流浸膏

【主要成分】　植物姜。

【性　状】　棕色液体，有姜的香气，味辣。

【功　能】　温中散寒，健脾和胃。

【主　治】　脾胃虚寒，食欲不振，冷痛。

【用法与用量】　内服，一次 1.5 ~ 6mL。

平胃散

【主要成分】　苍术、厚朴、陈皮、甘草。

【性　状】　棕黄色粉末，气香，味苦，微甜。

【功　能】　燥湿健脾，理气开胃。

【主　治】　脾胃不和，食少，粪稀软。

【用法与用量】　内服，一次 30 ~ 60g。

复方龙胆酊（苦味酊）

【主要成分】 龙胆、陈皮、草豆蔻。

【性　状】 黄棕色液体，气香，味苦。

【功　能】 健脾开胃。

【主　治】 脾不健运，食欲不振，消化不良。

【用法与用量】 内服，一次 5 ~ 20mL。

七、祛湿药

　　凡以祛除风寒湿邪，解除痹痛为主要作用的药物，称祛风湿药。祛风湿药主要具有祛散寒除法的作用，适用于风寒湿邪所致的肌肉、经络、筋骨、关节等处疼痛、重着、麻木和关节肿大、筋脉拘挛、屈伸不利等证。此外，部分药物还分别具有舒筋活络、止痛、强筋骨等作用。

　　根据祛风湿药的药性、功效特点分为祛风湿散寒药、祛风清热药、祛风湿强筋骨药三类。

　　应用本类药物时，可根据痹证类型、病程新久，或邪犯部位的不同，做适当的选择和相应的配伍。如风邪偏盛的行痹，宜选善能祛风的祛风湿药，佐以活血养血之品；湿邪偏重的着痹，宜选温燥的祛风湿药，佐以燥湿，利湿健脾药；寒邪偏重的痛痹，宜选散寒止痛的祛风湿药，佐以通阳温经活血之品；郁久化热、关节红肿者，宜选用寒凉的祛风湿药，佐以凉血清热药；感邪初期，病邪在表，多配解表药；病邪入里，肝肾虚损，当选用强筋骨的祛风湿药，配补肝胃之药，久病体虚，抗病能力不足的动物，应与补益气血药同用，以助正气而祛邪外出。痹证多属慢性疾病，为服用方便，可作酒剂或丸剂应用，酒剂还能增强祛风湿药的功效。本类药物药性多燥，易耗伤阴血，故阴虚血亏动物应慎用。

　　祛风湿散寒药，本类药物多辛苦温，入肝脾肾经。辛以祛风，苦以燥湿，温以胜寒。具有祛风湿、散寒止痛、舒筋通络等作用，适用于风湿痹证属寒者。若配伍清热药同用，亦可用于风湿热痹。

利水渗湿药，能通利水道，渗泄水湿，治疗水湿内停病证。本类药物味多甘淡，具有利水消肿、利尿通淋、利湿退黄等功效。适用于小便不利、水肿、淋证、黄疸、湿疮、泄泻、湿温、湿痹等水湿所致的各种病证。应用利水渗湿药，须视不同病证，选用有关药物，做适当配伍。如水肿骤起有表证者，配宣肺发汗药；水肿日久，脾肾阳虚者，配温补脾肾药；湿热合邪者，配清热药；寒湿相关者，配祛寒药，热伤血络而尿血者，配凉血止血药；至于泄泻、痰饮、湿温、黄疸等，则应分别与健脾、芳香化湿或清热燥湿药切配伍。此外，气行则水行，气滞则水停，故利水渗湿药还常与行气药配伍，以提高疗效。利水渗湿药，易耗伤津液，对阴亏津少、老幼体虚患畜及妊娠畜，宜慎用或忌用。

根据药物作用特点不同，将药物分为利尿消肿药、利尿通淋药和利湿退黄药三类。

利水消肿药，本类药物性味甘淡平或微寒，淡能渗泄，偏于利水渗湿，服药后能使小便通畅，尿量增多，故具有利尿消肿作用。用于水湿内停之水肿、小便不利，以及泄泻、痰饮等证。临证时则宜根据不同病证之病因病机，选择适当配伍。

利尿通淋药，本类药物性味多苦寒，或甘淡而寒性较著。主入膀胱、肾经。苦能降泄，寒能清热，走下焦，尤能清利下焦湿热，长于利尿通淋，多用治小便短赤，热淋、血淋、石淋及膏淋等证。并酌情选用适当配伍，以提高药效。

利湿退黄药，本节药物多苦寒，入脾胃肝经。苦泄寒清而利湿、利胆退黄，主要用于湿热黄疸证。热盛火旺者，可配清热泻火、清热解毒药；湿重者，可与燥湿或化湿药同用。阴黄寒湿偏重者，则须与温里药配用。

以祛湿药物为主组成的，具有胜湿、化湿、燥湿作用，用以治疗湿邪为患病证的方剂，称为祛湿方。

　　临床治疗湿证时，首先应辨别湿邪所在部位的内外上下。在外在上，宜微汗以解之；在内在下，宜健脾行水以利之。其次，审其寒热虚实。湿从寒化，宜温化寒湿；湿从热化，宜清化湿热；水湿壅盛脉症俱实，则宜用逐水之方；脉症俱虚，当选健脾化湿。

　　祛湿剂多属辛温香燥，淡渗利水之剂，易伤阴耗液。对津液亏乏之证，使用时须配伍养阴药。以利水为主的祛湿剂药性多滑利，对于滑精、妊娠畜应当慎用。

巴戟散

【主要成分】 巴戟天、小茴香、槟榔、肉桂、陈皮等。

【性　状】 褐色粉末，气香，味甘、苦。

【功　能】 补肾壮阳，祛寒止痛。

【主　治】 腰胯风湿。

【用法与用量】 内服，一次 45～60g。

【注意事项】 有发热、口色红、脉数等热象时忌用，妊娠畜慎用。

独活寄生散

【主要成分】 独活、桑寄生、秦艽、防风、细辛等。

【性　状】 黄褐色粉末，气香，味辛、甘、微苦。

【功　能】 益肝肾，补气血，祛风湿。

【主　治】 痹症日久，肝肾两亏，气血不足。

【用法与用量】 内服，一次 60～90g。

茵陈蒿散

【主要成分】 茵陈、栀子、大黄。

【性　状】 浅棕黄色粉末，气微香，味微苦。

【功　能】　清热，利湿，退黄。

【主　治】　湿热黄疸。

【用法与用量】　内服，一次 30 ～ 45g。

茴香散

【主要成分】　小茴香、肉桂、槟榔、白术、木通等。

【性　状】　棕黄色粉末，气香，味微咸。

【功　能】　暖腰肾，祛风湿。

【主　治】　寒伤腰胯。

【用法与用量】　内服，一次 30 ～ 60g。

【注意事项】　妊娠畜慎用。

秦艽散

【主要成分】　秦艽、黄芩、瞿麦、当归、红花等。

【性　状】　灰黄色粉末，气香，味苦。

【功　能】　清热利尿，祛瘀止血。

【主　治】　膀胱积热，努伤尿血。

【用法与用量】　内服，一次 30 ～ 60g。

滑石散

【主要成分】　滑石、泽泻、灯芯草、茵陈、知母（酒制）等。

【性　状】　淡黄色粉末，气香，味淡、微苦。

【功　能】　清热利湿，通淋。

【主　治】　膀胱热结，排尿不利。

【用法与用量】　内服，一次 40 ～ 60g。

防己散

【主要成分】　防己、黄芪、茯苓、肉桂、葫芦巴等。

【性　状】 淡棕色粉末，气香，味微苦。

【功　能】 补肾健脾，利尿除湿。

【主　治】 肾虚浮肿。

【用法与用量】 内服，一次 45 ~ 60g。

五皮散

【主要成分】 桑白皮、陈皮、大腹皮、姜皮、茯苓皮。

【性　状】 黄褐色粉末，气微香，味辛。

【功　能】 行气，化湿，利水。

【主　治】 浮肿。

【用法与用量】 内服，一次 45 ~ 60g。

五苓散

【主要成分】 茯苓、泽泻、猪苓、肉桂、白术（炒）。

【性　状】 淡黄色粉末，气微香，味甘、淡。

【功　能】 温阳化气，利湿行水。

【主　治】 水湿内停，排尿不利，泄泻，水肿，宿水停脐。

【用法与用量】 内服，一次 30 ~ 60g。

八、理气方

　　凡以疏理气机、治疗气滞或气逆证为主要作用的药物，称为理气药，又叫行气药。

　　理气药性味多辛苦温而芳香。其味辛能行散，味苦能疏泄，芳香能走窜，性温能通行，故有疏理气机的作用。因本类药物主归脾、肝、肺经，故有理气健脾、疏肝解郁、理气宽胸、行气止痛、破气散结等不同功效。具有理气健脾作用的药物，主要用治脾胃气滞所致脘腹胀痛、嗳气吞酸、恶心呕吐、腹泻或便秘等。具疏肝解郁者，主要用治肝气郁滞所致胁肋胀痛、抑郁不乐、疝气疼痛、乳房胀痛等。具理气宽胸者，主要用治肺气壅滞所致胸闷胸痛、咳嗽气喘等。

使用本类药物，须针对病证选择相应功效的药物，并进行必要的配伍。如脾胃气滞因于饮食积滞者，配消导药用，因于脾胃气虚者，配补中益气药用；因于湿热阻滞者，配清热除湿药用；因于寒湿困脾者，配苦温燥湿药用。肝气郁滞因于肝血不足者，配养血柔肝药用；由于肝经受寒者，配温肝散寒药用；用于瘀血阻滞者，配活血祛瘀药用。肺气壅滞因于外邪客肺者，配宣肺解表药用；因于痰饮阻肺者，配祛痰化饮药用。

本类药物性多辛温香燥，易耗气伤阴，故气阴不足者慎用。

凡能疏理气机，调整脏腑功能，治疗各种气分病的方剂，称为理气方。气病有气滞、气逆和气虚三种，故理气方可相应分为行气、降气和补气三方面。本部分仅介绍行气方。行气方主要由辛温香窜的理气药或破气药所组成，适用于气机郁滞，见有慢草、腹胀、腹痛、下痢、泄泻等证者。

胃肠活

【主要成分】　黄芩、陈皮、青皮、大黄、白术等。

【性　　状】　灰褐色粉末，气清香，味咸、涩、微苦。

【功　　能】　理气，消食，清热，通便。

【主　　治】　消化不良，食欲减少，便秘。

【用法与用量】　内服，一次 20～50g。

复方大黄酊

【主要成分】　大黄、陈皮、草豆蔻。

【性　　状】　黄棕色液体，气香，味苦、微涩。

【功　　能】　健脾消食，理气开胃。

【主　　治】　慢草不食，食滞不化。

【用法与用量】 内服，一次 5 ~ 20mL。

补中益气散

【主要成分】 炙黄芪、党参、白术（炒）、炙甘草、当归等。
【性　状】 淡黄棕色粉末，气香，味辛、甘、微苦。
【功　能】 补中益气，升阳举陷。
【主　治】 脾胃气虚，久泻，脱肛，子宫脱垂。
【用法与用量】 内服，一次 45 ~ 60g。

泰山盘石散

【主要成分】 党参、黄芪、当归、续断、黄芩等。
【性　状】 淡棕色粉末，气微香，味甘。
【功　能】 补气血，安胎。
【主　治】 气血两虚所致胎动不安，习惯性流产。
【用法与用量】 内服，一次 60 ~ 90g。

桂心散

【主要成分】 肉桂、青皮、白术、厚朴、益智等。
【性　状】 褐色粉末，气香，味辛、甘。
【功　能】 温中散寒，理气止痛。
【主　治】 胃寒草少，胃冷吐涎，冷痛。
【用法与用量】 内服，一次 45 ~ 60g。

三香散

【主要成分】 丁香、木香、藿香、青皮、陈皮等。
【性　状】 黄褐色粉末，气香，味辛、微苦。
【功　能】 破气消胀，宽肠通便。
【主　治】 胃肠臌气。

【用法与用量】　内服，一次 30 ~ 60g。

多味健胃散

【主要成分】　木香、槟榔、白芍、厚朴、枳壳等。
【性　　状】　灰黄至棕黄色粉末，气香，味苦、咸。
【功　　能】　健胃理气，宽中除胀。
【主　　治】　食欲减退，消化不良，肚腹胀满。
【用法与用量】　内服，一次 30 ~ 50g。

陈皮酊

【主要成分】　陈皮。
【性　　状】　橙黄色液体，气香。
【功　　能】　理气健胃。
【主　　治】　食欲不振。
【用法与用量】　内服，一次 10 ~ 20mL。

姜　酊

【主要成分】　姜流浸膏。
【性　　状】　淡黄色液体，气香，味辣。
【功　　能】　温中散寒，健脾和胃。
【主　　治】　脾胃虚寒，食欲不振，冷痛。
【用法与用量】　内服，一次 15 ~ 30mL。

健胃散

【主要成分】　山楂、麦芽、六神曲、槟榔。
【性　　状】　淡棕黄色至淡棕色粉末，气微香，味微苦。
【功　　能】　消食下气，开胃宽肠。
【主　　治】　伤食积滞，消化不良。

【用法与用量】 内服，一次 30 ~ 60g。

清胃散

【主要成分】 石膏、大黄、知母、黄芩、陈皮等。

【性　　状】 浅黄色粉末，气微香，味咸、微苦。

【功　　能】 清热泻火，理气开胃。

【主　　治】 胃热食少，粪干。

【用法与用量】 内服，一次 50 ~ 80g。

【注意事项】 气虚发热者禁用。

强壮散

【主要成分】 党参、六神曲、麦芽、炒山楂、黄芪等。

【性　　状】 浅灰黄色粉末，气香，味微甘、微苦。

【功　　能】 益气健脾，消积化食。

【主　　治】 食欲不振，体瘦毛焦，生长迟缓。

【用法与用量】 内服，一次 30 ~ 50g。

九、理血方

活血化瘀药，凡以通畅血行、消除瘀血为主要作用的药物，称活血化瘀药，或活血祛瘀药。简称活血药，或化瘀药。活血化瘀药，味多辛、苦，主归肝、心经，入血分。善于走散通行，而有活血化瘀的作用，并产生止痛、破血消癥、疗伤消肿、活血消痈等作用。瘀血既是病理产物，又是多种疾病的致病因素。所以本类药物主治范围很广，体内之微瘕积聚；中风后半身不遂，肢体麻木；关节痹痛日久；血证之出血色紫，夹有血块，外伤科之跌扑损伤，瘀肿疼痛，痈肿疮疡等。凡一切瘀血阻滞之证，均可用之。

活血化瘀药，根据其作用强弱的不同，有和血行血、活血散瘀及破血逐瘀之分。应用本章药物，除根据各类药物的不同特点加以选择应用外，还需针对形成瘀血的不同病因病情，随证配伍，以标本兼顾。寒凝血瘀者，配温里散寒药；热搏血分，热瘀互结者，配清热凉血，泻火，解毒药；风湿痹阻，经脉不通者，配祛风湿药；癥瘕积聚，配软坚散结药；久瘀体虚或因虚而瘀者，配补益药。再则，为了提高活血祛瘀之效，常与理气药配伍同用。因"气为血帅""气滞血亦滞""气行则血行"。本类药物易耗血动血，对其他出血证无瘀血现象者忌用；妊娠畜慎用或忌用。

止血药，凡以制止体内外出血为主要作用的药物，称止血药。止血药均具有止血作用，因其药性有寒、温、散、敛之异，所以其具体作用又有凉血止血、化瘀止血、收敛止血、温经止血的区别。止血药也就分为凉血止血药、化瘀止血药、收敛止血药、温经止血药四类。止血药主要适用于内外出血病证，如咯血、衄血、吐血、便血、尿血、紫癜以及外伤出血等。血循行脉道，环周不休，荣养全身。凡各种原因导致出血，可造成阴血亏虚；并可因出血过多而造成机体衰弱；大出血不止者，更会导致气随血脱而危及生命。所以，止血药物，不论是治疗一般出血证，还是创伤，均具重要意义。止血药物的应用，必须根据出血的不同原因和病情，选择药性相宜的止血药，并进行必要的配伍。如血热妄行而出血者，应选择凉血止血药，并配伍清热泻火、清热凉血之品；阴虚火旺、阴虚阳亢而出血者，宜配伍滋阴降火、滋阴潜阳的药物；瘀血内阻、血不循经而出血者，应选化瘀止血药，并配伍行气活血药；虚寒性出血，应选温经止血药、收敛止血药，并配伍益气健脾温阳之品；出血过多、气随血脱者，则须急投大补元气之药，以益气固脱。凉血止血药、收敛止血药，易凉遏恋邪留瘀，出血兼有瘀血者不宜单独使用。

止血药前人经验多炒炭后用。一般而言，炒炭后其性苦、涩，可加强止血之效。也有少数以生品止血效更好者。

　　主要由活血、逐瘀和止血药物所组成，具有调理血脉、通经络、凉血等作用，以治疗瘀血和出血病证的一类方剂，称为理血方。包括行血方和止血方两类。

益母生化散

【主要成分】 益母草、当归、川芎、桃仁、炮姜等。

【性　状】 黄绿色粉末，气清香，味甘、微苦。

【功　能】 活血祛瘀，温经止痛。

【主　治】 产后恶露不行，血瘀腹痛。

【用法与用量】 内服，一次 30 ~ 60g。

通乳散

【主要成分】 当归、王不留行、黄芪、路路通、红花等。

【性　状】 红棕色至棕色粉末，气微香，味微苦。

【功　能】 通经下乳。

【主　治】 产后乳少，乳汁不下。

【用法与用量】 内服，一次 60 ~ 90g。

生乳散

【主要成分】 黄芪、党参、当归、通草、川芎等。

【性　状】 淡棕褐色粉末，气香，味甘、苦。

【功　能】 补气养血，通经下乳。

【主　治】 气血不足的缺乳和乳少症。

【用法与用量】 60 ~ 90g。

十黑散

【主要成分】 知母、黄檗、栀子、地榆、槐花等。

【性　状】 深褐色粉末，味焦苦。

【功　能】　清热泻火，凉血止血。

【主　治】　膀胱积热，尿血，便血。证见尿液短赤，排尿困难，淋漓不畅，时做排尿姿势却很少或无尿排出，重症可见尿中带血或砂石，浑浊，口色红，舌苔黄腻，脉数。

【用法与用量】　内服，一次 60 ~ 90g。

槐花散

【主要成分】　炒槐花、侧柏叶（炒）、荆芥炭、枳壳（炒）。

【性　状】　黑棕色粉末，气香，味苦、涩。

【功　能】　清肠止血，疏风行气。

【主　治】　肠风下血。

【用法与用量】　内服，一次 30 ~ 50g。

【注意事项】　本方药性寒凉，不宜久服。

十、收涩药方剂

凡以收敛固涩药为主，治疗气血精液耗散滑脱的方剂，称收涩方。收涩方主用于正气内虚所致的久泻、滑精、多汗等证，而对于热病出汗。热痢初起、伤食泄泻及相火妄动之滑精等存有实邪的病证，不可误用。

金锁固精散

【主要成分】　沙苑子（炒）、芡实（盐炒）、莲须、龙骨（煅）、煅牡蛎等。

【性　状】　类白色粉末，气微，味淡、微涩。

【功　能】　固肾涩精。

【主　治】　肾虚滑精。

【用法与用量】　内服，一次 40 ~ 60g。

六味地黄散

【主要成分】 熟地黄、酒萸肉、山药、牡丹皮、茯苓等。

【性　状】 灰棕色粉末，味甜、酸。

【功　能】 滋补肝肾。

【主　治】 肝肾阴虚，腰胯无力，盗汗，滑精，阴虚发热。

【用法与用量】 内服，一次 15 ～ 50g。

【注意事项】 本品为阴虚证而设，体实及阳虚者忌用；感冒者慎用，以免表邪不解；本品药性较滋腻，脾虚、气滞、食少纳呆者慎用。

壮阳散

【主要成分】 熟地黄、补骨脂、阳起石、淫羊藿、锁阳等。

【性　状】 淡灰色粉末，气香，味辛、甘、咸、微苦。

【功　能】 温补肾阳。

【主　治】 性欲减退，阳痿，滑精。

【用法与用量】 50 ～ 80g。

杨树花

【功　能】 清热解毒，化湿止泻。

【主　治】 湿热下痢，幼畜泄泻。

【用法与用量】 内服，一次 30 ～ 60g。

乌梅散

【主要成分】 乌梅、柿饼、黄连、姜黄、诃子。

【性　状】 棕黄色粉末，气微香，味苦。

【功　能】 清热解毒，涩肠止泻。

【主　治】 幼畜奶泻。

【用法与用量】　内服，一次 10 ~ 15g。

【注意事项】　本方收敛止泻作用较强，为避免闭门留寇，粪便恶臭或带脓血者慎用。

八正散

【主要成分】　木通、瞿麦、萹蓄、车前子、滑石等。

【性　状】　淡灰黄色粉末，气微香，味淡、微苦。

【功　能】　清热泻火，利尿通淋。

【主　治】　湿热下注，热淋，血淋，石淋，尿血。

【用法与用量】　内服，一次 30 ~ 60g。

催情散

【主要成分】　淫羊藿、阳起石（酒淬）、当归、香附、益母草等。

【性　状】　淡灰色粉末，气香，味微苦、微辛。

【功　能】　催情。

【主　治】　不发情。

【用法与用量】　内服，一次 30 ~ 60g。

十一、补益药

凡能补益正气，增强体质提高抗病能力，治疗虚证为主的药物，称为补虚药，亦称补养药或补益药。

虚证的临床表现比较复杂，但就其证型概括起来，不外气虚、阳虚、血虚、阴虚四类。补益药根据其功效和主要适应证的不同也可分为补气、补阳、补血、补阴四类。

临床除应根据虚证的不同类型选用相应的补虚药外，还应充分重视动物机体气、血、阴、阳相互依存的关系。一般说来，阳虚者多兼有气虚，而气虚者也易致阳虚；气虚和阳虚表示人体活动能力的衰减。阴虚者每兼见血虚，而血虚者也易致阴虚；血虚和阴虚，表示动物机体内精血津液的耗损。与此相应，各类补益药之间也有一定联系和共通之处。如补气药和补阳药多性温，属阳，主要能振奋衰减的功能，改善或消除因此而引起的形衰乏力、畏寒肢冷等证；补血药和补阴药多性寒凉或温和，属阴，主要能补充耗损的体液，改善或消除精血津液不足的证候。故补气药和补阳药，补血药和补阴药，往往相辅而用。至于气血两亏，阴阳俱虚的证候，又当气血兼顾或阴阳并补。

补虚药除有上述补可扶弱的功能外，还可配伍祛邪药，用于邪盛正衰或正气虚弱而病邪未尽的证候，以起到扶正祛邪的作用，达到邪去正复的目的。此外，还应注意顾护脾胃，适当配伍健脾消食药，以促进运化，使补虚药能充分发挥作用。

虚弱证一般病程较长，补虚药宜做蜜丸、煎膏（膏滋）、片剂、口服液、颗粒剂或酒剂等，以便保存和现用。如做汤剂，应适当久煎，使药味尽出。《医学源流论》记载，"补益滋腻之药，宜多煎，取其熟而停蓄"，颇有法度。个别挽救虚脱的补虚药，则宜制成注射剂，以备急用。

补虚药原为虚证而设，凡动物机体康健，并无虚弱表现者，不宜滥用，以免导致阴阳平衡失调，误补益疾。实邪方盛，正气未虚者，以祛邪为要，亦不宜用，以免闭门留寇。

以补益药物为主组成，具有补气、养血、滋阴、助阳以及培补脏腑的功能，以治疗各种虚证的一类方剂，称为补益方。

由于体内气血阴阳相互结合形成整体联系，所以在治疗上也往往互相兼顾。一般习惯上是补血应与补气结合应用，而对气虚证，却不一定补血，因补血药性偏阴腻，反而滞气；对血虚导致的气虚，或气虚导致的血虚，则均应气血双补。阳虚应补以甘温，阴虚应补以甘凉，阴阳俱虚则阴阳双补。

应注意补益方禁用于表证和实证。补血、补阴方多滋腻，患畜兼有脾胃虚弱，消化不良当慎用；补气、补阳方药多温热，对阴虚内热、肝阳上亢证应忌投。

四君子散

【主要成分】　党参、白术（炒）、茯苓、炙甘草。

【性　　状】　灰黄色粉末，气微香，味甘。

【功　　能】　益气健脾。

【主　　治】　脾胃气虚，食少，体瘦。

【用法与用量】　内服，一次 30 ~ 45g。

催奶灵散

【主要成分】　王不留行、黄芪、皂角刺、当归、党参等。

【性　　状】　灰黄色粉末，气香，味甘。

【功　　能】　补气养血，通经下乳。

【主　　治】　产后乳少，乳汁不下。

【用法与用量】　内服，一次 40 ~ 60g。

保胎无忧散

【主要成分】　当归、川芎、熟地黄、白芍、黄芪等。

【性　　状】　淡黄色粉末，气香，味甘、微苦。

【功　　能】　养血，补气，安胎。

【主　　治】　胎动不安。

【用法与用量】　内服，一次 30 ~ 60g。

白术散

【主要成分】　白术、当归、川芎、党参、甘草等。

【性　　状】　棕褐色粉末，气微香，味甘、微苦。

【功　　能】　补气，养血，安胎。

【主　　治】　胎动不安。

【用法与用量】 内服，一次 60 ~ 90g。

七补散

【主要成分】 党参、白术（炒）、茯苓、甘草、炙黄芪等。

【性　　状】 淡灰褐色粉末，气清香，味辛、甘。

【功　　能】 培补脾肾，益气养血。

【主　　治】 劳伤，虚损，体弱。

【用法与用量】 内服，一次 45 ~ 80g。

十二、常用平肝方剂

凡能平抑肝阳，主要用治肝阳上亢病证的药物，称平抑肝阳药。

本类药物多为质重之介类或矿石类药物，具有平肝潜阳或平抑肝阳之功效，以及清肝热、安心神等作用。故主要用治肝阳上亢之头晕目眩、头痛、耳鸣和肝火上攻之面红目赤、头痛头昏、烦躁等证。此外，常与息风止痉药配伍，治疗肝风内动痉挛抽搐；与安神药配伍，治疗浮阳上扰之烦躁。

以清肝明目、疏风解痉和平肝熄风药物为主组成，具有清肝泻火、明目退翳、祛风、熄风解痉作用，用以治疗肝火上炎、肝经风热、风邪外感和肝风内动等证的一类方剂，称为平肝方。

颠茄酊

【主要成分】 颠茄草。

【性　　状】 棕红色或棕绿色液体，气微臭。

【功　　能】 解痉止痛。

【主　　治】 冷痛。

【用法与用量】 内服，一次 2 ~ 5mL。

五虎追风散

【主要成分】 僵蚕、天麻、全蝎、蝉蜕、制天南星。

【性　状】 淡棕黄色粉末，气香，味微苦。

【功　能】 熄风解痉。

【主　治】 破伤风。

【用法与用量】 内服，一次 30 ~ 60g。

千金散

【主要成分】 蔓荆子、旋覆花、僵蚕、天麻、乌梢蛇等。

【性　状】 淡棕黄色至浅灰褐色粉末，气香窜，味淡、辛、咸。

【功　能】 熄风解痉。

【主　治】 破伤风。

【用法与用量】 内服，一次 30 ~ 100g。

破伤风散

【主要成分】 甘草、蝉蜕、钩藤、川芎、荆芥等。

【性　状】 黄褐色粉末，气香，味甜、微苦。

【功　能】 解毒止痉，解表祛风。

【主　治】 破伤风。

【用法与用量】 内服，一次 150 ~ 300g。

十三、安神开窍药及方剂

安神开窍药，凡以安定神志为主要作用，用以治疗神志失常病证的药物，称为安神药。安神药多以矿石、贝壳或植物的种子入药，矿石、贝壳类药物，质重沉降，故多有重镇安神作用，称重镇安神药；植物种子类药物，质润滋养，故多有养心安神作用，称养心安神药。

安神药主要用于心神不宁、躁动不安、惊痫、癫狂等证。矿石类安神药，如做丸剂、散剂，易伤脾胃，故不宜长期服用，并须酌情配伍养胃健脾之品，入煎剂，应打碎煎、久煎；部分药物具有毒性，更须慎用，以防中毒。

以养心、重镇安神的药物为主，具有镇静安神作用，主治惊悸、狂躁不安等证的方剂，称为安神方。以通关开窍药物为主，具有醒神开窍，理气止痛作用，治疗神识昏迷及气滞痰闭等症的方剂，称为开窍方。

朱砂散

【主要成分】 朱砂、党参、茯苓、黄连。

【性　状】 淡棕黄色粉末，味辛、苦。

【功　能】 清心安神，扶正祛邪。

【主　治】 心热风邪，脑黄。

【用法与用量】 内服，一次 10～30g。

通关散

【主要成分】 猪牙皂、细辛。

【性　状】 浅黄色粉末，气香窜，味辛。

【功　能】 通关开窍。

【主　治】 中暑，昏迷，冷痛。

【用法与用量】 外用少许，吹入鼻孔取嚏。

【注意事项】 热闭神昏，舌质红绛，脉数者，或冷汗不止，脉微欲绝，由闭证转为脱证时，不可使用。妊娠畜忌用。本药用量以取嚏为度，不宜过多，以防吸入气管发生意外；用于急救，中病即止。

保健锭

【主要成分】 樟脑、薄荷脑、大黄、陈皮、龙胆等。

【性　状】 黄褐色扁圆形块体，有特殊芳香气，味辛、苦。

【功　能】　健脾开胃，通窍醒神。

【主　治】　消化不良，食欲不振。

【用法与用量】　内服，一次 4 ~ 12g。

十四、祛虫药及方剂

凡能驱除或杀灭畜禽体内外寄生虫的药物叫作驱虫药。

虫证一般具有毛焦㤢吊，口色、结膜淡白，饱食不长或大便失调等症状，进行粪便检查时可发现虫卵或虫体。

使用驱虫方药时，必须根据寄生虫的种类、病情的缓急和体质的强弱，采取急攻或缓驱。对于体弱脾虚的病畜禽，可采用先补脾胃后驱虫、攻补兼施的办法。同时要注意驱虫药对寄生虫的选择作用，如治蛔虫病选用使君子、苦楝皮，驱绦虫时选用槟榔等。驱虫方药以空腹投服为好，驱虫时应保证畜禽不受惊扰，同时要加强饲养管理，使虫去而不伤正，迅速恢复健康。

驱虫药不但对虫体有毒害作用，而且对畜体也有不同程度的副作用，所以使用时必须掌握药物的用量和配伍，以免引起中毒。

以驱虫药为主组成，具有驱杀体内寄生虫作用，主治蛔虫、蛲虫、绦虫等胃肠道寄生虫病的一类方剂，称为驱虫方。

驱虫散

【主要成分】　南鹤虱、使君子、槟榔、芜荑、雷丸等。

【性　状】　褐色粉末，气香，味苦、涩。

【功　能】　驱虫。

【主　治】　胃肠道寄生虫病。

【用法与用量】　内服，一次 30 ~ 60g。

钩吻末

【主要成分】　钩吻。

【性　状】 棕褐色粉末，气微，味辛、苦。

【功　能】 健胃，杀虫。

【主　治】 消化不良，虫积。

【用法与用量】 内服，一次 10 ~ 30g。

【注意事项】 有大毒（对牛、羊、猪毒性较小）。妊娠畜慎用。

十五、外用药及方剂

凡以外用为主，通过涂敷、喷洗形式治疗畜禽外科疾病的方药叫作外用方药。

外用方药一般具有杀虫解毒，消肿止痛，去腐生肌，收敛止血等功用。临床多用于疮疡肿毒、跌打损伤、疥癣等病证。由于疾病发生部位、过程及症状不同，外用方药采用外敷、喷射、熏洗、浸浴等不同的使用方法。

外用药多数具有毒性，内服时必须严格按照制药的方法进行处理及操作（如砒石、雄黄等），以保证安全。外用方较少单用，一般都是复方。

生肌散

【主要成分】 血竭、赤石脂、醋乳香、龙骨（煅）、冰片等。

【性　状】 淡灰红色粉末，气香，味苦、涩。

【功　能】 生肌敛疮。

【主　治】 疮疡。

【用法与用量】 外用适量，敷患处。

白及膏

【主要成分】 白及、乳香、没药。

【性　状】 灰黄色软膏。

【功　能】 散瘀止痛。

【主　治】 骨折，闭合性损伤。

【用法与用量】 外用适量，敷患处。

防腐生肌散

【主要成分】 枯矾、陈石灰、血竭、乳香、没药。

【性　状】 淡暗红色粉末，气香，味辛、涩、微苦。

【功　能】 防腐生肌，收敛止血。

【主　治】 痈疽溃烂，疮疡流脓，外伤出血。证见痈疽疮疡破溃处流出黄色或绿色稠脓，带恶臭味，或夹杂有血丝或血块，疮面呈赤红色，有时疮面被褐色痂皮覆盖。

【用法与用量】 外用适量，撒布创面。

如意金黄散

【主要成分】 姜黄、大黄、黄檗、苍术、厚朴、陈皮、甘草、生天南星、白芷、天花粉。

【性　状】 黄色粉末，气微香，味苦、微甘。

【功　能】 清热除湿，消肿止痛。

【主　治】 红肿热痛，痈疽黄肿，烫火伤。

【用法与用量】 外用适量。红肿热痛、漫肿无头者，用醋或鸡蛋清调敷；烫火伤，用麻油调敷。

【注意事项】 不可内服。

拨云散

【主要成分】 炉甘石、硼砂、大青盐、黄连、铜绿等。

【性　状】 黄色粉末，气凉窜，味苦、咸、微涩。

【功　能】 退翳明目。

【主　治】 云翳遮睛。

【用法与用量】 外用少许点眼。

桃花散

【主要成分】 陈石灰、大黄。

【性　状】 粉红色细粉，味微苦、涩。

【功　能】 收敛，止血。

【主　治】 外伤出血。

【用法与用量】 外用适量，撒布创面。

雄黄散

【主要成分】 雄黄、白及、白蔹、龙骨（煅）、大黄。

【性　状】 橙黄色粉末，气香，味涩、微苦、辛。

【功　能】 清热解毒，消肿止痛。

【主　治】 热性黄肿。

【用法与用量】 外用适量。热醋或热水调成糊状，待温，敷患处。

【注意事项】 本品为外用药，不可内服。除腐蹄病外，皮肤破溃者禁用。含二硫化二砷（As_2S_2），易被机体吸收而产生毒性。外用时不宜大面积或长期使用。

紫草膏

【主要成分】 紫草、金银花、当归、白芷、麻油等。

【性　状】 棕褐色软膏，具特殊的油腻气。

【功　能】 清热解毒，生肌止痛。

【主　治】 烫伤，火伤。

【用法与用量】 外用适量，涂患处。

擦疥散

【主要成分】 狼毒、猪牙皂（炮）、巴豆、雄黄、轻粉。

【性　状】　棕黄色粉末，气香窜，味苦、辛。

【功　能】　杀疥螨。

【主　治】　疥癣。

【用法与用量】　外用适量。将植物油烧热，调药成流膏状，涂搽患处。

【注意事项】　不可内服。如疥癣面积过大，应分区分期涂药，并防止患病动物舔食。

第三节　常见病中医处方

猪　瘟

【发病特点】　猪瘟是猪的一种急性、热性、高度接触性传染病。其特征是，急性型呈败血症变化，实质器官出血，坏死；亚急性和慢性型除见不同程度的败血性变化外，还发生纤维素性、坏死性肠炎。本病一年四季均可发生，不同品种、年龄、性别的猪均易感染。

【防　治】　目前本病尚无特效药物治疗，应以免疫接种等综合预防措施来控制本病的发生。采取一些对症疗法和中草药治疗，可获得一定疗效。

中药治疗宜清热解毒、活血化瘀、凉血救阴。可选用下列方法之一进行治疗。

（1）玄参14g，连翘13g，桔梗16g，枳壳14g，荆芥7g，车前子16g，麦冬16g，生地7g，知母30g，生石膏30g，薄荷7g，银花25g，蒲公英25g，甘草10g。共为细末，白米粥为引冲灌，每天1剂，分两次服用。该方对早期温和型猪瘟有一定疗效。

（2）早期，白虎汤加减。生石膏40g（先煎），知母20g，生山栀 10g，板蓝根 20g，玄参 20g，金银花 10g，大黄 30g（后下），炒枳壳 20g，鲜竹叶 30g，生甘草 10g。每天 1 剂，连用 3～5 剂。中晚期，清瘟败毒饮，生石膏 24g，生地黄 6g，水牛角 12g，黄连 5g，栀子 6g，牡丹皮 5g，黄芩 5g，赤芍 5g，玄参 5g，知母 6g，连翘 6g，桔梗 5g，甘草 3g，淡竹叶 5g。水煎灌服，每天 1 剂，连用 3～5 剂。

（3）白砒卡耳，取一耳的中下部无血管处的背侧，用宽针在皮下刺成一皮下囊，放入适量白砒（约 0.06g），再将白酒 0.5mL 滴入针眼内，用胶布覆盖针眼即可。板蓝根 30g，生石膏 100g，生地 30g，桔梗 20g，黄连 15g，黄芩 20g，栀子 20g，玄参 20g，连翘 30g，知母 30g，丹皮 20g，二花 20g，红花 20g，桃仁 20g，赤芍 15g，大黄 40g，芒硝 100g，鲜竹叶 20g，甘草 20g（50kg 体重猪的用量）。水煎 2 次，取汁候温灌服。粪稀减大黄、芒硝，渴甚者加花粉、麦冬各 20g。此法对早期温和型猪瘟有一定效果。

猪繁殖与呼吸系统综合征

【发病特点】　猪繁殖与呼吸系统综合征是近年来对养猪业损害较大的一种传染病。其特征是，厌食、发热、妊娠猪发生流产、产死胎弱仔，仔猪死亡率增高，新生仔猪至育肥猪发生呼吸道症状。本病一年四季均可发生，不同品种、性别、年龄的猪都可感染，但以繁殖母猪和仔猪较易感。

【防　治】　目前对本病尚无特效的治疗方法，必须以预防为主。选用中药治疗宜清热解毒、宣肺、安胎。

（1）可试用于仔猪或育成猪。大青叶 9g，板蓝根 9g，麻黄 15g，桔梗 9g，二花 9g，黄芩 9g，连翘 12g，杏仁 6g，百部 9g，炙甘草 6g。加水煎 2 次，合并 2 次滤液，浓缩到 1:1 浓度，每千克体重 2mL 灌服，每天 1 次，连用 3～5 次。

（2）可用于妊娠母猪。黄体酮注射液 25mg，一次肌内注射；

配合中药白术散（白术30g，当归25g，川芎15g，党参30g，甘草15g，砂仁20g，熟地黄30g，陈皮25g，紫苏梗25g，黄芩25g，白芍20g，炒阿胶30g），每次60g拌入饲料中喂给，每天1次，连用5d。

猪流行性乙型脑炎

【发病特点】 猪流行性乙型脑炎又称日本乙型脑炎，是一种人兽共患的传染病。其特征是，母猪流产和产死胎，公猪发生睾丸炎，少数猪特别是仔猪呈现典型脑炎症状，如高热、狂暴、沉郁等。本病的发生有明显的季节性，主要发生在蚊子猖獗的夏秋季节，不同品种、性别、年龄的猪均可感染。但多呈隐性过程，幼猪和初产母猪发病有明显的临床症状。

【防治】 预防应注意保持猪场的环境卫生，排除积水，消灭蚊蝇，定期消毒，杜绝传染媒介。一般对后备公母猪在乙脑流行季节前1个月，采用乙脑弱毒疫苗免疫注射2次（间隔10～15天），以后每年注射1次即可。夏秋季分娩的初产母猪，经免疫后产活仔率可由50%提高到90%以上。

本病一般无特效疗法，应用抗生素和磺胺类药物防止并发症。以下治疗方法，供选择试用。

（1）康复猪血清40mL，一次肌内注射。

（2）10%磺胺嘧啶钠注射液20～30mL，25%葡萄糖注射液40～60mL，一次静脉注射。

（3）生石膏120g，板蓝根120g，大青叶60g，生地30g，连翘30g，紫草30g，黄芩20g，拳参30g。热闭心包可去连翘、黄芩加石菖蒲、勾藤。水煎，成猪一次灌服，每天一剂，连用3～5天；小猪每剂分3～4次灌服。母猪出现流产先兆可参照"繁殖与呼吸系统综合征"方法试治。

（4）大青叶30g，黄芩、栀子、丹皮、紫草各10g，黄连3g，生石膏 100g，芒硝 6g，鲜生地 50g。水煎至 100mL，候温灌服。

（5）板蓝根、生石膏各 100g，大青叶 60g，生地 50g，连翘、紫草各 30g，黄芩 18g。水煎取汁，一次灌服。

（6）板蓝根注射液 40mL（相当生药 20g），肌内注射，每天 1次，连用 3～4 次。

猪流行性感冒

【发病特点】 猪流行性感冒简称猪流感，是由猪流感病毒引起的一种急性、热性、高度接触性传染病。其特征是，发病急、传播快、发病率高、死亡率低，病猪表现发热，肌肉或关节疼痛和呼吸道症状。本病的发生有明显的季节性，于秋末、寒冬、早春多发，不同品种、性别、年龄的猪均易感。

【防 治】 在阴雨潮湿和气候剧变的季节，要保持猪舍清洁、干燥、防寒、保暖，定期驱除猪丝虫和消灭蚯蚓。发现病猪应立即隔离治疗，栏舍彻底消毒，以防病情蔓延。本病因无特效药，故一般采用对症疗法以及用抗生素类药物抗继发感染。常见的疗法如下（药量均按 50kg 体重猪计算）。

（1）柴胡注射液 2～5mL，青霉素 120 万单位，肌内注射，每天 2 次。

（2）贯众 60g，水煎，分 2 次灌服。

（3）柴胡 30g，紫苏 15g，葛根 30g，知母 15g，麦冬 15g，芦根 30g。水煎，候温灌服。

（4）金银花、连翘、黄芩、柴胡、牛蒡子、陈皮、甘草各 15～20g。水煎，候温灌服。

（5）大青叶、板蓝根各 15g，双花、荆芥、防风、桂枝各 10g。肌肉疼痛者加牛膝、木瓜各 15g；咳喘者加马兜铃、麻黄各 10g，杏仁 5g；高热者加黄芩、黄檗、黄连各 10g；食欲减退者加神曲、麦芽各 15g，槟榔末 5g；排稀粪且发热者加白头翁、黄檗各 15g，秦皮 10g。煎汤灌服，每天 1 剂，1 ~ 2 剂见效，可再服 1 ~ 2 剂善后巩固疗效。

（6）青蒿 25g，银柴胡 25g，桔梗 25g，黄芩 25g，连翘 25g，银花 25g，板蓝根 25g。高热不退伴阵咳，且粪干硬者加生石膏、知母、紫草；全身骨节疼痛者加桑叶、葛根、荆芥；体虚者加党参、黄芪、何首乌、甘草。煎汤灌服。

猪传染性胃肠炎

【发病特点】 猪传染性胃肠炎是由传染性胃肠炎病毒引起的猪的一种高度接触性肠道传染病。其特征是，呕吐，水样腹泻，脱水和新生仔猪病死率高。本病多发于冬春寒冷季节，各种品种、性别、年龄的猪均可感染发病，但 7 日龄以内仔猪发病率和死亡率高（近乎 100%），断奶后幼猪、育肥猪、成猪发病症状轻微，多能自然康复。

【防　治】 预防主要是注意饲养管理，在晚秋至早春之间的寒冷季节，不要引进带毒猪，搞好清洁卫生，定期消毒。目前仍无有效药物治疗，一般采取对症疗法，如止泻、输液等，可采用以下方法试治：

（1）氯化钠 3.5g，氯化钾 1.5g，碳酸氢钠 2.5g，葡萄糖 20g，常水 1 000mL。配成口服液，让其自饮。为防止继发感染，对 2 周龄以下的仔猪可适当应用抗生素及其他抗菌药物。

（2）铁苋菜、地锦草、老鹳草、酢浆草各 60g，煎汤，候温灌服。

（3）大黄 10g，白芍 12g，白头翁 15g，地榆炭 12g，乌梅 15g，诃子 15g，黄连 9g，甘草 12g，车前子 12g（25kg 体重猪的剂量）。煎汤，候温灌服。

（4）黄檗 100g 加水煎至 200mL，候温，进行肛门灌注，一剂三煎，当天早晚各灌注 1 次，次日再灌注 1 次。

（5）苍术 20g，白术 20g，川朴 20g，桂枝 15g，陈皮 20g，泽

泻 20g，猪苓 20g，茯苓 20g，甘草 15g，水煎取汁灌服。粪干者加大黄或人工盐；腹胀加木香、莱菔子；体弱加党参、当归、苁蓉；体温偏低加附子、肉桂、小茴香；胃寒加干姜或生姜；有表证者加重桂枝；水泻不止加补骨脂、豆蔻、吴茱萸、五味子。

猪肺疫

【发病特点】 猪肺疫是由多杀性巴氏杆菌引起的一种急性传染病，又称猪巴氏杆菌病、猪出血性败血症，世界各国广泛分布，是多种畜禽和野生动物共患的传染病。临床上以体温升高、咽喉肿胀、呼吸困难为特征，一年四季均可发生，中小猪易感，呈散发性流行。

【防　治】 本病应以预防为主，除加强饲养管理，保持猪舍清洁，定期消毒外，还应做好预防注射，发现病猪应及早隔离治疗。中药治疗宜清热解毒、泻肺利咽。争取早诊断、早治疗。

（1）最急性型。若发现及时可采取以下方法：①静脉或肌内注射青霉素或链霉素每千克体重1万单位，或 0.5%磺胺二甲嘧啶每50 千克体重 20 ~ 40mL，或盐酸环丙沙星每千克体重 5mg。②肌内注射高免血清，小猪 20 ~ 30mL，后备猪 40 ~ 60mL，成猪 60 ~ 80mL。③清营汤加减，犀角（锉细末冲服，可用 10 倍量水牛角代）3g，生地 30g，玄参 20g，竹叶 20g，二花 30g，连翘 30g，黄连 15g，麻黄 20g，百部 15g，桔梗 15g，豆根 25g。若气分热重，重用二花、连翘，减少水牛角、生地、玄参用量。为末水调或煎汤灌服，每天一剂分两次用。早期发现的可用银翘散加减治疗。

（2）急性型或慢性型。①二花 30g，连翘 24g，桔梗 30g，丹皮 15g，紫草 30g，射干 12g，山豆根 20g，黄芩 9g，麦冬 15g，大黄 20g，元明粉 15g。若为慢性型，去丹皮、紫草、射干、豆根，加知母、生地，重用黄芩、麦冬。为末水调或煎汤灌服，每天一剂分两次用。②加减冰硼散，硼砂 1g，冰片 0.6g，人中白 1g，青黛 0.6g。共为末吹入喉内，每天 3 ~ 4 次。③盐酸多西环素按每千克体重 3 ~ 5mg 肌内注射，每天 1 次，连用 2 ~ 3d。也可用卡那霉素等治疗。④针肺俞、苏气、尾尖、山根、玉堂、六脉、耳尖、大椎穴。

（3）慢性型。党参、五味子、炙甘草各 7g，白术 10g，茯苓 15g，麦冬 10g，生姜 3 片，大枣 4 个。煎汤，候温一次灌服。

猪丹毒

【发病特点】　猪丹毒是由猪丹毒杆菌引起的一种急性、热性人兽共患传染病。病情多为急性败血型或亚急性的疹块型，部分病例由急性型转变为慢性的关节炎型或心内膜炎型。本病主要侵害架子猪。哺乳猪和幼龄猪很少发病。发病季节为夏秋季。

【防　治】　种公、母猪每年定期注射猪丹毒菌苗 2 次。育肥猪在 60 日龄时注射猪丹毒菌苗 1 次即可。发病应尽早诊断，早期治疗，以抗生素治疗效果较好。中药治疗宜清热解毒或宣毒发表、透疹外出。

（1）大青叶 120g，生石膏 40g，贝母 40g，板蓝根 40g。共为末，开水冲调，候温灌服，每天 1 剂，连服 3 剂。

（2）双花 12g，连翘 12g，地骨皮 12g，黄芩 19g，大黄 12g，蒲公英 15g，地丁 15g，木通 10g，滑石 12g，生石膏 30g。水煎，25kg 体重的猪一次灌服，连服数剂。

（3）加减普济消毒饮，大黄 25g，黄芩 12g，甘草 30g，马勃 10g，薄荷 25g，酒玄参 30g，牛蒡子 15g，升麻 12g，柴胡 30g，桔梗 25g，滑石 60g，板蓝根 30g，青黛 30g，陈皮 20g，连翘 30g，荆芥 30g。水煎灌服，每天 1 剂，连服 3 ~ 4 剂。另用，黄檗、苍术、马齿苋、蒲公英各 25g，水煎取汁洗刷疹块处。

仔猪副伤寒

【发病特点】　仔猪副伤寒又称猪沙门氏菌病，是主要发生在

2～4月龄仔猪的一种传染病。其特征是，急性型呈败血症变化，慢性型在大肠发生弥漫性纤维素性坏死性肠炎，临床表现为慢性腹泻，有时有卡他性或干酪性肺炎。本病主要通过消化道感染，也可通过交配感染。一年四季均可发病，但以阴雨潮湿季节发病较多。

【防　治】　由于本病的发生常常有明显的诱因，因此在预防本病时应重视兽医综合卫生措施的贯彻执行。按时接种仔猪副伤寒菌苗，或在多发年龄阶段于饲料中添加敏感药物进行预防。如能采用中西药物结合治疗，则效果更佳。

（1）以清热解毒，扶正健脾为治则。药用复方银黄苡米汤，金银花、黄芩、山楂各50g，苡米仁250g，柴胡10g，茯苓、大青叶、生姜各30g，白芍、陈皮、甘草各20g。水煎3次，合并药汁，文火浓缩至1 000mL，备用。按每千克体重每次内服2mL服用，每天服3次，连续2～5天即可。

（2）以清热燥湿，解毒止痢，凉血消斑为治则组方。①急性或亚急性，香连汤加味，木香15g，黄连15g，白芍20g，槟榔10g，茯苓20g，滑石25g，甘草10g。血斑重者可加水牛角20g，紫草15g以消斑。为末水冲调或水煎分3次灌服，每天2次，连用2～3剂。磺胺嘧啶钠注射液（10%），每千克体重5mL，配25%葡萄糖注射液40～60mL，一次，静注；或用盐酸多西环素注射液，每千克体重3～5mg，每天1次，肌内注射。②慢性型，黄芩6g，陈皮6g，莱菔子9g，神曲9g，柴胡9g，连翘6g，二花9g，槐花炭6g，苦参9g。以上方药为末，开水冲调或水煎，分2次灌服，每天1剂，连用2～3剂。

仔猪大肠杆菌病

【发病特点】　猪大肠杆菌病是由大肠杆菌引起的一类仔猪肠道传染病的总称，包括仔猪黄痢、仔猪白痢和仔猪水肿病。仔猪黄痢，国外称为新生仔猪腹泻，是初生仔猪的一种急性高度致死性肠道传染病；仔猪白痢是 10 ～ 30 日龄仔猪多发的一种急性肠道传染病；仔猪水肿病是由致病性大肠杆菌毒素引起的断奶前后猪仔多发的肠毒血症。这类疾病在我国广泛存在，能使仔猪发生严重的肠炎和肠毒血症，对仔猪的健康构成严重的威胁，对养猪生产危害极大。

【防 治】

1. 仔猪黄痢

加强母猪的饲养管理，尤其是妊娠后期，特别要注意饲料的搭配，适当补喂中药苍术粉。产前对产房必须彻底清扫消毒，产后立即将母猪及仔猪放到温暖、干燥、日光充足及清洁卫生的猪舍中。目前用仔猪大肠杆菌四价基因工程苗对妊娠母猪做肌内注射（使用方法参见产品说明书），具有一定的预防效果。中药防治宜清热解毒、燥湿止痢。

（1）白头翁散 60g，拌入饲料喂母猪，每天 2 次，连喂3d。对脱水严重的仔猪可行腹腔注射，补给液体，同时可加强心药物。

（2）黄连、黄檗、黄芩、白头翁各 30g，诃子肉、乌梅肉、山楂肉、山药各 15g。共为末，分 9 包，每次 1 包，用温水调匀灌服，每天 3 次，连服 3d。

2. 仔猪白痢

该病应以预防为主，平时加强母猪及仔猪的饲养管理，搞好栏舍清洁卫生，母猪喂食要做到定时定量，少喂勤添，注意饲料的全价搭配，经常饲喂清洁饮水、木炭块末、带草根的清洁土壤和新鲜黄红泥土，尽早给仔猪提前补饲及补铁等。同时采用大肠杆菌基因工程苗对母猪进行免疫 2 次（产前及产后各 1 次，免疫方法详见产品说明书），均可预防本病的发生。

本病的发生与饲养管理的关系很大，无论采取何种疗法，首先必须改善饲养管理和卫生条件，才能收到良好的效果。以下各法可供选用。

（1）一般热痢宜清热解毒，燥湿止痢，可试用下方：①白头翁7g，龙胆草4g，黄连1g。共为末，和米汤灌服，每天1次，连服2～3天可愈。②乌梅20g，煨诃子肉15g，姜黄15g，黄连15g，柿饼2个。煎汤，分3～5次服完，每天1～2次，候温灌服。③杨树花250g拌料饲喂母猪，或杨树花煎液（每毫升含药1g）5～10mL，喂小猪。

（2）寒痢宜温中健脾，涩肠止泻，可选用下方治疗：①地榆（醋炒）5份，白胡椒1份，百草霜3份。共为末，每次每头喂服5g。②炮姜、炒白术、炒山药各等量。共为末，饲喂母猪，每次40g。如仔猪能吃，也可喂给少许，连喂2～3d。③穿心莲或黄连素注射液1.5～2mL，交巢穴注射1次即可。穿心莲的疗效优于黄连素。

3. 仔猪水肿病

目前对本病尚无特异的有效疗法。药物治疗早期效果较好，后期一般无效。

仔猪断奶前7～10d用猪水肿病多价浓缩灭活菌苗肌内注射1～2mL，有一定预防作用。同时也可采用以下药物进行预防：马齿苋50g，松针叶5g，侧柏叶5g，苍术5g，石决明2g。共为细末，混饲料中饲喂，每天早晚各服1次，3天为1疗程，隔10d再服1个疗程，最好连用3个疗程。

治疗可采用中西药物结合和对症疗法。按每千克体重0.15mg维生素B_{12}，板蓝根注射液0.6mL，链霉素30mg，三药混合肌内注射每天2次，连用3d。配合用中药，芒硝50g，大青叶25g，大黄25g，牵牛子20g，茵陈25g，栀子20g，胆草15g，茯苓15g，郁金15g，陈皮15g，川朴15g，车前子15g，芦荟10g，瓜蒂10g。共为细末，开水3 000mL冲调，加红糖250g为引（以上为10头10kg体重猪的剂量）。一次灌服或让猪自饮，隔天 1 次，连用 2 次。

猪痢疾

【发病特点】　猪痢疾又称为猪血痢、黑痢、黏液出血性下痢，是由猪痢疾密螺旋体引起的一种肠道传染病。本病特征是黏液性或黏液出血性下痢。本病一年四季均可发生，但以春秋季多见，各种年龄的猪均可发病，但以 7 ~ 12 周龄猪高发。本病的发病率约为 75%，病死率 5% ~ 25%。

【防　治】　无本病的猪场应坚持自繁自养，严禁从疫区引进种猪。加强饲养管理和防疫消毒工作，一旦发现病猪应及时淘汰或隔离治疗，同群未发病的猪群，可立即用药物预防。

中药治疗宜清热解毒，凉血止痢。

（1）白头翁 15g，黄檗 20g，黄连 15g，苦参 20g，秦皮 20g，诃子 20g，乌梅 20g，甘草 15g。煎汤胃管投服，每天 1 次，连服 5d。

（2）白矾 1g，白头翁 5g，石榴皮 10g。先将白头翁和石榴皮加水煎汁，滤汁再加入白矾使之溶解，分 2 次拌入饲料中喂服或灌服，每天 1 剂（25 ~ 35kg 体重猪用量），连用 3 ~ 5d。

猪接触性传染性胸膜肺炎

【发病特点】　猪接触性传染性胸膜肺炎又称猪副溶血嗜血杆菌病，是猪的一种呼吸系统传染病。其特征是急性出血性纤维素性胸膜肺炎和慢性纤维素性坏死性胸膜炎。急性者大多数死亡，慢性者常可以耐过。是近年来危害养猪业的重要传染病之一。不同品种、性别、年龄的猪均可感染，以 3 月龄左右的仔猪最易感。本病主要通过呼吸道传播。

【防　治】　一旦发现病猪，应及时隔离治疗。猪舍、场地、工具应彻底消毒，以阻止本病的蔓延。

中兽医方法治疗此病，可根据疾病发展的不同情况，划分为风热犯肺期（初期）、肺热壅盛期（中期）、正气虚弱期（后期）3个时期。

（1）初期治宜辛凉解毒，清肺化痰。方用银翘散（二花、连翘、淡竹叶各6g，豆豉、荆芥穗、桔梗、牛蒡子各5g，薄荷3g，芦根12g，甘草2g），咳重者加百部、贝母、知母。

（2）中期治宜清热解毒，宣肺化痰。方用清肺散（板蓝根16g，葶苈子6g，浙贝母6g，桔梗6g），或麻杏石甘汤（麻黄6g，杏仁、炙甘草各9g，石膏50g）加味。

（3）后期治宜益气养阴，清热化痰。方用清燥救肺汤，桑叶9g，石膏15g，甘草3g，人参、杷叶各6g，麦冬4g，杏仁3g。或用沙参散，沙参、贝母、知母各6g，麦冬、丹皮各5g，当归、白芍、杏仁、花粉、生地各4g，半夏、甘草各3g。

以上中药方剂可根据发病具体情况选用，为末水调灌服，每天2次，连用3d。为提高疗效各期均可配合西药治疗。

猪气喘病

【发病特点】 猪气喘病也称为猪喘气病、猪支原体肺炎，国外称猪地方流行性肺炎，是猪的一种慢性接触性呼吸道传染病。其主要表现为气喘、咳嗽。本病死亡率不高，但长期不愈，影响猪的生长发育，同时易继发感染其他疾病，能给养猪业造成重大损失。本病发病无明显季节性，不同品种、年龄、性别的猪都可感染本病，但2~5月龄仔猪发病率和死亡率均高。

【防 治】 对无本病的猪场，应坚持自繁自养或不从有病猪场引进猪源，并做好经常性的防疫工作。对发病猪场，要经常注意临床观察，听咳嗽，查呼吸，进行X光检查，以早期检出病猪，对猪舍环境经常消毒。

治疗可选用下列方法：

（1）实喘病猪可用：①麻黄30g，白果25g，杏仁25g，苏叶

20g，甘草 20g，石膏 100g，黄芩 20g。煎汤 2 次，混合候温灌服。②麻杏石甘汤加减，麻黄 9g，杏仁 9g，葶苈子 12g，石膏 50g，甘草 9g，百部 12g，桔梗 9g。为末水调，分 2 次灌服，连用 3d 以上。

（2）虚喘病猪可用：①炙麻黄 10g，炒白芍 20g，葶苈子 20g，桔梗 15g，桂枝 12g，花粉 12g，连翘 30g，柴胡 10g，五味子 12g，杏仁 12g，党参 20g，山药 30g，甘草 10g，金银花 30g。煎汤，候温灌服。②定喘汤加减，白果、麻黄、甘草、杏仁、冬花、半夏各 6g，苏子、黄芩各 8g，桑白皮 10g。为末水调，分 2 次灌服，连用 3d 以上。

猪链球菌病

【发病特点】　猪链球菌病是由 C、D、E 及 L 群链球菌引起的猪的一种多型性传染病的总称。其特征是，急性型常表现为出血性败血症和脑炎；慢性型表现为关节炎、心内膜炎、淋巴结化脓和组织化脓等。各种年龄、品种的猪均易感染，但是新生仔猪和哺乳仔猪发病率和死亡率较高。本病发生无季节性，常呈地方性流行。呼吸道、消化道和伤口为主要感染途径。

【防　治】　每年定期进行链球菌菌苗预防注射。对发病的猪群应及早诊断，进行隔离治疗，猪舍、场地、用具可用 10％石灰乳或 2％氢氧化钠消毒。

中兽医分型治疗，以清热解毒、凉血救阴、清心开窍、宣肺平喘为原则组方，配合西药抗菌消炎。

（1）热入营血（败血型）。①青霉素每千克体重 4 万单位，配地塞米松 4mg，一次肌内注射，每天 2 次，连用 3d 以上。②清瘟败毒散一次 80g 水调灌服，每天 2 次，连用 3d。

（2）热闭心包（脑膜炎型）。①磺胺嘧啶钠注射液 20 ~ 40mL，一次肌内注射，每天 2 次，连用 3d。②人工牛黄 1.5g，冰片 0.5g，黄连 3g，蒲公英 20g，紫花地丁 20g。为末水冲调灌服。

（3）热邪闭肺（胸型）。①大青叶6g，板蓝根6g，拳参6g，连翘6g，二花6g，桔梗9g，麻黄12g，百部9g，石膏30g。为末，水调灌服，每天2次，连用3d。②乳酸环丙沙星每千克体重2.5mg或其他敏感抗生素适量，每天2次，连用3d。

（4）慢性型（淋巴结脓肿或局部组织脓肿型）。①青霉素按每千克体重4万单位，一次肌内注射，每天2次至愈。②局部脓肿切开后，以0.2%高锰酸钾冲洗干净，并涂以5%碘酊，必要时加引流条。

猪传染性萎缩性鼻炎

【发病特点】　猪传染性萎缩性鼻炎是由支气管败血波氏杆菌引起的猪的一种慢性呼吸道疾病，其特征是，喷嚏、鼻塞等鼻炎症状和颜面部变形。病猪生长发育受阻，可造成严重经济损失。本病一年四季均可发生，各种品种、年龄的猪都可感染，但以6～8周龄以内的幼猪感染后症状比较明显。

【防　治】　从无本病的种猪场引进种猪，对引进的种猪隔离观察1个月以上。做好经常性的防疫工作。中兽医治疗以疏风、清热、通窍为原则。

（1）苍耳子散加减，苍耳子、辛夷、白芷各9g，薄荷8g，二花、黄芩各12g。为末水调灌服，每天2次，连用3d。

（2）0.1%高锰酸钾溶液冲洗鼻腔，之后用卡那霉素、链霉素或金霉素粉吹入鼻道。

猪坏死杆菌病

【发病特点】　猪坏死杆菌病是由坏死杆菌所引起的猪的一种慢性传染病。其特征是，组织坏死，多见于受伤的皮肤、皮下组织和消化道黏膜，有的在内脏形成转移性坏死灶。本病多发于炎热、多雨、潮湿季节，幼猪比成年猪易感。

【防　治】　预防本病的发生，关键在于避免咬伤和其他外伤，发生外伤应及时处理创口，涂搽碘酒以防感染。发现病猪应及时隔离治疗，以防蔓延。

本病的治疗，按中兽医外伤科治疗疮疡论治，即内治与外治相结合。

（1）内治。根据疮疡发病过程中的三个阶段，初起阶段用消法，酿脓阶段用托法，溃后用补法。①消法。用消散药物使初起尚未成脓的肿疡得以消散，治疗以清热解毒为主。方用黄连解毒汤：黄连、栀子各 9g，黄芩、黄檗各 6g。为末水调一次灌服，每天 2 次，连用 3 天。②托法。以托毒排脓的方法托毒外出，以防毒邪内陷（形成脓毒败血症）。适用于疮疡中期正虚毒盛，不能托毒外达，方用托里消毒饮：党参、二花 12g，川芎、当归、白芍、白术、茯苓、白芷、皂角刺、桔梗各 6g，甘草 4g，黄芪 18g。水煎一次灌服，每天 2 次，连用 3d。③补法。应用补益药物，恢复正气，以助肉芽组织新生，促进创面愈合，方用八珍汤：党参、白术、茯苓各 12g，当归、熟地、白芍各 9g，川芎、甘草各 6g。水煎一次灌服，连用 3d。④无论哪个类型或发展阶段，均可配合西药抗菌治疗。硫酸庆大霉素注射液 16 万 ~ 32 万 U，维生素 C 注射液 2 ~ 4mL。一次肌内注射，每天 2 次，连用 3 ~ 5d。

（2）外治。彻底清除坏死组织，皮肤型先用 3% 过氧化氢或 0.2% 高锰酸钾清洗，之后涂 5% 碘酊。黏膜型（口鼻）用 0.1% 高锰酸钾清洗后涂碘甘油或龙胆紫。

另外，对坏死灶有转移的病猪，还应配合全身疗法，注射磺胺类药物、四环素、土霉素等抗菌药物。

蛔虫病

【发病特点】　猪蛔虫病是由猪蛔虫寄生于猪小肠内引起的一种常见寄生虫病。本病对 6 月龄内的猪危害最大，导致猪生长缓慢或停滞，严重者可引起病猪死亡。

【防　治】　保持栏舍卫生，猪粪集中堆积处理；仔猪断奶后驱虫 1 次，每年春、秋两季各对猪群做预防性驱虫 1 次。病猪可选用下列方药进行驱虫治疗。

（1）盐酸左旋咪唑注射液，每千克体重 5 ~ 10mg，肌内或皮下注射，也可用该药片剂拌料内服（空腹服效果更好）。

（2）阿苯达唑，每千克体重 5 ~ 20mg，拌料内服，不仅可驱蛔虫，对鞭虫、结节虫等也有效。

（3）苦楝树二层皮 10g，百部 10g（50kg 左右体重猪用量）。煎汤，候温灌服。

（4）槟榔、苦楝树二层皮、大黄、芒硝各 10g。煎汤，候温灌服（50kg 体重猪用量）。

（5）石榴皮、使君子各 15g，乌梅 3 个，槟榔 13g（25kg 体重猪用量）。煎汤，一次空腹灌服。

姜片吸虫病

【发病特点】　姜片吸虫病是一种人兽共患的寄生虫病，主要寄生于人和猪的小肠内，导致人或猪消瘦、贫血、腹泻和生长发育不良，严重者可导致死亡。

【防　治】　在本病流行地区，水生植物饲料改生喂为熟喂，猪粪进行堆积发酵以消灭虫卵，每年 5 ~ 6 月间对低洼地区和水塘用 0.1％生石灰水或硫酸铵或二十万分之一的硫酸铜溶液消毒，以消灭中间宿主扁卷螺；每年定期对猪群驱虫 2 次，驱虫后的粪便应集中堆积处理。平时加强检查，发现病猪及时隔离驱虫治疗。治疗可选用下列方法之一。

（1）吡喹酮，每千克体重 30 ~ 50mg，拌料一次喂服。

（2）将槟榔研成粉末，早晨空腹时拌少量料喂服，每次 5 ~ 25g，连用 3 次。

（3）新鲜松针500g（50kg体重猪用量），洗净后放锅内文火煎煮，至松针变黄、煎汁呈青绿色时停火，待凉至35℃左右将松针捞出，取汁拌精饲料喂服药，可达到驱虫目的。

球虫病

【发病特点】　猪球虫病是仔猪的一种肠道寄生原虫病，主要危害7～21日龄的仔猪，其特征是仔猪腹泻，呈急性或慢性肠炎症状。本病在高度集中饲养条件下最易发生，病死率较低，但康复猪多生长不良而成为僵猪。成年猪一般不呈现临床症状而成为带虫者。

【防　治】　加强环境卫生管理，保持猪舍清洁干燥，粪便及时清扫并堆积发酵处理。

发现病猪应及时进行治疗，可选用下列方药之一：

（1）氨丙啉，每千克体重25～65mg，拌料或混入饮水中喂服，连用3～5d。

（2）旱莲草、地锦草、鸭跖草、败酱草、翻白草各等份，每头猪用50～100g，水煎灌服，每天1剂，连用3～5d。

弓形体病

【发病特点】　弓形体病又称弓状体病、弓浆虫病和毒浆原虫病，是由龚地弓形虫引起的一种人兽共患寄生虫病。猪弓形体病的主要特征是以3月龄左右的猪多见，突然暴发、高热稽留、呼吸困难、皮肤出现紫红色淤斑，剖检见肺、肝、淋巴结等脏器肿胀、有出血点和坏死灶。弓形体对中间宿主的选择不严，人类、45种哺乳动物、70多种鸟类以及5种冷血动物均能自然感染本病，猪的病死率可达60%以上。本病呈世界性分布，我国很多地区均有流行。

【防　治】　猪场严禁养猫，加强饲料和饮水管理，防止被猫粪污染；严禁用未经煮熟的屠宰废弃物喂猪，消灭老鼠等啮齿动物。在疫区应对猪群加强检验，发现病猪应及早进行隔离治疗。磺胺类药物对本病有较好的疗效，抗生素药物则无效。临床确诊后，可选用下列方法之一进行治疗。

（1）增效磺胺 -5- 甲氧嘧啶（或 -6- 甲氧嘧啶）注射液，肌内注射，每千克体重 0.2mL（首次量加倍），每天 2 次，连用 3 ~ 5d。

（2）复方磺胺嘧啶钠注射液，肌内注射，每千克体重 70mg（首次量加倍），每天 2 次，连用 3 ~ 5d。

（3）蟾蜍 2 ~ 3 只（大者 2 只，小者 3 只，鲜品、干品均可），苦参、大青叶、连翘各 20g，公英、金银花各 40g，甘草 15g。水煎温服（体重 50kg 猪用量，小猪用量酌减）。

（4）黄常山 20g，槟榔 12g，柴胡、桔梗、麻黄、甘草各 8g（35 ~ 45kg 体重猪用量）。先用文火煎煮黄常山、槟榔 20min，然后将柴胡、桔梗、甘草加入同煎 15min，最后加入麻黄煎 5min，过滤去渣，灌服，每天 2 剂，连用 3d。

（5）黄花蒿 60 ~ 120g，柴胡 15 ~ 25g。水煎一次灌服，每天 1 剂，5d 为一疗程。

（6）在猪耳背侧中上部，用三棱针或小宽针刺破皮肤并扩成囊状创口，取麦粒大小的蟾酥锭片卡入创口中，50kg 体重猪卡入 2 粒。

疥 癣

【发病特点】 猪疥癣病俗称猪癞，是由疥螨寄生在猪皮肤内引起的以瘙痒、脱毛、皮肤粗糙增厚为主要症状的一种慢性皮肤病。

【防 治】 搞好栏舍卫生，保持舍内清洁、干爽、通风，定期用药灭虫消毒；用新鲜辣蓼草或新鲜樟树叶垫圈，可预防或减少本病的发生。引进猪应隔离观察，防止带进螨病。

发现病猪应及时隔离治疗，并用杀螨药消毒猪舍和用具。用药局部涂抹或喷洒治疗时，为使药物充分接触虫体，宜先用肥皂水或清洁水洗刷患部、清除痂壳和污物。然后选用下列药剂之一：

（1）阿维菌素或伊维菌素，每千克体重 0.3mg，颈部皮下注射。

（2）硫黄、石灰和水按 1：2：25 的比例配合，置锅中煮沸至黄色，去渣取液冷却后用喷雾器喷洒患部，间隔 3 天再用 1 次。

（3）植物油 100mL 放锅中烧开，沫消后加入硫黄 15g，花椒面 5g，用木棒搅拌成粥状。冷却后，用毛刷将药刷在患部。

（4）硫黄 100g，明矾 50g。混合研末过筛，加棉籽油（无棉籽油可用其他植物油代替）500mL，搅匀涂搽患部。

（5）花椒、荆芥、防风、苍术各等份，研细末，用凡士林调成膏，均匀涂于患部，轻者 1 次可愈，重者 2～3 次痊愈。

泄　泻

【发病特点】　泄泻是指大便稀薄、排便次数增加的一种病症，又称腹泻，俗称拉稀。

（1）用于湿热泻（选一方）：①苦参、地榆、神曲各 10g，大黄、知母、柴胡、石膏、山楂、陈皮、木通、罂粟壳、甘草各 5g（10～30kg 体重猪用量，大猪酌加用量）。文火煎煮 3 次，合并煎液约 500mL，分早晚 2 次灌服，每天 1 剂，连用 2～3 剂。②乌梅、诃子、黄连、姜黄各 30g，黄芩 35g。煎汤，候温灌服，每天 1 剂，连用 2～3 剂。

（2）用于脾虚泻：苍术、山药各 10g，白芍、泽泻各 20g。共为细末，混于饲料内服，每天 1 剂，连用 2～3 剂。

（3）用于脾肾虚寒泻：诃子（煨）肉桂、炙甘草各 40g，罂粟壳（蜜炙）160g，肉豆蔻（煨）25g，木香 50g，当归、炒白术、党参各 30g，白芍 60g，干姜、附子各 20g。泄泻无度、脱肛者加柴胡 40g，升麻、黄芪各 50g，共研粗末，每次用 150g，水煎，食前温服，每天 1 次，连用 3～4 次。

（4）用于寒湿泻（选一方）：①党参 50g，白术、干姜各 30g，附子 20g，炙甘草 15g。煎汤，候温灌服，每天 1 剂，连用 2～3 剂。

②丁香、木通、茯苓各20g，藿香30g，木香、青皮各10g，陈皮、官桂、车前子各15g，生姜、红茶叶各25g。腹痛者加香附20g，呕吐者加姜半夏15g，久泻者加石榴皮15g，食欲不振者加神曲、山楂各25g（均为50kg体重猪一次用量），水煎服，每天1剂，连用3～4剂。

（5）用于仔猪腹泻：生姜60g，乌梅、茯苓、制半夏各30g，新鲜杉木炭粉80g，黄连、甘草各20g。混合研细末，每千克体重0.5～1g，拌料喂服，每天2次，连用2～3d。

便　秘

【发病特点】 便秘是大便干燥、排出困难的一种常见病。各种年龄的猪都有发生，但以小猪多发，便秘部位多见于结肠。

【防　治】 合理搭配饲料，保证饮水和运动，给予适当量的食盐，多给青绿多汁饲料。

病猪停喂干粗饲料而给予青绿多汁饲料，多给饮水。治疗以通肠导滞为法则，采用中药、西药或中西药结合治疗均有良好效果。

（1）用于热性便秘：中药用石膏30g，芒硝24g，当归、大黄各12g，黄芩、金银花、枳壳、连翘各9g，炒麻仁18g，木通6g。加适量水煎煮2次，滤液合并浓缩至200～300mL，候温灌服（以上为中猪用药量，大猪、小猪据体重酌情增减用量）。同时用西药，体温高者肌内注射青霉素160万～320万U、链霉素40万～100万U，每天2次；病情严重、食欲废绝者静脉注射5%葡萄糖盐水500～1 000mL、10%磺胺嘧啶钠液30～50mL、10%安钠咖5～10mL。

（2）用于妊娠母猪便秘：10%氯化钠8～10mL、10%氯化钾8～10mL，注射用水50～60mL，混合后一次交巢穴注射，每天1次，连用2～3d。

（3）用于顽固性便秘：大黄、生地、玄参各30g，枳实、厚朴、麦冬各20g。高热者加银花、山楂各30g，柴胡、桔梗、青皮

各 20g；阴津亏虚者，加白芍、当归各 30g，肉苁蓉 20g，蜂蜜
100g，上药加动物或植物油 100g，煎水灌服，并用部分药液灌肠，
每天 1 剂，连用 1 ~ 2 剂。

（4）用于实热便秘：大黄 25g，芒硝 50g，黄连、黄芩、黄檗、
栀子、枳实、厚朴、玄参、麦冬、生地各 15g，甘草 10g。水煎喂
服，每天 1 剂，连用 1 ~ 2 剂。

（5）用于阴血亏虚便秘：麦冬、生地、厚朴各 12g，大黄、建
曲各 18g，石斛、白芍、甘遂、甘草各 9g，枳实、槟榔各 15g。共
为细末，混饲喂服，每天 1 剂，连用 3 剂。

（6）用于老弱虚寒便秘：艾叶 50 ~ 100g 用温水浸泡或煎煮
20min，取小块肥皂削成锥状后浸入艾叶温水中 10 ~ 20min，取出
插入病猪肛门内，适当进退、转动肥皂，停留片刻取出肥皂再浸
入艾叶水中，再插入猪肛门内，如此多次反复，连用 2 ~ 3d。

（7）用于母猪产后便秘：桃仁 20 ~ 30 个，捣烂加适量蜂蜜，
水煎取汁候温灌服，每天 2 次，连用 2 ~ 3d。

（8）按中兽医通肠导滞为原则治疗：①芒硝 100g，滑石 50g，
大黄 25g，液状石蜡 200mL。混合灌服，结合肥皂水灌肠。②棉油
250mL，石膏 30g，莱菔子 60g，温水灌服。③ 10% 氯化钾溶液
10mL，后海穴注射。

感　冒

【发病特点】　感冒是猪感受风寒、风热之邪引起，以发热恶
寒、流涕咳嗽、体表温度不均为主要临床特征。本病一年四季均
有发生，多发于气候多变的早春和晚秋，仔猪更易发生。

【防　治】　加强饲养管理，做好防寒保温工作。根据病情，
选用下列方药进行治疗。

（1）用于风寒感冒（选用一方）：①黄豆 250g，葛根 25g，葱
10 根，鲜萝卜 1000g，生姜 15g。切碎煎水喂服，每天 1 剂，连用

2～3剂。②荆芥、防风、柴胡、羌活、独活、川芎、前胡、桔梗、生姜、枳壳各30g，茯苓20g，薄荷、甘草各10g。四肢不重而冷者去独活加桂枝30g，苔白兼黄、舌尖边微红者去川芎加黄芩20g，食欲不振者加焦山楂、炒谷芽、炒麦芽各30g，粪便干燥者加大黄（后下）30g（以上为50～100kg体重猪1次用量），水煎投服，每天1剂，连用2～3剂。

（2）用于风热感冒：①银花、连翘、芦根各40g，淡豆豉、桔梗、荆芥穗、牛蒡子各25g，竹叶30g，薄荷15g，甘草10g（15～100kg体重猪1次用量）。水煎服，或为末开水冲服，每天1剂，连用2～3剂。②芦根35g，草决明100g，防风35g，瞿麦30g，绿豆150g，蒲公英30g，扁蓄30g，藿香30g，黄芩10g。煎汤，候温灌服。

（3）用于母猪产后风寒感冒（选一方）：①麻黄、杏仁、玉竹、前胡、紫苏、陈皮、川芎、桃仁、生姜、大枣各20g，当归15g，甘草10g。水煎服，或研末混料服，每天1剂，连用1～2天。②当归、川芎、葛根、升麻、白芍、香附、紫苏、陈皮各35g，麻黄30g，白芷20g，益母草50g，炙甘草15g，生姜5片，葱白3根。体温升高者去白芷加黄芩30g，便结难下者重用当归并加白术45g，麻仁30g，食欲废绝者重用香附并加山楂35g，无瘀血者去川芎、益母草，每天1剂，煎3次取液分3次服，连用1～2剂（以上为100kg体重猪用量）。

防止猪突然受寒，风吹雨淋，特别是大出汗之后；天气变化气温下降时，要注意猪舍的保暖，及时采取防寒措施；天气转热时，应使猪舍通风凉爽；在病期要多给清洁饮水，天气变化要注意猪舍保暖，天寒应加垫草。

风湿症

【发病特点】　风、寒、湿邪侵犯机体，引起肌肉、关节疼痛的一种病症，称为风湿症，又称风瘫。

【防　治】　保持猪栏干燥，冷天注意防寒保暖，让猪适当运动和晒太阳。治疗可选用祛风湿的中西药物，并配合针灸疗法。

（1）中药以活血散瘀、祛风止痛为治则，方用独活、桑寄生、羌活、酒当归、川芎、桂枝、牛膝、防风、荆芥、秦艽、威灵仙各10g，甘草3g。混合煎汤，过滤去渣取汁，每头每次胃管投服250mL，每天2次，每剂药分6次灌服。另用火针治疗，主穴百会，配穴抢风、大胯、小胯、六脉，每3天针刺1次。中药配合火针治疗，一般轻症2~3次，重症3~5次即可。

（2）一般针灸疗法：前肢风湿取抢风、七星等穴，后肢风湿取大胯、小胯等穴，腰背风湿取百会、开风、尾根等穴；白针、水针、电针或灸熨。水针可选用安痛定注射液等，每穴1次3~5mL。

（3）姜蒜酊：生姜、大蒜、白酒，按1：2：7比例，先将生姜、大蒜捣碎，然后用白酒浸泡3~7d后备用。将患猪患部用温水洗干净，然后用姜蒜酊搽涂，每天2次，连用1周左右。

脱 肛

【发病特点】 直肠部分脱出于肛门外，称为脱肛，又叫直肠脱出。多发生于小猪和瘦弱的大猪，也继发于便秘和顽固性的下痢。

【治 疗】 手术整复，并投补中益气之剂。

（1）手术整复：用3%明矾水，或艾叶、花椒煎汤去渣的药液，或食盐水清洗脱出部分及肛门周围，洗净后，用手捏破水肿的黏膜和剥去坏死的组织，涂上枯矾与食油，将脱出部分送入肛门。整复后仍再脱出者，可沿肛门周围缝合固定。

（2）方药：①党参、黄芪各30g，当归、白术各25g，升麻、柴胡各15g，陈皮20g，炙甘草10g。煎汤，候温灌服，小猪用量酌减。②当归、白芍、羌活、独活、炙黄芪、党参、柴胡各10g，炒白术8g，升麻4g，甘草4g。煎汤，候温分2次灌服，小猪酌减。③蝉蜕10g，为末，用香油适量，调搽患部。

加强饲养管理，饲喂易消化的饲料，防止便秘和腹泻的发生。

附录一 食品动物禁用的
兽药及其他化合物

1. β-兴奋剂类：克仑特罗 Clenbuterol、沙丁胺醇 Salbutamol、西马特罗 Cimaterol 及其盐、酯及制剂。

2. 性激素类：己烯雌酚 Diethylstilbestrol 及其盐、酯及制剂。

3. 具有雌激素样作用的物质：玉米赤霉醇 Zeranol、去甲雄三烯醇酮 Trenbolone、醋酸甲孕酮 Mengestrol Acetate 及制剂。

4. 氯霉素 Chloramphenicol 及其盐、酯（包括：琥珀氯霉素 Chloramphenicol Succinate）及制剂。

5. 氨苯砜 Dapsone 及制剂。

6. 硝基呋喃类：呋喃唑酮 Furazolidone、呋喃它酮 Furaltadone、呋喃苯烯酸钠 Nifurstyrenate sodium 及制剂。

7. 硝基化合物：硝基酚钠 Sodium nitrophenolate、硝呋烯腙 Nitrovin 及制剂。

8. 催眠、镇静类：安眠酮 Methaqualone 及制剂。

9. 林丹（丙体六六六）Lindane。

10. 毒杀芬（氯化烯）Camahechlor 杀虫剂。

11. 呋喃丹（克百威）Carbofuran 杀虫剂。

12. 杀虫脒（克死螨）Chlordimeform 杀虫剂。

13. 双甲脒 Amitraz 杀虫剂。

14. 酒石酸锑钾 Antimony potassium tartrate 杀虫剂。

15. 锥虫胂胺 Tryparsamide 杀虫剂。

16. 孔雀石绿 Malachite green 抗菌、杀虫剂。

17. 五氯酚酸钠 Pentachlorophenol sodium 杀螺剂。

18. 各种汞制剂包括：氯化亚汞（甘汞）Calomel、硝酸亚汞 Mercurous nitrate、醋酸汞 Mercurous acetate、吡啶基醋酸汞 Pyridyl mercurous acetate 杀虫剂。

19. 性激素类：甲基睾丸酮 Methyltestosterone、丙酸睾酮 Testosterone Propionate 苯丙酸诺龙 Nandrolone Phenylpropionate、苯甲酸雌二醇 Estradiol Benzoate 及其盐、酯及制剂，禁用于促生长。

20. 催眠、镇静类：氯丙嗪 Chlorpromazine、地西泮（安定）Diazepam 及其盐、酯及制剂禁用于促生长。

21. 硝基咪唑类：甲硝唑 Metronidazole、地美硝唑 Dimetronidazole 及其盐、酯及制剂禁用于促生长。

22. 抗病毒药物：金刚烷胺、金刚乙胺、阿昔洛韦、吗啉（双）胍（病毒灵）、利巴韦林等及其盐、酯及单、复方制剂。

23. 抗生素、合成抗菌药：头孢哌酮、头孢噻肟、头孢曲松（头孢三嗪）、头孢噻吩、头孢拉啶、头孢唑啉、头孢噻啶、罗红霉素、克拉霉素、阿奇霉素、磷霉素、硫酸奈替米星（netilmicin）、氟罗沙星、司帕沙星、甲替沙星、克林霉素（氯林可霉素、氯洁霉素）、妥布霉素、胍哌甲基四环素、盐酸甲烯土霉素（美他环素）、两性霉素、利福霉素等及其盐、酯及单、复方制剂。

24. 解热镇痛类等其他药物：双嘧达莫（dipyridamole'预防血栓栓塞性疾病）、聚肌胞、氟胞嘧啶、代森铵（农用杀虫菌剂）、磷酸伯氨喹、磷酸氯喹（抗疟药）、异噻唑啉酮（防腐杀菌）、盐酸地酚诺酯（解热镇痛）、盐酸溴己新（祛痰）、西咪替丁（抑制人胃酸分泌）、盐酸甲氧氯普胺、甲氧氯普胺（盐酸胃复安）、比沙可啶（bisacodyl 泻药）、二羟丙茶碱（平喘药）、白细胞介素-2、别嘌醇、多抗甲素（α-甘露聚糖肽）等及其盐、酯及制剂。

参考：农业部第 193 号公告、农业部公告第 176 号、农业部公告第 560 号

附录二　药物敏感性试验

药物敏感试验简称药敏试验（或耐药试验）。旨在了解病原微生物对各种抗菌药物的敏感（或耐受）程度，以指导临床合理选用抗菌药物的微生物学试验。用于评价抗菌药物对细菌敏感性的实验室检测技术，包括纸片扩散法、肉汤稀释法（常量法和微量法）和琼脂稀释法。这些方法均有明确的操作标准，包括美国临床和实验室标准协会（NCCIS）推荐的 K-B 方法，欧盟药敏实验标准委员会（EUCAST）对 K-B 进行改进的方法，以及国内公布的一些改进方法标。使用一种以上的方法，所得结果进行比较和相互补充是可取的。

一、纸片扩散法药物敏感试验

纸片扩散法（K-B 法）药物敏感试验是在涂有细菌的琼脂平板培养基上按照一定要求贴浸有抗菌药物的纸片，培养一段时间后测量抑菌圈大小，并根据相关解释标准进行结果分析，从而得出受试菌株药物敏感性的结论。是目前应用最多的抗菌药物敏感性测定方法。作为定性药敏实验，该方法操作简便、快捷，能够检测绝大多数的致病菌，而且无须复杂的设备，适用于实验室常规使用。在此推荐的是 EUCAST 纸片扩散法。该方法中抑菌圈直径的折点值已经校正，可在 EUCAST 官方网站免费查阅和下载。无论使用哪种方法，均需严格遵守具体的操作流程，以免试验结果产生偏差。

1. 培养基准备

Mueller-Hinton Agar（MHA）可用于非苛养菌的纸片扩散法。

该培养基可以保证大多数非苛养菌的生长需要，对抗菌药物活性无干扰，商品化的培养基批次间质量稳定。

当测定链球菌属（如肺炎链球菌）、弯曲杆菌属、多杀性巴氏杆菌属、嗜血杆菌属和其他一些苛养菌的敏感性时，需在培养基中加 5% 脱纤维马血和 20mg/L β-烟酰胺腺嘌呤二核苷酸，即为 MH-F 琼脂。

2. 接种菌液准备

一般采用菌落悬浮法来制备目标微生物的悬浮液，该方法适用于几乎所有细菌，包括链球菌、嗜血杆菌等苛养菌。制备菌液时，挑取过夜培养的、已分离纯化的菌落 4 ~ 5 个，使用生理盐水为溶剂，振荡混匀。制备的菌悬液，使用光度计校正菌液浓度至 0.5 麦氏浊度，熟练的也可目测菌液浊度。菌液浊度偏低会导致抑菌圈直径变大；反之，菌液浊度偏高，会导致抑菌圈直径变小。

自制 0.5 麦氏浊度标准管时，添加 0.5mL 0.048mol/L 氯化钡（$BaCl_2$）至 99.5mL 0.18mol/L 硫酸（H_2SO_4），持续搅拌至混悬状态即可。

3. 菌悬液接种琼脂培养基

使用灭菌棉拭子蘸取菌液，在试管壁内侧挤压棉拭子除去多余水分，从 3 个方向均匀涂布在整个琼脂培养基的表面。此外，也可使用自动旋转接种仪接种菌液。校准浊度的菌悬液一般要在制备后 15min 内接种培养基，超过 60min 的菌悬液弃用。

4. 放置药敏片

接种菌液后的培养基要在 15min 内放置药敏片，使纸片紧密贴附在培养基的表面。药敏纸片接触培养基表面后不得再次移动，以免形成的抑菌圈形状不规则。纸片间距不少于 24mm，纸片中心距平皿边缘不少于 15mm。一般 90mm 直径的培养皿最多放置 6 个药敏纸片。纸片不宜放置过多，以免抑菌圈相互重叠或抗生素之间的活性干扰。例如，喹诺酮类药物在光照条件下保存会逐渐失活，从而导致抑菌圈直径变小。短期内，将使用的药物纸片保存在 4 ~ 8℃环境中。低温保存的纸片在使用前先回温，从而避免纸片因水分冷凝而潮解。

5. 琼脂平板培育和检查

药敏纸片放置在琼脂平板表面上 15min 后，将平皿倒置于 35℃培养箱中培育。平板不宜堆叠过高，以免受热不均。避免平皿在室温下久置，因为药物在琼脂上的提前扩散会导致抑菌圈偏大。培育结束时细菌应生长良好，布满培养基表面。若琼脂培养板上可见单菌落，表明接种量偏少，应该重新试验。

6. 结果判定

一般细菌培育 16 ~ 20h，测量平板上抑菌圈的直径。抑菌圈以肉眼无明显的细菌生长为边缘。磺胺药在抑菌圈内出现的轻微生长不作为抑菌圈边缘。具体操作方法为，将 MH 琼脂培养皿置于黑色背景下，从培养皿的反面观察反射光来测量抑菌圈直径；MH-F 琼脂培养皿应将皿盖拿开，对光观察培养皿或使用放大镜进行测量。但是，对于判定结果为对药物敏感的细菌，需要将琼脂平板重新置于培养箱孵育至 24h，然后再次测量抑菌圈直径，判断药物敏感与否。

细菌药敏试验的结果可分为敏感（S）、中介度（I）和耐药（R）3 种。这是临床兽医合理选用药物治疗细菌性感染，提高治疗效果和避免抗菌药滥用的重要依据。值得注意的是，抑菌圈的大小不能明确体现出一个细菌对药物敏感度的高低，更不能通过纸片法药敏试验结果判定细菌对不同药物敏感性的高低。ECUAST 提供了大量细菌对不同药物敏感/耐受的抑菌圈直径折点值，用于判断细菌对某种药物敏感还是耐药。

7. 质控菌株

药敏试验需要使用特异性标准菌株来监测试验操作，保证质量。要经常进行质控试验，至少要监测常规药板中包含的部分抗生素，判断其抑菌圈直径是否在许可范围内。质控菌株可直接购买商品，常用质控菌株如大肠杆菌 ATCC25922、铜绿假单胞菌 ATCC27853、金黄色葡萄球菌 ATCC2523、粪肠球菌 ATCC29212、肺炎链球菌 ATCC49619 和空肠弯曲杆菌 ATCC33560。建议质控菌株保存在 -70℃，也可用冻干法保存。非苛养菌可保存在 -20℃ 的甘油肉汤中。常规质量控制菌株每月更换 1 次。

8. 试验影响因素

纸片法药物敏感性试验，主要受到培养基、抗菌药物、细菌、试纸片以及培养条件等因素的影响。在免疫标准和严格操作规程的情况下，一种药物抑菌环的有无或大小只能判断出该药对细菌有没有效果，敏感性的高低只能通过科学、严格的试验（如 EUCAST 折点值）来确定。

二、肉汤稀释法药敏试验

稀释法药敏试验分为肉汤稀释法和琼脂稀释法。肉汤稀释法只适用于小量标本，因为被检菌必须分别接种到一系列不同浓度抗菌药物的溶液中，工作量大。该方法常用来评价药物的最小抑菌浓度（MIC）。琼脂稀释法则将几十个被检菌接种在含定量浓度抗菌药物的平板上，适用大量标本或研究工作。在此介绍的是 EUCAST 的微量肉汤稀释法。

1. 培养基准备

（1）准备　试剂 MHB 干粉（商品），50% 溶解马血，β-NAD（纯度 ≥ 98%）。

（2）50% 溶解马血制备　无菌条件下，将马血与等量的灭菌去离子水混合，然后反复冻融 3 次，直至血细胞完全裂解。离心取上清，分装保存在 -20℃ 条件下，避免反复冻融。

（3）β-NAD 储存液配制　以无菌去离子水溶解 β-NAD，制备 20mg/mL 的溶液，然后使用 0.22μm 的滤膜过滤除菌，分装

于 -20℃保存备用。注意避免反复冻融。

（4）MH 肉汤制备　按照使用说明使用 MHB 干粉配制，调节 pH 值在 7.2 ~ 7.4，然后高压灭菌。待肉汤冷却至 45 ~ 50℃，无菌分装保存于 4℃备用。MH 肉汤用于非苛养菌的微量肉汤稀释法。

（5）MH-F 肉汤制备　在 MH 肉汤中添加 5% 脱纤维马血和 20mg/L β-烟酰胺腺嘌呤二核苷酸（β-NAD），即制成 MH-F 肉汤，用于苛养菌的微量肉汤稀释法。高压灭菌并冷却至 45 ~ 50℃的 MH 肉汤，每升培养基中加入 100mL50% 溶解马血和 1mL β-NAD，混匀，无菌分装保存于 4℃备用。一般保质期为 3 个月。

2. 抗生素溶液配制

（1）贮备液配制　一般抗生素贮备液应新鲜配制，使用无菌去离子水配成 ≥ 1 000mg/L 或者更高的浓度，除非生产商有特别说明。若需严格无菌，采用滤膜过滤方法。注意有些抗生素的溶剂并非去离子水。例如，阿莫西林等头孢类药物的溶剂为 0.1mol/L 磷酸盐缓冲液（pH 值 6.0）。

（2）工作液配制　抗生素的工作浓度需覆盖全部参考菌株的 MIC 终点。使用 MH 肉汤或 MH-F 肉汤作为稀释液，以两倍稀释法将抗生素储备液稀释至工作浓度。抗生素的工作液应在当天使用。

（3）微量稀释板制备　在微量稀释板中每孔加入 50 或 100μL 制备好的工作液，同时设置至少 1 孔菌株生长对照（孔中加入 100μL 不含药物的肉汤）和至少 1 孔菌株生长阴性对照（孔中只含 100μL 肉汤，不添加药物）。制备好的微量稀释板可立即使用，或者贮存在 ≤ -60℃的环境中，保质期为 3 个月。注意冷冻保存所用的冰柜不能是自动除霜型的。一旦药物稀释板解冻，不应再次冷冻，否则，会导致某些药物失效。

3. 细菌接种液制备

接种液应使用纯化的细菌菌落或其肉汤培养物制备。如果使用菌落悬浮法制备接种液，则先将细菌在无选择性的琼脂培养基上培养 18 ~ 24h（34 ~ 37℃）；或者在其他适宜时间，挑取 3 ~ 5个菌落至无菌的肉汤或生理盐水中。混悬均匀后，以 0.5 麦氏比浊管为参照，使用肉汤或生理盐水将菌液调至 0.5 麦氏浊度。如果以肉汤培养法制备接种液，则从细菌培养板上挑取 3 ~ 5 个菌落至无菌肉汤中，过夜培养至 0.5 麦氏浊度。以 0.5 麦氏比浊管为参照，使用肉汤或生理盐水将菌液调至 0.5 麦氏浊度。

4. 微量稀释板接种

细菌悬液制备好后，应在 30min 内接种微量稀释板。若板中已加入 50μL 药物稀释液，则细菌悬液的加入剂量为 50μL；若板中已加入 100μL 药物稀释液，则细菌悬液的加入剂量至多为 5μL。本试验要求细菌接种到微量稀释板厚的终浓度为 50 万 CFU/mL（20万 ~ 80 万 CFU/mL），可以通过以下步骤测试大概的细菌浓度：在菌液接种到微量稀释板后，立即从细菌生长对照孔中移出 10μL，加入 10mL 肉汤或生理盐水中，混悬，取 100μL 涂布培养基平板，培养过夜。培养板上预计可生长 20 ~ 80 个细菌菌落，若菌落数量不合格，则需重新制备悬浮液。

5. 培育和结果判定

微量反应板在加样完毕后置于密封容器中，一般于 34 ~ 37℃培育 18 ± 2h，若有特殊说明，则使用其他适宜细菌生长的条件。结果判定时，先观察对照孔的情况。生长对照孔的液体应变浑浊或有纽扣状沉淀，而未接种细菌的阴性对照孔应无浑浊或纽扣状沉淀。同时，还应检查细菌接种物的传代培养情况，以排除菌株污染。检查质控菌株的 MIC 值是否处于质控范围（质控菌株的管理同纸片法药敏试验）。在上述试验成立的前提下，将每个微量接种孔中细菌生长的情况与阳性对照孔做比较，能够明显抑制细菌生长的最小药物浓度即为该药对细菌的最小抑菌浓度（MIC）。

肉汤法细菌药敏试验的结果也可分为敏感（S）、中介度（I）和耐药（R）3 种。值得注意的是，MIC 值的大小不能明确体现一个细菌对药物敏感度的高低，EUCAST提供了大量细菌对不同药物敏感/耐受的MIC折点值，用于判断细菌对某种药物敏感还是耐药。

6. 试验影响因素

肉汤法药物敏感性试验主要受到培养基酸碱度、抗菌药物、细菌种类和培养条件等因素的影响。在没有标准和严格操作规程的情况下，一种药物的MIC值只能判断出该药对细菌有没有效果，只能通过科学、严格的试验（如EUCAST提供的MIC折点值）来确定敏感性。

参考文献

［1］谢惠民．合理用药［M］．3 版．北京：人民卫生出版社，1996.

［2］王本祥．现代中药药理学［M］．天津：天津科学技术出版社，1997.

［3］戴自英，刘裕昆，汪复．实用抗菌药物学［M］．2 版．上海：上海科学技术出版社，1998.

［4］贾公孚，谢惠民．临床药物使用联用大全［M］．北京：人民卫生出版社，1999.

［5］闵云山．中药临床应用指南［M］．兰州：甘肃民族出版社，1999.

［6］张仲秋，郑明．畜禽药物使用手册［M］．北京：中国农业大学出版社，1999.

［7］殷凯生，殷民生．实用抗感染药物手册［M］．北京：人民卫生出版社，2001.

［8］贾公孚，谢惠民．药物联用禁忌手册［M］．北京：中国协和科技大学出版社，2001.

［9］袁宗辉．饲料药物学［M］．北京：中国农业出版社，2001.

［10］赵淑文，段慧灵，段文若．用药选择［M］．北京：人民卫生出版社，2001.

［11］张俊龙．临床中西药物使用手册［M］．北京：科学出版社，2002.

［12］杜贵友，方文贤．有毒中药现代研究与合理应用［M］．北京：人民卫生出版社，2003．

［13］陈仁寿．国家药典中药实用手册［M］．南京：江苏科学技术出版社，2004．

［14］顾觉奋．抗生素的合理应用［M］．上海：上海科学技术出版社，2004．

［15］汪复，张婴元．实用抗感染治疗学［M］．北京：人民卫生出版社，2004．

［16］孔增科，周海平．常用中药药理与临床应用［M］．赤峰：内蒙古科学出版社，2004．

［17］季宇彬．复方中药药理与应用［M］．北京：中国医药科技出版社，2005．

［18］杨世杰．药理学［M］．北京：人民卫生出版社，2005．

［19］刘强．药物两用中药应用手册［M］．北京：中国医药科技出版社，2006．

［20］任艳玲，李杨．中药不良反应与预防［M］．长春：吉林科学技术出版社，2006．

［21］王筠默．中药研究与临床应用［M］．上海：上海中医药大学出版社，2006．

［22］朱建华．中西药物相互作用［M］．2版．北京：人民卫生出版社，2006．

［23］刘海．动物常用药物及科学配伍手册［M］．北京：中国农业出版社，2007．

［24］阎继业．畜禽药物手册［M］．3版．北京：金盾出版社，2007．

［25］孟凡红，刘从明，杨建宇．单味中药临床应用新进展［M］．北京：人民卫生出版社，2007．

［26］勃拉姆．Plumbs．兽药手册［M］．5版．沈建忠，冯忠

武译. 北京：中国农业大学出版社，2009.

［27］陈杖榴. 兽医药理学［M］. 3 版. 北京：中国农业出版社，2009.

［28］隋中国，苏乐群，孙伟. 临床合理用药指导［M］. 北京：人民卫生出版社，2010.

［29］傅宏义. 新编药物大全［M］. 3 版. 北京：中国医药科技出版社，2010.

［30］吉姆 E 里维耶尔，马克 G.帕皮奇. 兽医药理学与治疗学［M］. 9 版. 操继跃，刘维红译. 北京：中国农业出版社，2011.

［31］中国兽药典委员会. 中华人民共和国兽药典［M］. 北京：中国农业出版社，2011.

［32］曾振灵. 兽药手册［M］. 2 版.北京：化学工业出版社，2012.

［33］赵汉臣，曲国君，王希海，等. 注射药物应用手册［M］. 北京：人民卫生出版社，2013.

［34］余祖功. 兽药合理应用与联用手册［M］. 北京：化学工业出版社，2014.

［35］钱存忠. 药物速查手册［M］. 北京：中国农业科学技术出版社，2014.

［36］张秀美. 兽医科学用药手册［M］. 济南：山东科学技术出版社，2018.

拼音索引

A

阿苯达唑·················· 119

阿布拉霉素················· 67

阿莫西林·················· 54

阿托品··················· 151

阿维菌素············· 125，131

阿维拉霉素················· 87

安络血··················· 147

安钠咖··················· 149

安普霉素·················· 67

安锥赛··················· 113

氨苄青霉素················· 53

氨苄西林·················· 53

氨苄西林钠················· 53

氨茶碱··················· 139

氨甲环酸·················· 146

奥苯达唑·················· 120

奥克太尔·················· 123

B

八正散··················· 275

巴戟散··················· 264

白矾散··················· 254

白及膏··················· 282

白龙散··················· 240

白硇砂··················· 253

白术散··················· 277

白头翁散·················· 240

百合固金散················· 254

班贝霉素·················· 87

板蓝根片·················· 239

保健锭··················· 280

保松噻··················· 116

保胎无忧散················· 277

北里霉素·················· 75

苯酚···················· 32

苯甘孢霉素················· 57

苯甲酸钠咖啡因·············· 149

苯硫胍··················· 121

苯硫咪唑·················· 118

苯亚砜本咪唑··············· 118

苯扎溴铵·················· 39

苯唑青霉素钠··············· 51

苯唑西林钠················· 51

比西林 ························50
吡哆醇 ·······················165
吡哆辛 ·······················165
吡喹酮 ·······················115
吡哌酸 ·······················100
苄星青霉素 ·················50
丙硫硫胺 ···················163
丙噻咪唑 ···················120
丙酸睾丸素 ·················142
丙氧苯咪胺酯 ·············120
丙氧苯咪唑 ···············120
丙氧咪唑 ···················120
拨云散 ·······················283
博落回注射液 ·············107
补中益气散 ···············268

C

擦疥散 ·······················284
参苓白术散 ···············259
苍术香连散 ···············241
柴葛解肌散 ···············236
柴胡注射液 ···············235
潮霉素 B ···················126
陈皮 ·························133
陈皮酊 ·······················269
臭氧 ··························27
除虫菊 ·······················132
穿心莲注射液 ·············241

垂体促黄体素 ·············144
雌二醇 ·······················143
次氯酸钠溶液 ·············32
醋酸氯己定 ···············41
催产素 ·······················140
催奶灵散 ···················277
催情散 ·······················275
脆弱拟杆菌、粪链球菌、蜡样
　芽孢杆菌复合活菌制剂 ······179

D

达氟沙星 ···················103
大承气散 ···················245
大观霉素 ···················66
大黄 ·························137
大黄流浸膏 ···············249
大黄末 ·······················247
大黄碳酸氢钠片 ·········248
蛋氨酸 ·······················177
敌百虫 ···············124，128
敌敌畏缓释液 ·············124
敌菌净 ·······················98
敌匹硫磷 ···················129
地霉素 ·······················68
地美硝唑 ···················113
地塞米松 ···················155
地亚农 ·······················129
颠茄酊 ·······················278

碘化钾·····················138，173

丁苯咪唑·················121

丁二酰磺胺噻唑···········96

定喘散·····················253

独活寄生散···············264

对氯间二甲苯酚···········34

多拉菌素·············126，132

多黏菌素 B···············82

多黏菌素 E···············81

多味健胃散···············269

多西环素·················71

E

恩拉霉素·················83

恩诺沙星·················101

二陈散·····················253

二氟沙星·················103

二甲氧苄啶···············98

二硫化碳哌嗪·············127

二氯异腈尿酸钠···········29

二母冬花散···············252

二嗪农·····················129

二氢吡啶·················175

F

番木鳖酊·················251

泛酸·······················164

防腐生肌散···············283

防己散·····················265

非班太尔·················121

肥猪菜·····················250

肥猪散·····················251

芬苯达唑·················118

吩噻嗪·····················123

酚磺乙胺·················146

酚嘧啶·····················123

呋喃硫胺·················163

呋塞米·····················153

弗吉尼亚霉素·············83

氟苯达唑·················121

氟苯尼考·················73

氟甲砜霉素···············73

氟甲喹·····················100

福尔马林·················34

福美多 –500···············175

复方布他磷注射液·······170，176

复方大黄酊···············267

复方豆蔻酊···············260

复方龙胆酊···············262

复合碘溶液···············30

复合维生素 B 注射液·······166

复合亚氯酸钠粉···········29

副猪嗜血杆菌病灭活疫苗·······193

G

甘草·······················139

甘草颗粒 ············· 254

甘草流浸膏 ··········· 257

甘露醇 ··············· 154

肝泰乐 ··············· 176

杆菌肽 ················ 80

杆菌肽锌 ·············· 81

干酵母 ··············· 135

高岭土 ··············· 136

高锰酸钾 ·············· 42

弓形虫核酸扩增（PCR）荧光

检测试剂盒 ········· 225

公英散 ··············· 242

钩吻末 ··············· 281

枸橼酸碘溶液 ·········· 31

癸甲溴铵 ·············· 40

桂皮 ················· 134

桂心散 ··············· 268

过硫酸氢钾复合盐泡腾片 ··· 37

过氧化氢 ·············· 27

过氧乙酸 ·············· 26

H

哈罗松 ··············· 124

哈洛克酮 ············· 124

核黄素 ··············· 164

鹤草芽 ··············· 116

红霉素 ················ 74

厚朴散 ··············· 260

胡椒嗪 ··············· 123

琥磺噻唑 ·············· 96

琥珀酰磺胺噻唑 ········· 96

滑石散 ··············· 265

槐花散 ··············· 273

环丙沙星 ············· 102

黄连解毒散 ··········· 238

黄连素 ··············· 106

黄霉素 ················ 87

黄体酮 ··············· 143

磺胺醋酰钠 ············ 97

磺胺对甲氧嘧啶钠 ······ 94

磺胺二甲嘧啶 ·········· 91

磺胺二甲嘧啶钠 ········ 111

磺胺甲噁唑 ············ 93

磺胺甲基异噁唑 ········ 93

磺胺间甲氧嘧啶 ····· 95，111

磺胺氯达嗪钠 ·········· 95

磺胺脒 ··············· 96

磺胺嘧啶 ········· 90，112

磺胺嘧啶银 ············ 97

磺胺噻唑钠 ············ 92

磺苯咪唑 ············· 119

灰黄霉素 ············· 108

茴香散 ··············· 265

藿香正气散 ··········· 237

J

吉他霉素 ·············· 75

己烯雌酚 ············· 142

加减消黄散 …………………… 239
甲苯达唑 ……………………… 117
甲苯咪唑 ……………………… 117
甲酚皂溶液 …………………… 33
甲砜氯霉素 …………………… 72
甲砜霉素 ……………………… 72
甲磺灭脓 ……………………… 97
甲基睾丸酮 …………………… 142
15-甲基前列腺素 …………… 145
甲硫氨酸 ……………………… 177
甲醛溶液 ……………………… 34
甲噻嘧啶 ……………………… 122
甲氧苯青霉素钠 ……………… 50
甲氧苄啶 ……………………… 98
甲氧西林 ……………………… 50
间酚嘧啶 ……………………… 123
健脾散 ………………………… 259
健胃散 ………………………… 269
健猪散 ………………………… 250
姜酊 …………………………… 269
姜流浸膏 ……………………… 261
洁霉素 ………………………… 84
金根注射液 …………………… 240
金花平喘散 …………………… 255
金霉素 ………………………… 70
金锁固精散 …………………… 273
荆防败毒散 …………………… 236
荆防解毒散 …………………… 243

酒石酸噻嘧啶 ………………… 122
酒石酸泰乐菌素 ……………… 77
酒石酸泰万菌素 ……………… 78
桔梗酊 ………………………… 139
聚维酮碘 ……………………… 28

K

卡巴多司 ……………………… 105
卡巴克洛 ……………………… 147
卡巴氧 ………………………… 105
卡那霉素 ……………………… 64
开他敏 ………………………… 155
坎苯达唑 ……………………… 120
康苯咪唑 ……………………… 120
抗坏血酸 ……………………… 166
抗坏血酸二异丙胺 …………… 177
克拉维酸钾 …………………… 61
克林霉素 ……………………… 85
克霉素 ………………………… 109
苦味酊 ………………………… 262
喹嘧胺 ………………………… 113
喹烯酮 ………………………… 105

L

蜡样芽孢杆菌、粪链球菌复合
　活菌制剂 …………………… 179
蜡样芽孢杆菌活菌制剂
　（DM423 株）……………… 178

来苏儿 …………………33

理肺止咳散 …………256

理中散 ………………260

痢菌净 ………………105

痢立清 ………………105

链霉素 …………………62

邻氯苯甲异噁唑青霉素钠 ……52

邻氯青霉素钠 …………52

林可霉素 ………………84

磷酸氢钙 ……………170

磷酸泰乐菌素 …………77

硫苯咪唑 ……………118

硫化二苯胺 …………123

硫氯酚 ………………115

硫双二氯酚 …………115

硫酸锰 ………………173

硫酸钠 ………………137

硫酸铜 ………………172

硫酸锌 ………………172

硫酸亚铁 ……………148

六味地黄散 …………274

龙胆酊 ………………250

龙胆碳酸氢钠片 ……250

龙胆泻肝散 …………243

氯氨酮 ………………155

氯化胆碱 ……………175

氯化钙 ………………168

氯化钾 ………………158

氯化钠 ………………157

氯洁霉素 ………………85

氯林可霉素 ……………85

氯唑西林钠 ……………52

M

麻黄碱 ………………140

麻黄素 ………………140

麻杏石甘散 …………256

马波沙星 ……………104

马来酸麦角新碱 ……141

马钱子酊 ……………251

芒硝 …………………137

毛果芸香碱 …………150

煤酚皂溶液 ……………33

莫仑太尔 ……………122

木槟硝黄散 …………249

木香槟榔散 …………249

N

那西肽 …………………88

萘啶酸 ………………100

尼可刹米 ……………150

黏杆菌素 ………………81

黏菌素 …………………81

凝血敏 ………………146

牛至油 ………………106

诺肽霉素 ………………88

诺西肽·················88

P

帕苯达唑·········121
哌哔嗪···········123
哌嗪·············123
平胃散···········261
破伤风散·········279
葡萄糖醛酸内酯·····176
葡萄糖酸钙·······169
葡萄糖铁钴注射液··147
普济消毒散·······244
普鲁卡因青霉素·····48

Q

七补散···········278
千金散···········279
前列腺素 $F_{2\alpha}$····145
强力霉素··········71
强壮散···········270
羟氨苄青霉素·······54
秦艽散···········265
青霉素 G··········47
青霉素 G 钾·······47
青霉素 G 钠·······47
青霉烷砜钠·········60
氢化可的松········154

氢氯酸············36
氢氧化钙··········38
氢氧化钠··········38
清肺散···········256
清肺止咳散·······256
清热散···········245
清暑散···········243
清胃散···········270
清瘟败毒散·······244
氰钴胺···········165
氰戊菊酯·········130
氰乙酰肼·········127
庆大霉素··········64
庆大－小诺霉素·····66
驱虫净···········120
驱虫散···········281
驱蛔灵···········123
曲麦散···········249
去甲肾上腺素·······152

R

人工盐···········134
绒毛膜促性腺激素···143
肉桂酊···········259
如意金黄散·······283
乳酶生···········135
乳酸钙···········170

S

噻孢霉素钠 ……………… 55

噻苯达唑 ………………… 117

噻苯咪唑 ………………… 117

噻苯唑 …………………… 117

噻咪唑 …………………… 120

三白散 …………………… 242

三氮脒 …………………… 112

三香散 …………………… 268

三子散 …………………… 242

桑菊散 …………………… 255

沙拉沙星 ………………… 103

山大黄末 ………………… 248

肾上腺素 ………………… 152

生肌散 …………………… 282

生乳散 …………………… 272

生物素 …………………… 167

生育酚 …………………… 162

十黑散 …………………… 272

石灰乳 …………………… 38

石炭酸 …………………… 32

食母生 …………………… 135

嗜酸乳杆菌、粪链球菌、枯草

杆菌复合活菌制剂 ……… 178

舒巴坦钠 ………………… 60

熟石灰 …………………… 38

双甲脒 …………………… 131

双氯青霉素钠 …………… 53

双氯西林钠 ……………… 53

双脒苯脲 ………………… 112

双歧杆菌、乳酸杆菌、粪链球菌、

酵母菌复合活菌制剂 …… 179

双氢链霉素 ……………… 63

双氧水 …………………… 27

水杨酸 …………………… 109

四环素 …………………… 69

四君子散 ………………… 277

四咪唑 …………………… 120

四逆汤 …………………… 258

速灭杀丁 ………………… 130

酸性碳酸钠 ……………… 159

缩宫素 …………………… 140

T

泰拉霉素 ………………… 79

泰乐菌素 ………………… 76

泰乐霉素 ………………… 76

泰洛星 …………………… 76

泰妙菌素 ………………… 85

泰山盘石散 ……………… 268

碳酸钙 …………………… 169

碳酸氢钠 …………… 134，159

桃花散 …………………… 284

替米考星 ………………… 78

通肠散 …………………… 246

通关散·············280
通乳散·············272
头孢氨苄············57
头孢菌素Ⅰ············55
头孢菌素Ⅱ············56
头孢菌素Ⅳ············57
头孢喹肟············59
头孢噻啶············56
头孢噻吩钠···········55
头孢噻呋············58
土拉霉素············79
土霉素·············68
托拉霉素············79
脱氧土霉素···········71

W

威里霉素············83
维丙胺············177
维吉霉素············83
维吉尼霉素···········83
维生素A···········160
维生素B_1··········162
维生素B_{12}······148，165
维生素B_2··········164
维生素B_5··········164
维生素B_6··········165
维生素Bc··········166
维生素C···········166

维生素D···········161
维生素E···········162
维生素H···········167
维生素K········145，162
维生素M···········166
维生素PP··········167
伪狂犬病活疫苗·········184
伪狂犬病胶乳凝集试验试
　剂盒············208
胃肠活············267
胃蛋白酶···········135
胃蛋白酶···········174
沃尼妙林············86
乌洛托品···········107
乌梅散············274
无失散············248
五虎追风散··········279
五苓散············266
五皮散············266
戊二醛苯扎溴铵溶液·······36
戊二醛癸甲溴铵溶液·······35
戊二醛溶液···········35

X

洗心散············239
先锋霉素Ⅰ············55
先锋霉素Ⅱ············56
先锋霉素Ⅳ············57

纤维素酶···············174

香薷散···············237

消疮散···············238

消黄散···············238

消积散···············247

消石灰···············38

消食平胃散···········247

硝碘酚腈·············114

硝硫氰醚·············115

硝氯酚···············114

小檗碱···············106

小柴胡散·············242

小苏打············134，159

辛硫磷···············128

辛夷散···············236

新洁尔灭·············39

新霉素···············65

新诺明···············93

新青霉素 I···········50

新青霉素 II··········51

新斯的明·············151

新维生素 B₁··········163

雄黄散···············284

溴氯海因粉···········30

Y

亚硒酸钠·············171

烟酰胺与烟酸·········167

盐酸···············36

盐酸硫胺·············162

盐酸普鲁卡因·········156

盐酸甜菜碱···········176

阳和散···············260

杨树花···············274

杨树花口服液·········241

氧四环素·············68

药用活性炭···········136

叶酸···············166

液状石蜡·············138

伊维菌素·········125，131

胰酶···············173

乙胺嗪···············127

乙酰甲喹·············105

异丙肾上腺素·········153

益母生化散···········272

茵陈蒿散·············264

茵陈木通散···········236

银翘散···············235

优硫胺···············163

鱼腥草注射液·········239

郁金散···············241

远志酊···············255

远志流浸膏···········257

月苄三甲氯胺溶液······40

越霉素 A···········126

孕酮···············143

Z

仔猪产气荚膜梭菌病 A、C 型
　二价灭活疫苗 ……………… 194
仔猪大肠埃希氏菌病三价灭活
　疫苗 ………………………… 194
仔猪大肠杆菌病 K88、LTB 双价
　基因工程活疫苗 …………… 184
仔猪副伤寒活疫苗 …………… 185
仔猪红痢灭活疫苗 …………… 195
长效西林 ………………………… 50
正泰霉素 ………………………… 64
止咳散 ………………………… 254
止痢散 ………………………… 240
止血敏 ………………………… 146
制霉菌素 ……………………… 108
重组溶葡萄球菌酶阴道泡腾片 …… 43
朱砂散 ………………………… 280
猪巴氏杆菌病灭活疫苗 ……… 195
猪传染性萎缩性鼻炎灭活疫苗 …… 196
猪传染性胃肠炎、猪流行性腹泻
　二联活疫苗 ………………… 192
猪丹毒、多杀性巴氏杆菌病
　二联灭活疫苗 ……………… 196
猪丹毒灭活疫苗 ……………… 197
猪多杀性巴氏杆菌病活疫苗（CA株）…… 186
猪繁殖与呼吸综合征病毒 ELISA
　抗体检测试剂盒 …………… 209

猪繁殖与呼吸综合征病毒
　RT-PCR 检测试剂盒 ……… 218
猪繁殖与呼吸综合征活疫苗 …… 187
猪繁殖与呼吸综合征活疫苗
　（CH-1R 株）……………… 186
猪繁殖与呼吸综合征灭活疫苗
　（CH-1a 株）……………… 187
猪繁殖与呼吸综合征灭活疫苗
　（NVDC-JXA1 株）……… 188
猪健散 ………………………… 261
猪口蹄疫（O 型）灭活疫苗 …… 197
猪口蹄疫（O 型）灭活疫苗（OZK/
　93 株 +OR/80 株或 OS/99 株）…… 199
猪口蹄疫病毒 VP1 结构蛋白抗体
　ELISA 诊断试剂盒 ………… 211
猪链球菌病灭活疫苗（马链球菌
　兽疫亚种 + 猪链球菌 2 型）…… 200
猪囊尾蚴细胞灭活疫苗（CC-97
　细胞系）…………………… 200
猪伪狂犬病病毒 ELISA 抗体
　检测试剂盒 ………………… 213
猪伪狂犬病病毒 gE 蛋白 ELISA
　抗体检测试剂盒 …………… 214
猪伪狂犬病活疫苗（Bartha K61 株）… 191
猪伪狂犬病灭活疫苗 ………… 201
猪萎缩性鼻炎灭活疫苗（支气管
　败血波氏杆菌 833CER 株 +D
　型多杀性巴氏杆菌毒素）…… 202

猪瘟、猪丹毒、猪多杀性巴氏
　杆菌病三联活疫苗 ………… 189
猪瘟活疫苗（传代细胞源）…… 183
猪瘟耐热保护剂活疫苗（兔源）……182
猪细小病毒病灭活疫苗（L株）……202
猪细小病毒病灭活疫苗（WH–
　1株）………………………… 203
猪细小病毒实时荧光 PCR 检测
　试剂盒 …………………… 226
猪胸膜肺炎放线杆菌三价灭活
　疫苗 …………………… 204
猪乙型脑炎活疫苗 ………… 190
猪乙型脑炎活疫苗（SA14–14–
　2株）………………………… 189
猪乙型脑炎胶乳凝集试验抗体
　检测试剂盒 ……………… 215
猪鹦鹉热衣原体流产灭活
　疫苗 …………………… 204
猪圆环病毒 2–dCap–ELISA
　抗体检测试剂盒 …………… 216

猪圆环病毒 2 型杆状病毒载体
　灭活疫苗 ………………… 205
猪圆环病毒 2 型灭活疫苗（LG
　株）………………………… 205
猪圆环病毒 2 型灭活疫苗（SH
　株）………………………… 206
猪圆环病毒聚合酶链反应检测
　试剂盒 …………………… 222
猪支原体肺炎复合佐剂灭活
　疫苗（P株）……………… 206
猪支原体肺炎活疫苗（168
　株）………………………… 191
猪支原体肺炎活疫苗（RM48
　株）………………………… 181
猪支原体肺炎灭活疫苗（J株）…207
柱晶白霉素 …………………… 75
壮阳散 ………………………… 274
紫草膏 ………………………… 284
左旋咪唑 …………………… 116
左旋咪唑碱 ………………… 116

笔画索引

一画

乙胺嗪····················127
乙酰甲喹··················105

二画

二甲氧苄啶·················98
二母冬花散················252
二陈散···················253
二氟沙星··················103
二氢吡啶··················175
二硫化碳哌嗪···············127
二氯异腈尿酸钠··············29
二嗪农···················129
丁二酰磺胺噻唑··············96
丁苯咪唑··················121
十黑散···················272
七补散···················278
人工盐···················134
八正散···················275

三画

三子散···················242
三白散···················242
三香散···················268
三氮脒···················112
干酵母···················135
土拉霉素··················79
土霉素···················68
大观霉素··················66
大承气散·················245
大黄····················137
大黄末··················247
大黄流浸膏················249
大黄碳酸氢钠片··············248
小苏打···············134，159
小柴胡散·················242
小檗碱··················106
山大黄末·················248
千金散···················279
己烯雌酚·················142
弓形虫核酸扩增（PCR）荧光
  检测试剂盒···············225
马来酸麦角新碱·············141
马波沙星·················104

马钱子酊 ·················· 251

四画

开他敏 ·················· 155

无失散 ·················· 248

木香槟榔散 ·················· 249

木槟硝黄散 ·················· 249

五皮散 ·················· 266

五苓散 ·················· 266

五虎追风散 ·················· 279

比西林 ·················· 50

止血敏 ·················· 146

止咳散 ·················· 254

止痢散 ·················· 240

水杨酸 ·················· 109

牛至油 ·················· 106

毛果芸香碱 ·················· 150

长效西林 ·················· 50

公英散 ·················· 242

月苄三甲氯胺溶液 ·················· 40

乌洛托品 ·················· 107

乌梅散 ·················· 274

六味地黄散 ·················· 274

巴戟散 ·················· 264

双甲脒 ·················· 131

双歧杆菌、乳酸杆菌、粪链球菌、
　酵母菌复合活菌制剂 ·········· 179

双氢链霉素 ·················· 63

双氧水 ·················· 27

双脒苯脲 ·················· 112

双氯西林钠 ·················· 53

双氯青霉素钠 ·················· 53

五画

正泰霉素 ·················· 64

去甲肾上腺素 ·················· 152

甘草 ·················· 139

甘草流浸膏 ·················· 257

甘草颗粒 ·················· 254

甘露醇 ·················· 154

丙氧苯咪唑 ·················· 120

丙氧苯咪胺酯 ·················· 120

丙氧咪唑 ·················· 120

丙硫硫胺 ·················· 163

丙酸睾丸素 ·················· 142

丙噻咪唑 ·················· 120

左旋咪唑 ·················· 116

左旋咪唑碱 ·················· 116

石灰乳 ·················· 38

石炭酸 ·················· 32

戊二醛苯扎溴铵溶液 ·················· 36

戊二醛癸甲溴铵溶液 ·················· 35

戊二醛溶液 ·················· 35

龙胆泻肝散 ·················· 243

龙胆酊 ·················· 250

龙胆碳酸氢钠片 ·················· 250

平胃散·················· 261

卡巴多司·················· 105

卡巴克洛·················· 147

卡巴氧·················· 105

卡那霉素·················· 64

北里霉素·················· 75

叶酸·················· 166

甲苯达唑·················· 117

甲苯咪唑·················· 117

甲砜氯霉素·················· 72

甲砜霉素·················· 72

甲氧西林·················· 50

甲氧苄啶·················· 98

甲氧苯青霉素钠·················· 50

15- 甲基前列腺素·················· 145

甲基睾丸酮·················· 142

甲酚皂溶液·················· 33

甲硫氨酸·················· 177

甲醛溶液·················· 34

甲磺灭脓·················· 97

甲噻嘧啶·················· 122

四君子散·················· 277

四环素·················· 69

四咪唑·················· 120

四逆汤·················· 258

生肌散·················· 282

生物素·················· 167

生乳散·················· 272

生育酚·················· 162

白及膏·················· 282

白术散·················· 277

白龙散·················· 240

白头翁散·················· 240

白矾散·················· 254

白硇砂·················· 253

仔猪大肠杆菌病 K88、LTB 双价
　基因工程活疫苗·················· 184

仔猪大肠埃希氏菌病三价灭活
　疫苗·················· 194

仔猪产气荚膜梭菌病 A、C 型
　二价灭活疫苗·················· 194

仔猪红痢灭活疫苗·················· 195

仔猪副伤寒活疫苗·················· 185

头孢氨苄·················· 57

头孢菌素 I·················· 55

头孢菌素 II·················· 56

头孢菌素 IV·················· 57

头孢喹肟·················· 59

头孢噻呋·················· 58

头孢噻吩钠·················· 55

头孢噻啶·················· 56

尼可刹米·················· 150

弗吉尼亚霉素·················· 83

加减消黄散·················· 239

孕酮·················· 143

对氯间二甲苯酚·················· 34

六画

吉他霉素 ·················· 75

托拉霉素 ·················· 79

地亚农 ·················· 129

地美硝唑 ·················· 113

地塞米松 ·················· 155

地霉素 ·················· 68

芒硝 ·················· 137

亚硒酸钠 ·················· 171

过氧乙酸 ·················· 26

过氧化氢 ·················· 27

过硫酸氢钾复合盐泡腾片 ·········· 37

百合固金散 ·················· 254

灰黄霉素 ·················· 108

达氟沙星 ·················· 103

曲麦散 ·················· 249

肉桂酊 ·················· 259

朱砂散 ·················· 280

先锋霉素Ⅰ ·················· 55

先锋霉素Ⅱ ·················· 56

先锋霉素Ⅳ ·················· 57

优硫胺 ·················· 163

伪狂犬病活疫苗 ·················· 184

伪狂犬病胶乳凝集试验试剂盒 208

伊维菌素 ·················· 125，131

多西环素 ·················· 71

多拉菌素 ·················· 126，132

多味健胃散 ·················· 269

多黏菌素 B ·················· 82

多黏菌素 E ·················· 81

壮阳散 ·················· 274

庆大 – 小诺霉素 ·················· 66

庆大霉素 ·················· 64

次氯酸钠溶液 ·················· 32

安钠咖 ·················· 149

安络血 ·················· 147

安普霉素 ·················· 67

安锥赛 ·················· 113

那西肽 ·················· 88

异丙肾上腺素 ·················· 153

阳和散 ·················· 260

防己散 ·················· 265

防腐生肌散 ·················· 283

如意金黄散 ·················· 283

红霉素 ·················· 74

纤维素酶 ·················· 174

七画

远志酊 ·················· 255

远志流浸膏 ·················· 257

坎苯达唑 ·················· 120

抗坏血酸 ·················· 166

抗坏血酸二异丙胺 ·················· 177

芬苯达唑 ·················· 118

苍术香连散 ·················· 241

苄星青霉素·················50

克拉维酸钾···············61

克林霉素·················85

克霉素··················109

杆菌肽···················80

杆菌肽锌·················81

杨树花··················274

杨树花口服液···········241

来苏儿···················33

呋喃硫胺················163

呋塞米··················153

吡哌酸··················100

吡哆辛··················165

吡哆醇··················165

吡喹酮··················115

吩噻嗪··················123

邻氯青霉素钠·············52

邻氯苯甲异噁唑青霉素钠·······52

肝泰乐··················176

辛夷散··················236

辛硫磷··················128

间酚嘧啶················123

沙拉沙星················103

沃尼妙林·················86

泛酸···················164

补中益气散··············268

阿布拉霉素···············67

阿托品··················151

阿苯达唑················119

阿莫西林·················54

阿维拉霉素···············87

阿维菌素·········125，131

陈皮···················133

陈皮酊··················269

驱虫净··················120

驱虫散··················281

驱蛔灵··················123

八画

环丙沙星················102

青霉素 G·················47

青霉素 G 钠···············47

青霉素 G 钾···············47

青霉烷砜钠···············60

拨云散··················283

苦味酊··················262

苯扎溴铵·················39

苯甲孢霉素···············57

苯甲酸钠咖啡因·········149

苯亚砜本咪唑············118

苯唑西林钠···············51

苯唑青霉素钠·············51

苯酚····················32

苯硫咪唑················118

苯硫脲··················121

林可霉素·················84

板蓝根片 ················ 239

郁金散 ················ 241

非班太尔 ················ 121

肾上腺素 ················ 152

帕苯达唑 ················ 121

制霉菌素 ················ 108

垂体促黄体素 ··········· 144

金花平喘散 ·············· 255

金根注射液 ·············· 240

金锁固精散 ·············· 273

金霉素 ················ 70

乳酶生 ················ 135

乳酸钙 ················ 170

肥猪菜 ················ 250

肥猪散 ················ 251

鱼腥草注射液 ··········· 239

定喘散 ················ 253

参苓白术散 ·············· 259

柱晶白霉素 ·············· 75

威里霉素 ················ 83

厚朴散 ················ 260

胃肠活 ················ 267

胃蛋白酶 ··············· 135

胃蛋白酶 ··············· 174

哌哔嗪 ················ 123

哌嗪 ················ 123

哈罗松 ················ 124

哈洛克酮 ················ 124

钩吻末 ················ 281

氟甲砜霉素 ·············· 73

氟甲喹 ················ 100

氟苯尼考 ················ 73

氟苯达唑 ················ 121

氢化可的松 ·············· 154

氢氧化钙 ················ 38

氢氧化钠 ················ 38

氢氯酸 ················ 36

香薷散 ················ 237

重组溶葡萄球菌酶阴道泡腾片 ···· 43

复方大黄酊 ·············· 267

复方布他磷注射液 ·······170，176

复方龙胆酊 ·············· 262

复方豆蔻酊 ·············· 260

复合亚氯酸钠粉 ··········· 29

复合维生素 B 注射液 ········ 166

复合碘溶液 ·············· 30

九画

荆防败毒散 ·············· 236

荆防解毒散 ·············· 243

茵陈木通散 ·············· 236

茵陈蒿散 ················ 264

茴香散 ················ 265

胡椒嗪 ················ 123

药用活性炭 ·············· 136

枸橼酸碘溶液 ············· 31

保松噻 …………………… 116

保胎无忧散 ……………… 277

保健锭 …………………… 280

食母生 …………………… 135

独活寄生散 ……………… 264

姜酊 ……………………… 269

姜流浸膏 ………………… 261

前列腺素 $F_{2\alpha}$ ……………… 145

洁霉素 ……………………84

洗心散 …………………… 239

穿心莲注射液 …………… 241

除虫菊 …………………… 132

癸甲溴铵 …………………40

绒毛膜促性腺激素 ……… 143

十画

泰山盘石散 ……………… 268

泰乐菌素 …………………76

泰乐霉素 …………………76

泰妙菌素 …………………85

泰拉霉素 …………………79

泰洛星 ……………………76

秦艽散 …………………… 265

班贝霉素 …………………87

盐酸 ………………………36

盐酸甜菜碱 ……………… 176

盐酸硫胺 ………………… 162

盐酸普鲁卡因 …………… 156

莫仑太尔 ………………… 122

桂心散 …………………… 268

桂皮 ……………………… 134

桔梗酊 …………………… 139

桃花散 …………………… 284

核黄素 …………………… 164

速灭杀丁 ………………… 130

破伤风散 ………………… 279

柴胡注射液 ……………… 235

柴葛解肌散 ……………… 236

恩拉霉素 …………………83

恩诺沙星 ………………… 101

氧四环素 …………………68

氨甲环酸 ………………… 146

氨苄西林 …………………53

氨苄西林钠 ………………53

氨苄青霉素 ………………53

氨茶碱 …………………… 139

敌匹硫磷 ………………… 129

敌百虫 ……………… 124，128

敌敌畏缓释液 …………… 124

敌菌净 ……………………98

健胃散 …………………… 269

健猪散 …………………… 250

健脾散 …………………… 259

臭氧 ………………………27

胰酶 ……………………… 173

脆弱拟杆菌、粪链球菌、蜡样
　芽孢杆菌复合活菌制剂 …… 179

高岭土 …………………… 136

高锰酸钾 …… 42
益母生化散 …… 272
烟酰胺与烟酸 …… 167
酒石酸泰万菌素 …… 78
酒石酸泰乐菌素 …… 77
酒石酸噻嘧啶 …… 122
消石灰 …… 38
消食平胃散 …… 247
消疮散 …… 238
消积散 …… 247
消黄散 …… 238
诺西肽 …… 88
诺肽霉素 …… 88
通关散 …… 280
通肠散 …… 246
通乳散 …… 272
桑菊散 …… 255

十一画

理中散 …… 260
理肺止咳散 …… 256
黄连素 …… 106
黄连解毒散 …… 238
黄体酮 …… 143
黄霉素 …… 87
萘啶酸 …… 100
副猪嗜血杆菌病灭活疫苗 …… 193
酚嘧啶 …… 123

酚磺乙胺 …… 146
银翘散 …… 235
脱氧土霉素 …… 71
猪乙型脑炎活疫苗 …… 190
猪乙型脑炎活疫苗（SA14-14-
2 株）…… 189
猪乙型脑炎胶乳凝集试验抗体
检测试剂盒 …… 215
猪口蹄疫（O 型）灭活疫苗 …… 197
猪口蹄疫（O 型）灭活疫苗
（OZK/93 株 +OR/80 株或
OS/99 株）…… 199
猪口蹄疫病毒 VP1 结构蛋白抗体
ELISA 诊断试剂盒 …… 211
猪支原体肺炎灭活疫苗（J 株）…… 207
猪支原体肺炎复合佐剂灭活
疫苗（P 株）…… 206
猪支原体肺炎活疫苗（168 株）…… 191
猪支原体肺炎活疫苗（RM48
株）…… 181
猪丹毒、多杀性巴氏杆菌病二联
灭活疫苗 …… 196
猪丹毒灭活疫苗 …… 197
猪巴氏杆菌病灭活疫苗 …… 195
猪传染性胃肠炎、猪流行性腹泻
二联活疫苗 …… 192
猪传染性萎缩性鼻炎灭活疫苗 …… 196
猪伪狂犬病灭活疫苗 …… 201

猪伪狂犬病活疫苗（Bartha K61
　株）…………………………… 191
猪伪狂犬病病毒 ELISA 抗体检测
　试剂盒…………………………… 213
猪伪狂犬病病毒 gE 蛋白 ELISA
　抗体检测试剂盒 ……………… 214
猪多杀性巴氏杆菌病活疫苗
　（CA 株）……………………… 186
猪细小病毒实时荧光 PCR 检测
　试剂盒…………………………… 226
猪细小病毒病灭活疫苗（L 株）202
猪细小病毒病灭活疫苗（WH–
　1 株）…………………………… 203
猪圆环病毒 2–dCap–ELISA 抗体
　检测试剂盒 …………………… 216
猪圆环病毒 2 型灭活疫苗（LG
　株）……………………………… 205
猪圆环病毒 2 型灭活疫苗（SH
　株）……………………………… 206
猪圆环病毒 2 型杆状病毒载体
　灭活疫苗 ……………………… 205
猪圆环病毒聚合酶链反应检测
　试剂盒…………………………… 222
猪健散…………………………… 261
猪胸膜肺炎放线杆菌三价灭活
　疫苗 …………………………… 204
猪萎缩性鼻炎灭活疫苗（支气管
　败血波氏杆菌 833CER 株 +D 型
　多杀性巴氏杆菌毒素）……… 202

猪链球菌病灭活疫苗（马链球菌
　兽疫亚种 + 猪链球菌 2 型）… 200
猪瘟、猪丹毒、猪多杀性巴氏
　杆菌病三联活疫苗 …………… 189
猪瘟耐热保护剂活疫苗（兔源）… 182
猪瘟活疫苗（传代细胞源）…… 183
猪鹦鹉热衣原体流产灭活疫苗… 204
猪繁殖与呼吸综合征灭活疫苗
　（CH–1a 株）………………… 187
猪繁殖与呼吸综合征灭活疫苗
　（NVDC–JXA1 株）…………… 188
猪繁殖与呼吸综合征活疫苗 … 187
猪繁殖与呼吸综合征活疫苗
　（CH–1R 株）………………… 186
猪繁殖与呼吸综合征病毒
　ELISA 抗体检测试剂盒 ……… 209
猪繁殖与呼吸综合征病毒
　RT–PCR 检测试剂盒 ………… 218
猪囊尾蚴细胞灭活疫苗（CC–97
　细胞系）……………………… 200
麻杏石甘散 …………………… 256
麻黄素 ………………………… 140
麻黄碱 ………………………… 140
康苯咪唑 ……………………… 120
羟氨苄青霉素 ………………… 54
清肺止咳散 …………………… 256
清肺散 ………………………… 256
清胃散 ………………………… 270
清热散 ………………………… 245

清暑散·················· 243

清瘟败毒散············· 244

液状石蜡··············· 138

蛋氨酸················· 177

维丙胺················· 177

维生素 A··············· 160

维生素 B_1············· 162

维生素 B_{12}·········148，165

维生素 B_2············· 164

维生素 B_5············· 164

维生素 B_6············· 165

维生素 Bc·············· 166

维生素 C··············· 166

维生素 D··············· 161

维生素 E··············· 162

维生素 H··············· 167

维生素 K·········145，162

维生素 M··············· 166

维生素 PP·············· 167

维吉尼霉素·············· 83

维吉霉素················ 83

葡萄糖铁钴注射液·········· 147

葡萄糖酸钙············· 169

葡萄糖醛酸内酯············ 176

硝硫氰醚··············· 115

硝氯酚················· 114

硝碘酚腈··············· 114

硫化二苯胺············· 123

硫双二氯酚············· 115

硫苯咪唑··············· 118

硫氯酚················· 115

硫酸亚铁··············· 148

硫酸钠················· 137

硫酸铜················· 172

硫酸锌················· 172

硫酸锰················· 173

雄黄散················· 284

紫草膏················· 284

喹烯酮················· 105

喹嘧胺················· 113

链霉素··················62

氰乙酰肼··············· 127

氰戊菊酯··············· 130

氰钴胺················· 165

氯化钙················· 168

氯化钠················· 157

氯化胆碱··············· 175

氯化钾················· 158

氯林可霉素··············85

十二画

琥珀酰磺胺噻唑·············96

琥磺噻唑················96

替米考星················78

越霉素 A··············· 126

博落回注射液············· 107

氯洁霉素 ·················· 85

氯唑西林钠 ·············· 52

氯氨酮 ·················· 155

奥克太尔 ················ 123

奥苯达唑 ················ 120

舒巴坦钠 ················· 60

番木鳖酊 ················ 251

痢立清 ·················· 105

痢菌净 ·················· 105

普济消毒散 ·············· 244

普鲁卡因青霉素 ··········· 48

滑石散 ·················· 265

强力霉素 ················· 71

强壮散 ·················· 270

十三画

槐花散 ·················· 273

碘化钾 ·············· 138，173

嗜酸乳杆菌、粪链球菌、枯草

　杆菌复合活菌制剂 ········ 178

催奶灵散 ················ 277

催产素 ·················· 140

催情散 ·················· 275

新青霉素 I ··············· 50

新青霉素 II ·············· 51

新洁尔灭 ················· 39

新诺明 ··················· 93

新维生素 B_1 ············ 163

新斯的明 ················ 151

新霉素 ··················· 65

煤酚皂溶液 ··············· 33

溴氯海因粉 ··············· 30

福尔马林 ················· 34

福美多 –500 ············· 175

十四画

聚维酮碘 ················· 28

酸性碳酸钠 ·············· 159

碳酸钙 ·················· 169

碳酸氢钠 ············ 134，159

雌二醇 ·················· 143

蜡样芽孢杆菌、粪链球菌复合

　活菌制剂 ·············· 179

蜡样芽孢杆菌活菌制剂（DM423

　株）·················· 178

缩宫素 ·················· 140

十五画

醋酸氯己定 ··············· 41

熟石灰 ··················· 38

潮霉素 B ················ 126

鹤草芽 ·················· 116

十六画

颠茄酊 ·················· 278

磺苯咪唑 ················ 119

磺胺二甲嘧啶 ····················91

磺胺二甲嘧啶钠 ················ 111

磺胺甲基异噁唑 ··················93

磺胺甲噁唑 ·······················93

磺胺对甲氧嘧啶钠 ···············94

磺胺间甲氧嘧啶 ·········· 95，111

磺胺脒 ···························96

磺胺氯达嗪钠 ····················95

磺胺嘧啶 ··················· 90，112

磺胺嘧啶银 ·······················97

磺胺醋酰钠 ·······················97

磺胺噻唑钠 ·······················92

噻苯达唑 ····················· 117

噻苯咪唑 ····················· 117

噻苯唑 ························· 117

噻孢霉素钠 ·····················55

噻咪唑 ························· 120

凝血敏 ························· 146

十七画

擦疥散 ························· 284

磷酸氢钙 ····················· 170

磷酸泰乐菌素 ···················77

黏杆菌素 ·························81

黏菌素 ···························81

十九画

藿香正气散 ····················· 237